智慧製造

新型奈米
材料與裝置

王榮明，潘曹峰，耿東生等　編著

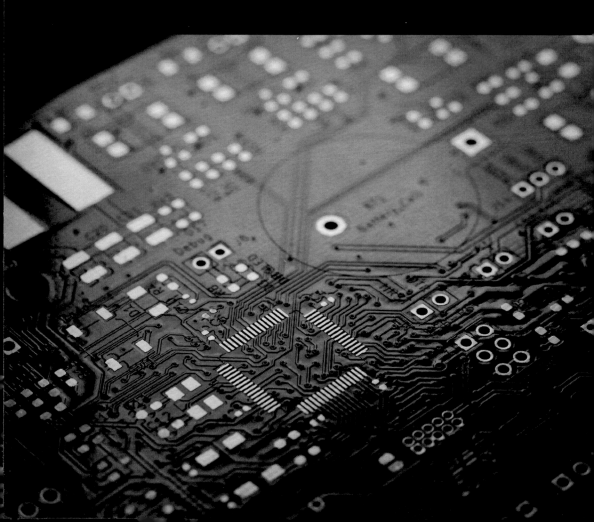

目　　錄

第1章　奈米材料與奈米技術概述 ……………………………………… 1

　1.1 奈米材料與奈米技術 ………………………………………………… 1

　　1.1.1 奈米材料的定義 …………………………………………………… 2

　　1.1.2 奈米材料的發展史 ………………………………………………… 4

　　1.1.3 奈米技術的定義 …………………………………………………… 6

　　1.1.4 奈米技術的發展歷程 ……………………………………………… 7

　1.2 常見的奈米材料、奈米技術 ……………………………………… 8

　　1.2.1 典型結構奈米材料 ………………………………………………… 8

　　1.2.2 不同功能奈米材料 ……………………………………………… 11

　　1.2.3 典型奈米技術 …………………………………………………… 13

　1.3 奈米材料的特殊效應 ……………………………………………… 15

　　1.3.1 量子尺寸效應 …………………………………………………… 15

　　1.3.2 量子尺寸效應 …………………………………………………… 17

　　1.3.3 表面效應 ………………………………………………………… 17

　　1.3.4 宏觀量子隧道效應 ……………………………………………… 18

　本章小結 ………………………………………………………………… 19

　參考文獻 ………………………………………………………………… 19

第2章　奈米材料的合成與表徵 ……………………………………… 21

　2.1 奈米材料的常見合成方法 ………………………………………… 21

　　2.1.1「自上而下」與「自下而上」 ………………………………… 21

　　2.1.2 機械加工法 ……………………………………………………… 22

　　2.1.3 氣相法 …………………………………………………………… 25

　　2.1.4 液相法 …………………………………………………………… 34

2.1.5 分子束外延法 ·· 49

2.1.6 奈米材料的表面修飾 ··· 50

2.1.7 自組裝法 ··· 53

2.2 奈米材料的常見表徵方法 ··· 58

2.2.1 X射線衍射分析 ·· 58

2.2.2 掃描電子顯微分析 ··· 59

2.2.3 透射電子顯微分析 ··· 62

2.2.4 掃描探針顯微分析 ··· 66

2.2.5 拉曼光譜分析 ··· 67

2.2.6 電子能量損失譜分析 ·· 69

2.2.7 原子力顯微分析 ··· 70

2.2.8 雷射粒度分析 ··· 73

本章小結 ··· 75

參考文獻 ··· 75

第3章 奈米資訊材料 ·· 77

3.1 半導體奈米材料 ··· 77

3.1.1 半導體奈米材料簡介 ·· 77

3.1.2 半導體奈米材料的特性 ······································ 78

3.1.3 常見的半導體奈米材料 ······································ 80

3.1.4 半導體奈米材料的應用 ······································ 84

3.2 奈米光電轉換材料 ·· 85

3.2.1 光電轉換特性 ··· 85

3.2.2 奈米結構與光吸收 ·· 87

3.2.3 奈米結構與電子傳輸 ·· 89

3.2.4 常見的奈米光電轉換材料 ··································· 89

3.2.5 奈米光電轉換材料的應用 ··································· 96

3.3 奈米資訊儲存材料 ··· 100

3.3.1 高密度電資訊儲存 ·· 100

3.3.2 高密度光資訊儲存 ································· 101

3.3.3 多功能儲存 ······································· 103

3.3.4 奈米材料與光電高密度資訊儲存 ·············· 103

3.4 有機光電奈米材料 ······························· 106

3.4.1 有機光電奈米材料簡介 ······················· 106

3.4.2 有機光電奈米材料的優勢 ····················· 107

3.4.3 有機光電奈米材料的應用 ····················· 107

3.5 新型奈米材料 ····································· 108

3.5.1 碳基奈米材料 ································· 108

3.5.2 量子點材料 ··································· 113

3.5.3 新型二維奈米材料 ····························· 117

本章小結 ··· 125

參考文獻 ··· 127

第4章　奈米能源材料 ································· 132

4.1 奈米材料在能源領域的應用與優勢 ·············· 132

4.2 氫能源奈米材料 ································· 132

4.2.1 活性炭儲氫材料 ······························· 133

4.2.2 合金儲氫材料 ································· 134

4.2.3 配位氫化物儲氫材料 ··························· 135

4.2.4 有機液體氫化物儲氫材料 ······················ 136

4.3 電化學能源奈米材料 ····························· 136

4.3.1 鋰離子電池材料 ······························· 137

4.3.2 超級電容器材料 ······························· 139

4.4 太陽能電池奈米材料 ····························· 141

4.4.1 奈米減反射薄膜 ······························· 141

4.4.2 奈米矽薄膜太陽能電池材料 ···················· 142

本章小結 ··· 143

參考文獻 ··· 143

第5章 奈米能源裝置 ·· 145

5.1 奈米能源裝置概述 ··· 145

5.2 奈米發電機 ·· 147

5.2.1 奈米發電機簡介 ······································· 147

5.2.2 壓電奈米發電機 ······································· 148

5.2.3 摩擦奈米發電機 ······································· 161

5.3 奈米儲能裝置 ·· 173

5.3.1 奈米儲能裝置簡介 ··································· 173

5.3.2 奈米材料電池 ·· 174

5.3.3 超級電容器 ·· 176

5.4 奈米能源裝置集成與應用 ······························· 178

5.4.1 奈米能源儲存與管理系統 ························ 178

5.4.2 摩擦奈米發電機在自驅動系統中的應用 ···· 179

5.4.3 摩擦奈米發電機與藍色能源 ··················· 182

本章小結 ··· 185

參考文獻 ··· 186

第6章 奈米生物醫用材料 ·· 188

6.1 生物醫用材料概述 ··· 188

6.2 生物醫用材料的分類與應用 ···························· 188

6.3 奈米生物醫用材料的分類與應用 ······················ 189

6.3.1 奈米生物醫用材料的分類 ······················· 189

6.3.2 奈米生物醫用材料的應用 ······················· 189

6.4 奈米生物醫用材料的發展趨勢 ························· 195

本章小結 ··· 195

參考文獻 ··· 195

第7章 奈米加工技術與奈米裝置製備 ······················· 197

7.1 奈米加工技術 ·· 197

7.1.1 光刻技術 ··· 197

7.1.2 直寫技術 ·· 200

7.1.3 奈米壓印技術 ·· 203

7.1.4 噴墨列印技術 ·· 206

7.1.5 聚焦離子束加工技術 ······································ 209

7.2 奈米裝置製備工藝 ··· 213

7.2.1 磁控濺射 ·· 213

7.2.2 真空蒸鍍 ·· 216

7.2.3 微納刻蝕 ·· 220

7.2.4 脈衝雷射沉積 ·· 225

7.2.5 自組裝奈米材料加工 ······································ 228

7.3 奈米材料在裝置製備領域的優勢 ·························· 232

7.3.1 摩爾定律與裝置集成 ······································ 233

7.3.2 量子效應與新型裝置 ······································ 237

7.3.3 表面效應與感測器 ··· 242

7.3.4 奈米裝置生物兼容性 ······································ 244

本章小結 ··· 248

參考文獻 ··· 248

第8章 奈米氣敏材料與奈米氣敏感測器 ··················· 254

8.1 奈米氣敏感測器的分類 ······································· 254

8.2 奈米氣敏材料 ··· 255

8.2.1 金屬氧化物 ·· 255

8.2.2 石墨烯 ··· 274

8.2.3 有機高分子 ·· 280

8.2.4 貴金屬 ··· 284

8.2.5 新型二維材料 ··· 288

8.2.6 奈米氣敏感測器的應用 ··································· 292

本章小結 ··· 298

參考文獻 ··· 298

第9章 奈米裝置與我們的生活 ···························· 305

9.1 智慧生活 ······································· 305

9.1.1 奈米裝置與物聯網系統 ······················ 305

9.1.2 奈米裝置與機器人 ························· 309

9.2 清潔生活 ······································· 314

9.2.1 奈米自清潔材料簡介 ······················ 314

9.2.2 自清潔原理 ···························· 315

9.2.3 提高自清潔活性 ························· 316

9.2.4 奈米自清潔材料的應用 ···················· 317

9.2.5 奈米自清潔材料的製備方法 ················· 318

9.3 健康生活 ······································· 319

9.3.1 奈米裝置與精準醫療 ······················ 319

9.3.2 奈米裝置與電子皮膚 ······················ 323

本章小結 ·· 327

參考文獻 ·· 328

第1章

奈米材料與奈米技術概述

1.1 奈米材料與奈米技術

奈米（nm）是一個長度單位，1nm 等於十億分之一米（10^{-9} m），大約相當於頭髮粗細的八萬分之一，1nm 的長度相當於 3～5 個原子緊密地排列在一起所具有的長度。奈米的確微乎其微，然而奈米構建的世界超乎了人們的想像。奈米技術是 1990 年代迅速發展起來的新興科技。所謂奈米技術，就是以 1～100nm 尺度的物質或結構為研究對象，通過一定的微細加工方式，直接操縱原子、分子或原子團、分子團，使其重新排列組合，形成新的具有奈米尺度的物質或結構，研究其特性，並由此製造具有新功能的裝置、機器以及在其他方面應用的科學與技術。其終極目標是人們可以按照自己的意願直接在奈米尺度內操縱單個原子、分子，並製造出具有特定功能的產品。可見，奈米科技的首要任務就是要通過各種手段，如微細加工技術和掃描探針技術等來製備奈米材料或具有奈米尺度的結構；其次，借助許多先進的觀察測量技術與儀器來研究所製備奈米材料或奈米尺度結構的各種特性；最後，根據其特殊的性質來進行有關的應用。所以，從一定程度上講，奈米材料、奈米加工製造技術以及奈米測量表徵技術構成奈米技術發展的三個非常重要的支援技術（圖 1-1）[1]。

奈米技術的核心思想是製備奈米尺度的材料或結構，發掘其不同凡響的特性並對此予以研究，以便最終能很好地為人類所應用。奈米技術已經被公認為繼電子、生物技術、數位資訊之後革命性的技術領域。當前奈米技術的研究和應用已經擴展到材料、微電子、計算機技術、醫療、航空航太、能源、生物技術和農業等各領域。許多國家把奈米科技作為前瞻性、策略性、基礎性、應用性重點研究領域，投入大量的人力、物力和財力。據統計，2001－2008 年間，奈米技術相關的發現、專利、產業工人、研發項目、產品市值均以每年 25% 的速度增加；到 2020 年，奈米技術相關的產品市值達到 3 萬億美元（圖 1-2）[2]。

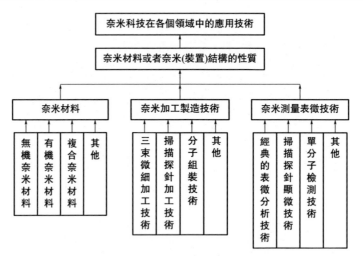

圖 1-1　奈米技術的主要基礎與重要研究發展方向

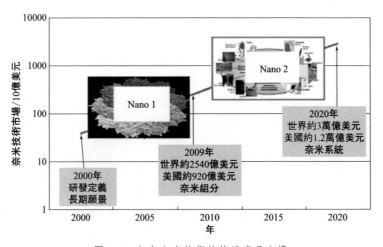

圖 1-2　包含奈米技術的終端產品市場

註：研發焦點已由 2000－2010 年（Nano 1）的基礎發現轉向 2010－2020 年（Nano 2）的應用驅動的基礎和系統研究

1.1.1 奈米材料的定義

　　奈米材料是指在三維空間中至少有一維處於奈米尺度範圍（1～100nm）或由它們作為基本單元構成的材料。奈米材料也可以定義為具有奈米結構的材料。其中奈米材料可由晶體、準晶、非晶組成（圖 1-3）。奈米材料的基本單元或組

成單元可由原子團簇、奈米微粒、奈米線、奈米管或奈米膜組成（圖1-4），它既可以是金屬材料，亦可以是無機非金屬材料和高分子材料等。

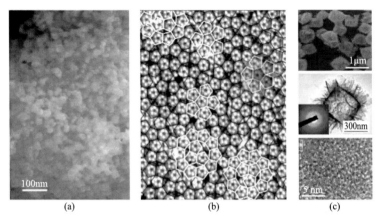

圖1-3　（a）鈣鈦礦晶型 LaNiO$_3$ 奈米顆粒[3]；（b）二茂鐵甲酸（FeCOOH）在 Au（111）面上自組裝形成的準晶結構[4]；（c）非晶態的 ZnO 奈米顆粒[5]

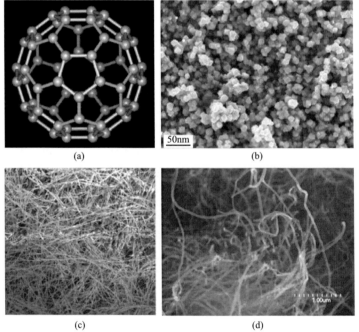

圖1-4　（a）C60；（b）四氧化三鐵（Fe$_3$O$_4$）奈米顆粒；
（c）鎳奈米線；（d）奈米碳管

奈米結構是一種顯微組織結構，其尺寸介於原子、分子與小於 100nm 的顯微組織結構之間。具有奈米結構的材料也屬於奈米材料。應用奈米結構，可將它們組裝成各種包覆層和分散層、高比表面積材料、固體材料以及功能奈米裝置，如圖 1-5 所示。正是由於奈米材料或者奈米結構具有尺寸效應，從而使得奈米材料具有許多非奈米材料所不具備的奇異特性。

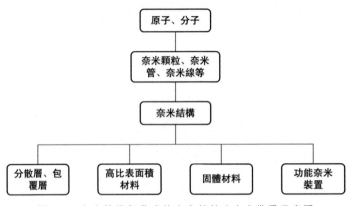

圖 1-5　奈米結構組裝成的奈米材料及奈米裝置示意圖

奈米材料通常可按維度、材質以及功能進行分類。奈米材料按照維度可分為零維奈米材料、一維奈米材料、二維奈米材料和三維奈米材料。零維奈米材料是指三個維度都處於奈米尺度，一般來說，原子團簇、奈米微粒、量子點等屬於零維奈米材料。一維奈米材料是指有兩個維度處於奈米尺度，如奈米線、奈米管、奈米纖維等。二維奈米材料是指有一個維度處於奈米尺度，如石墨烯、二硫化鉬以及奈米薄膜等。三維奈米材料一般是指奈米結構材料，如奈米介孔材料等。奈米材料按材質可分為奈米金屬材料、奈米非金屬材料、奈米高分子材料和奈米複合材料，其中奈米非金屬材料又可以分為奈米陶瓷材料、奈米氧化物材料和其他奈米非金屬材料。奈米材料按功能可分為奈米生物材料、奈米磁性材料、奈米催化材料、奈米熱敏材料等。

1.1.2　奈米材料的發展史

人類製備和應用奈米材料的歷史可以追溯至 1000 多年以前。例如，中國古代人們收集蠟燭燃燒的煙塵來用於製墨和製造燃料，這其實是奈米炭黑。此外，中國古銅鏡表面存在一層薄薄的防鏽層，經過現代技術的檢測發現這種防鏽層是由奈米氧化錫構成的薄膜（圖 1-6）。

(a) 使用燃燒蠟燭的煙塵製作的奈米炭黑　　(b) 表面覆蓋着奈米氧化錫薄膜的古銅鏡

圖 1-6　中國古代人們對奈米材料的製備和應用實例

　　科學家對奈米技術的理論研究始於 1860 年代，Thomas Graham 使用明膠溶解擴散後製備了膠體，膠體的直徑處於奈米尺度。但當時人們並沒有奈米材料的意識。1905 年，愛因斯坦由糖在水中擴散的實驗數據計算出一個糖分子的直徑約為 1nm，人類第一次對於奈米尺度有了認識。1960～1970 年代，人們對奈米材料的理論有了一定的進展。1962 年日本物理學家 Kubo（久保）及其合作者對金屬超細微粒進行了研究，提出了著名的「久保理論」。由於超細粒子中原子個數的減少，費米面附近電子的能級既不同於大塊金屬的準連續能級，也不同於孤立原子的分立能級，變為不連續的離散能級而在能級之間出現間隙。當該能隙大於熱起伏能 kT（k 為玻爾茲曼常數，T 為熱力學溫度）時，金屬的超細微粒將出現量子效應，從而顯示出與塊體金屬顯著不同的性能，這種效應稱為久保效應。Halperin 對久保理論進行了較全面的歸納，並用量子效應成功地解釋了超細粒子的某些特性。1969 年 Esaki（江崎）和 Tsu（朱肇祥）提出了超晶格的概念。所謂超晶格，是指兩種或兩種以上極薄的薄膜交替疊合在一起形成的多週期的結構。1972 年，張立剛等利用分子束外延技術生長出 100 多個週期的 AlGaAs/GaAs 的超晶格材料，並在外加電場超過 2V 時觀察到與理論計算基本一致的負阻效應，從而證實了理論上的預言。超晶格材料的出現，使人們可以像 Feynman 設想的那樣在原子尺度上設計和製備材料。超晶格材料及其物理效應已成為當今凝聚態物理和奈米材料最主要的研究尖端領域之一。

　　1980～1990 年代是奈米技術迅速發展的時代。1984 年，德國 Gleiter 教授等首先採用惰性氣體凝聚法製備了具有清潔表面的奈米粒子，然後在真空中原位加壓製備了 Pd、Cu、Fe 等金屬奈米塊體材料。1987 年，美國 Siegel 等用同樣方法製備了奈米陶瓷 TiO_2 多晶材料。這些研究成果促進了世界範圍內三維奈米材料的製備和研究熱潮。1980 年以後，掃描隧道顯微鏡和原子力顯微鏡的出現和應用，為奈米材料的發展提供了強有力的工具，使人們能觀察、移動和重新排列原子。1990 年 7 月在美國巴爾的摩召開了世界上第一屆奈米科技學術會議，該

會議正式提出了奈米材料學、奈米生物學、奈米電子學、奈米機械學等概念，並決定正式出版《奈米結構材料》、《奈米生物材料》和《奈米技術》等學術刊物。這是奈米材料和奈米科技發展的又一個重要里程碑，從此奈米材料和奈米科技正式登上科學技術的舞臺，形成了全球性的「奈米熱」。從 1990 年代至今，奈米材料已經有了長足的發展和應用。人們先後發現和製備了各種奈米材料，如奈米碳管、奈米纖維、奈米薄膜等。奈米材料展現了異常的力學特性、電學特性、磁學特性、光學特性、敏感特性以及催化性和光活性，為新材料的發展開闢了一個嶄新的研究和應用領域。奈米材料向國民經濟和高技術各個領域的滲透以及對人類社會進步的影響是難以猜想的。然而，奈米材料畢竟是一種新興材料，要使奈米材料得到廣泛應用，還必須進行深入的理論研究和攻克相應的技術難關。這就要求人們採用新的和改進的方法來控制奈米材料的組成單元及其尺寸，以新的和改善的奈米尺度評價材料的方法，以及從新的角度更深入地理解奈米結構與性能之間的關係。美國公佈的國家奈米計劃指出：當前奈米科技研發焦點已由 2000－2010 年（Nano 1）的基礎發現轉向 2010－2020 年（Nano 2）的應用驅動的基礎和系統研究。因此目前奈米材料的發展主要集中在三個方面：一是探索和發現奈米材料的新現象、新性質；二是根據需要設計奈米材料，研究新的合成和製備方法以及可行的工業化生產技術；三是深入研究有關奈米材料的基本理論。

1.1.3　奈米技術的定義

「奈米技術」（Nanotechnology）一詞最早是由日本東京理科大學的谷口紀男教授在 1974 年的一次國際會議上提出的，他將奈米技術定義為「在原子和分子層面上對材料進行處理、分離、強化和變形」的技術。美國國家奈米技術計劃（National Nanotechnology Initiative，NNI）將奈米技術定義為「對奈米尺度1～100nm 大小的物質的理解和控制的技術，在該尺度下物質的獨特性能使新奇的應用成為可能」。因此，奈米技術的基本含義是在奈米尺寸範圍內研究物質的組成，並通過直接操縱和安排原子、分子而創造新物質。因此，奈米材料是奈米技術的核心，奈米技術在很大程度上是圍繞奈米材料科學展開的。當前奈米技術涉及了除奈米粒子的製備技術、奈米材料之外的奈米級測量技術、奈米級表層物理力學性能的檢測技術、奈米級加工技術、奈米生物學技術、奈米組裝技術等。可見，奈米技術是一門交叉性很強的綜合學科，以現代先進科學技術為基礎，是現代科學（如量子力學、分子生物學）和現代技術（如微電子技術、計算機技術、高分辨顯微技術和熱分析技術）結合的產物。奈米技術在不斷滲透到現代科學技術的各個領域的同時，形成了許多與奈米技術相關的研究奈米自身規律的新興學科，如奈米物理學、奈米化學、奈米材料學、奈米生物學、奈米電子學、奈米加

工學及奈米力學等。

1.1.4　奈米技術的發展歷程

　　1959 年 12 月，美國物理學家、諾貝爾獎得主 Feynman 在美國物理學會的年會上發表了題為《在底部還有很大空間》（*There's plenty of room at the bottom*）的演講。他以「由下而上的方法」為出發點，提出從單個分子或原子開始進行組裝，並提出了實現這一可能所需要的工具和方法。這篇演講可以認為是奈米技術發展的一個重要里程碑，是近代科技史上科學家首次預言奈米技術的興起。表 1-1 列舉了從 1980 年代至今的一些重要奈米技術發展事件。

表 1-1　奈米技術發展的重要事件

時間/年	重要奈米技術發展事件		
	技術發明/創造者	奈米技術	意義
1981	德國物理學家格爾德‧賓寧和瑞士物理學家海因里希‧羅雷爾	掃描隧道顯微鏡(直接觀測奈米尺寸物質)	代表著奈米技術研究的興起
1989	IBM 公司阿爾馬登研究中心的唐‧艾格勒和他的研究夥伴	利用掃描隧道顯微鏡把 35 個 Xe 原子排成了「IBM」三個字母	這是人類歷史上首次操控原子,使利用原子和分子製造材料和裝置成為可能
1991	日本 NEC 的科學家飯島澄男（Sumino lijima）等	採用電弧放電合成碳微粒時,在負極的沉澱物中分離獲得奈米碳管	奈米碳管的結構、特性從發現到現在,始終得到超乎尋常的重視
1993	日本日立製作所	成功研製出可在室溫下工作的單電子儲存器。在極微小的晶粒中封入一個電子,用此儲存資訊	用這種單電子儲存器製作成 16GB 的儲存器,容量相當於當時儲存器的 1000 倍
1996	中科院真空物理開放實驗室、中科院化學所、北京大學有關科學研究人員組成的聯合研究組	採用自行設計、合成和製備的全有機複合薄膜作為電子學資訊儲存材料,並利用 STM 獲得直徑分別為 0.7nm 和 0.8nm 的資訊儲存點陣	資訊點直徑是現已實用化的光盤資訊儲存密度的千萬倍以上,奠定了中國在該領域中的國際領先地位
2000	英國牛津大學	採用掃描隧道顯微鏡,成功在室溫下操縱單個溴原子在銅表面上移動	採用這種方法,探針振動一定時間後,即可準確地捕獲到溴原子並將其移動到目標位置上。這就使得原子操縱技術前進了一大步
2004	美國史丹佛大學	奈米技術的安全與風險管理報告	藉此進行奈米毒理學研究,以及奈米技術對人類健康、環境和生態有無潛在危害研究

　　由此可見，掃描隧道顯微鏡（STM）、原子力顯微鏡（AFM）的出現和應用奠定了奈米技術興起的基礎。在 20 多年中，奈米技術在生物、醫藥、電子、機械等各個領域得到了長足發展，並取得了眾多突破，這離不開世界各國對奈米技術領域研發的巨大資金投入。日本設立奈米材料研究中心，把奈米技術列入科技基本計劃的研發重點；德國專門建立奈米技術研究網；美國將奈米計劃視為下一次工業革命的核心，美國政府部門在奈米科技基礎研究方面的投資已達數億美元；中國也將奈米技術列為「973 計劃」和「國家重大基礎研究項目」進行大力發展並對與其相關產業進行大力扶持。

1.2　常見的奈米材料、　奈米技術

1.2.1　典型結構奈米材料

　　區別不同類型奈米結構的一個主要特徵是它們的維數，按照幾何結構可分為零維奈米材料、一維奈米材料、二維奈米材料和三維奈米材料，本節依次闡述。

　　(1) 零維奈米材料

　　零維奈米材料是所有維度都處於奈米尺度的細小顆粒，包括各種奈米顆粒、團簇、量子點等。在過去的 10 年中，零維奈米材料取得了顯著的進展。人們採用物理法和化學法製造尺寸控制良好的零維奈米材料。圖 1-7 給出了三種典型的零維奈米材料。

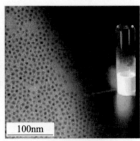
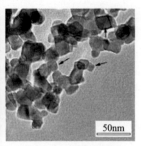

(a) 金原子團簇　　　　(b) 綠色四腳錐量子點　　　(c) 二氧化鈦奈米顆粒

圖 1-7　三種典型的零維奈米材料

　　① 團簇　團簇是幾個乃至幾百個原子、分子或者離子通過物理或化學結合力聚集在一起的穩定集合體。它是介於原子、分子與塊體材料之間的一種物質狀態，其性質隨所含原子數目不同而變化。團簇在量子點雷射、單電子晶體管，尤

其是作為構造結構單元研製新材料有廣闊的應用前景。事實上，團簇廣泛存在於自然界和人類實踐活動中，涉及許多物質運動過程和現象，如催化、燃燒、晶體生長、成核和凝固、相變、溶膠、薄膜形成和濺射等。

②　奈米顆粒　奈米顆粒是直徑為奈米級的粒狀物質，比團簇更大，尺寸一般在 1～100nm 之間，由於其大的比表面積和較多暴露的表面原子，通常具有不同於塊體材料的尺寸效應、表面效應等。

③　量子點　量子點通常由幾千個到上百萬個原子組成，是電子、空穴和激子在三個空間維度上束縛住的半導體奈米結構。從嚴格意義上講，並非小到一定奈米以下的材料就是量子點。衡量一個材料是否量子點的關鍵，取決於電子在材料內的費米波長。僅當三個維度的尺寸都縮小到一個波長以下時，就是量子點。

（2）一維奈米材料

一維奈米材料的研究受到人們極大關注，應該始於日本科學家 Iijima 的開創性工作（奈米碳管的發現）。一維奈米材料是指在兩維方向上為奈米尺度，另一維長度較大甚至達到宏觀量的新型奈米材料。一維奈米材料在奈米電子、奈米裝置和系統、奈米複合材料、替代能源和國家安全等領域有著深遠的影響。圖 1-8 列出了典型的一維奈米材料，如奈米線、奈米棒、奈米管、奈米帶等。

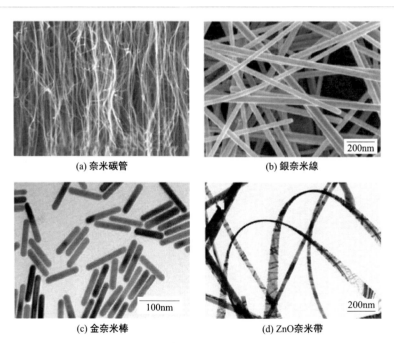

(a) 奈米碳管　　　　(b) 銀奈米線

(c) 金奈米棒　　　　(d) ZnO奈米帶

圖 1-8　典型的一維奈米材料

（3）二維奈米材料

二維奈米材料結構具有奈米尺寸範圍之外的兩個維度，通常為厚度在奈米量級的單層或多層薄膜（薄帶）。二維奈米材料具有許多與整體性質不同的低尺寸特性，合成二維奈米材料已成為材料研究的重點領域。自從 2004 年石墨烯從石墨剝離出來，不僅在凝聚態物理領域，而且在材料科學以及化學領域，二維奈米材料的研究獲得了前所未有的關注[6]。通常，無層間相互作用的二維超薄奈米材料的電子約束使之成為基礎凝聚態研究和電子裝置應用的最佳候選者。其次，原子厚度為二維奈米材料提供了最大的機械柔性和光學透明性，使之在製造高度柔性和透明的電子/光電裝置方面極具前景。再者，大的橫向尺寸和超薄的厚度賦予了二維奈米材料超高的比表面積，使二維奈米材料非常有利於表面活性相關應用。圖 1-9 列出了典型的二維材料，如石墨烯（Graphene）、六方氮化硼（h-BN）、過渡金屬硫化物（TMDs）、金屬有機骨架化合物（MOFs）、共價有機骨架化合物（COFs）、二維過渡金屬碳化物/氮化物/碳氮化物（MXenes）、層狀雙金屬氫氧化物（LDHs）以及黑磷（BP）等。

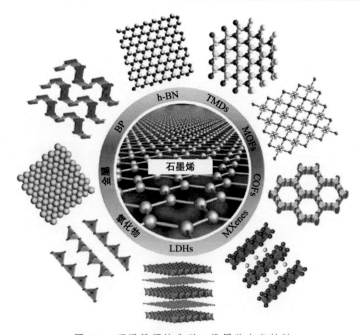

圖 1-9　不同種類的典型二維層狀奈米材料

（4）三維奈米材料

除零維、一維、二維之外的奈米材料可統稱為三維奈米材料，它包括了通常

的奈米固體，以及樹突狀結構奈米顆粒、奈米線圈、奈米錐、奈米花等。

1.2.2　不同功能奈米材料

當材料的尺度縮小到奈米範圍時，其部分物理化學性質將發生顯著變化，並呈現出由高比表面積或量子效應引起的一系列獨特性能。目前，隨著奈米材料與裝置研究不斷發展，奈米材料在多個領域的應用（如能源的高效儲存與轉換、奈米電子裝置、奈米光子裝置、化學及生物感測器、化學催化劑、生物醫藥、環保材料等）呈現出誘人的前景。因此，基於用途，奈米材料分為奈米生物材料、奈米磁性材料、奈米藥物材料、奈米催化材料、奈米智慧材料、奈米吸波材料、奈米熱敏材料、奈米環保材料等。下面舉幾個典型的例子加以說明。

豐田公司的氫燃料電池車於 2014 年 12 月 15 日在日本正式上市。該車基於氫氣與氧氣反應生成水的簡單反應由質子交換膜燃料電池驅動，它是真正的清潔能源車。而質子交換膜燃料電池的商用催化劑是負載在多孔活性炭上的鉑基奈米粒子（圖 1-10）。活性炭的尺寸在 30nm 左右，具有較高的比表面積；而鉑基粒子的直徑在 2～5nm 的範圍。燃料電池陽極的氫氣氧化反應以及陰極的氧氣還原反應都離不開電催化劑的參與。

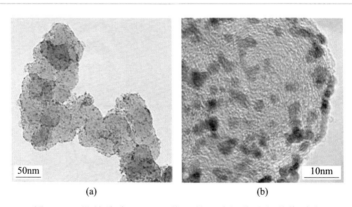

50nm　　　　　　　　　　10nm

(a)　　　　　　　　　　(b)

圖 1-10　燃料電池用 Pt/C 催化劑的透射電子顯微鏡照片

矽作為微電子工業領域最重要的基石，在集成電路發展中起了至關重要的作用。中國科學家發現了奈米線陣列的發光峰位與奈米腔共振模式的一一對應關係，並且通過製備尺寸漸變的矽奈米線陣列，實現了矽奈米線陣列發光峰位在可見以及近紅外區域的連續可調。這為實現矽基光電集成奠定了實驗與理論基礎，有助於推動矽基光源的大規模應用[7]。圖 1-11 是典型的矽奈米線陣列的掃描電子顯微鏡照片。

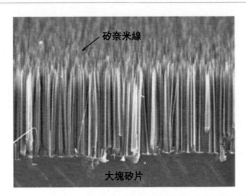

圖 1-11　典型的矽奈米線陣列的掃描電子顯微鏡照片

　　此外，生物材料與奈米醫學是一個跨越材料、化學、生物醫學的交叉新型學科。研發具有良好生物相容性的新型生物功能奈米材料，研究其在生命體系中的行為，特別探索針對腫瘤或其他重大疾病的創新治療策略，對人類健康及醫藥事業意義重大。中國科學家研製了一種對腫瘤酸性有反應的兩性離子聚合物奈米粒子，用於增強藥物向腫瘤的傳遞，如圖 1-12 所示。奈米顆粒在生理條件下呈中性充電，且循環時間延長；在進入腫瘤部位後，在酸性細胞外腫瘤環境中，奈米顆粒被激活並帶正電荷，因此被腫瘤細胞有效地吸收，從而提高了對腫瘤的治療效果[8]。可見，奈米材料可通過各種表面修飾、元素組裝以及尺寸大小調控等手段，有效改善材料的物理化學性質，從而實現所需生物學效應。

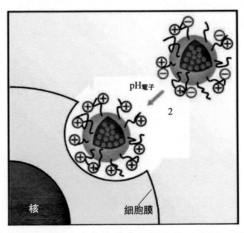

圖 1-12　兩性離子聚合物奈米粒子形成 PCL-b-P（AEP-g-TMA/Cya），
用於增強藥物向腫瘤的傳遞

1.2.3 典型奈米技術

奈米技術也稱毫微技術，是一種研究結構尺寸在 1~100nm 範圍內材料性質和應用的技術，主要包括奈米尺度物質的製備、複合、加工、組裝、測試與表徵。奈米技術領域不僅包括奈米電子技術、奈米生物技術、奈米顯微技術和奈米機械加工技術，而且是一個多學科交叉的橫斷學科。它是在現代物理學、化學和先進工程技術相結合的基礎上誕生的，是一門與高技術緊密結合的新型科學技術[1]。

（1）奈米的化學合成技術

大量的奈米材料是基於化學的合成技術獲得的。奈米材料的發展離不開化學家和材料學家的貢獻。化學合成技術包括了各種「自下而上」的合成技術，如溶液法、水熱法、化學氣相沉積法等。巧妙設計化學過程，探究各種化學過程的內在機理，能使人們獲得更多有價值的奈米材料。最近，由美國能源部勞倫斯伯克利國家實驗室、阿貢國家實驗室的化學家和材料學家組成的團隊開發出創新的三維「奈米框架」電催化劑——Pt_3Ni 奈米框架，它在陰極還原反應方面的性能大大超過了常規鉑-碳微粒催化劑[9]。該催化劑的合成，代表著科學家在深入理解化學溶解過程（內部腐蝕）基礎上取得突破。這部分內容將在第 2 章 2.2 節中詳細介紹。

（2）奈米機械加工技術

奈米機械加工技術是把奈米技術定位為微加工技術的極限，也就是通過奈米精度的加工來人工形成奈米大小的結構。由美國科學家德雷克斯勒博士在《創造的機器》一書中提出。在理論上，人們直接操縱原子或分子製造出需要的分子結構再組合成分子機器。通過這種技術，可以任意組合所有種類的分子，製造出任何種類的分子結構。隨著科技進步，奈米機械加工技術逐漸走向成熟。1990 年，奈米機械加工技術獲得了重大突破。美國 IBM 公司阿爾馬登研究中心的科學家使用掃描隧道顯微鏡（STM）把 35 個氙原子移動到各自的位置，在鎳金屬表面組成了「IBM」三個字母，這三個字母加起來長度不到 3nm，成為世界上最小的 IBM 商標［圖 1-13(a)］；近期該中心又使用原子製成了世界最小的電影「A Boy and His Atom」，這部電影使用數千個精確排布的原子來製作近 250 幀定格動畫動作［圖 1-13(b)］。

現在，科學家採用原子、分子操縱技術、奈米加工技術、分子自組裝技術等新技術製造出了奈米齒輪、奈米電池、奈米探針、分子泵、分子開關和分子馬達等。例如基於奈米碳管的加工，新加坡科學家已研製出附在原子軸上的分子級齒輪，其大小僅為 1.2nm，其旋轉也能受到精確控制。美國也成功研製出

尺寸只有4nm、由雷射驅動的具有開關特性的奈米裝置。日本豐田公司組裝成一輛只有米粒大小、能夠運轉的汽車，其靜電發動機直徑只有1～2mm。德國美因茲微技術研究所製成一架只有黃蜂那麼大的直升機，質量不到0.5g，能升空130mm。美國波士頓大學的化學家製備出世界上最小的分子馬達，該分子馬達由78個原子構成。由此可見，製造和操控分子級的機械裝置也將成為可能。

(a) 氙原子組成的IBM　　　　　　　　(b) 原子電影的截圖

圖 1-13　奈米機械加工技術的應用

(3) 奈米顯微技術

　　以上奈米技術的發展其實都離不開奈米顯微技術，它是所有技術的根本。現代顯微學在奈米技術領域的研究和發展中發揮「眼睛」和「手」的功能。迄今，人們仍在孜孜不倦地尋找奈米尺度上的「火眼金睛」。電子顯微技術是以電子束為光源，利用一定形狀的靜電場或磁場聚焦成像的分析技術，比普通光學顯微鏡具有更高的解析度。根據所檢測訊號的不同，電子顯微技術主要包括透射電子顯微鏡（TEM）、掃描電子顯微鏡（SEM）、掃描隧道顯微鏡（STM）、原子力顯微鏡（AFM）等。這四種分析方法各有特點，在不同方面可以提供更完美的資訊。電子顯微鏡分析具有更多優勢，但掃描隧道顯微鏡和原子力顯微鏡具有進行原位形貌分析的特點。此外，對於很小的顆粒度，特別是僅由幾個原子組成的團簇，就只能用 STM 和 AFM 來分析。隨著奈米材料科學的迅速發展，在如何表徵和評價奈米粒子的粒徑、形貌、分散狀況，分析奈米材料表面、界面性質等方面，必將提出更多、更高的要求。例如環境氣氛球差校正電子顯微鏡，不僅可以將解析度提高到埃級（亞埃級）水平，而且可以在材料使役條件下進行原位觀察。圖 1-14 是典型的環境氣氛球差校正電子顯微鏡。

　　在當今的時代，大規模集成電路的製造已經達到微米和亞微米的量級，電子裝置的集成度越來越高，已經接近其理論極限。基於對奈米粒子的設計衍生出奈米電子學，它是奈米技術的重要組成部分，其主要思想是基於奈米粒子的量子效應來設計並製備奈米量子裝置，通過以無機材料的固態電子裝置尺寸和維度不斷

變小的自上而下的發展過程，或基於化學有機高分子和生物分子的自組裝功能裝置尺度逐漸變大的自下而上的發展過程。此外，在生物醫學領域，正在研製的生物晶片具有集成、並行和快速檢測的優點，已成為生物工程的尖端科技，將直接應用於臨床診斷、藥物開發和人類遺傳診斷。奈米合成、奈米表徵（顯微）以及奈米加工操作技術奠定了現代奈米電子技術、奈米生物技術的發展的基礎。新的合成、分析方法的出現及對不斷深入的內在機理的理解，必將推動奈米技術不斷向前發展。

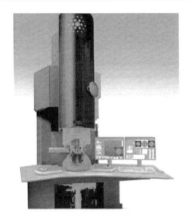

圖 1-14　典型的環境氣氛球差校正電子顯微鏡

1.3　奈米材料的特殊效應

　　奈米材料由奈米粒子組成，從通常的微觀和宏觀的觀點看，這樣的系統既非典型的微觀系統亦非典型的宏觀系統，是典型的介觀系統。奈米材料由於具有極其細微的晶粒，原子大量處於晶界和晶粒內缺陷中心，因此顯示出一系列與宏觀和微觀材料不同的特殊效應。常見的特殊效應有量子尺寸效應、小尺寸效應、表面效應、宏觀量子隧道效應等[1,10~13]。這些獨特的物理化學性質，在催化、濾光、光吸收、醫藥、磁介質及新材料等方面有廣闊的應用前景，同時也推動基礎研究的發展。感興趣的讀者可參考其他專業文獻，進一步了解奈米材料的庫侖阻塞效應、介電限域效應、量子干涉效應等。

1.3.1　量子尺寸效應

　　當微粒的尺寸下降到某一值（與電子或空穴的德布羅意波長相當）時，載流

子（主要指電子或空穴）的運動被侷限在一個小的晶格範圍內，類似於盒子中的粒子。在這種侷限運動狀態下，電子的動能增加，原本連續的導帶和價帶發生能級分裂，禁帶寬度隨粒子尺寸的減小而增加，費米能級附近的電子能級由準連續能級變為分立能級，吸收光譜閾值向短波方向移動，人們將這種效應稱為量子尺寸效應或量子限域效應（Quantum Size Effect）。量子尺寸效應是針對金屬和半導體奈米微粒而言的（見圖 1-15）。

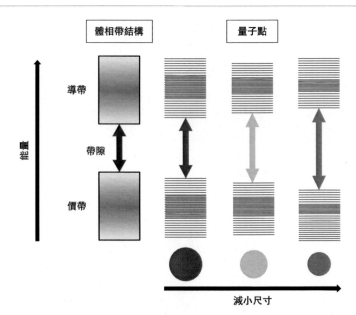

圖 1-15　奈米粒子的量子尺寸效應（隨尺寸減小，禁帶寬度增加）

早在 20 世紀 60 年代，Kubo 提出了連續量子能級的平均間距（δ）表達式為：$\delta = 4E_f/3N$，式中 E_f 為費米勢能，N 為粒子中的總電子數。該式指出能級的平均間距與組成粒子中的自由電子總數成反比。能帶理論表明，金屬費米能級附近電子能級一般是連續的，這一點只有在高溫或宏觀尺寸情況下才成立。對於只有有限個導電電子的超微粒子來說，低溫下能級是離散的；對於宏觀物質包含無限個原子（即導電電子數 $N \rightarrow \infty$），由上式可得能級間距 $\delta \rightarrow 0$，即對大粒子或宏觀物體能級間距幾乎為零；而對於奈米粒子，所包含原子數有限，N 值很小，這就導致 δ 有一定的值，即能級間距發生分裂。當能級間距大於熱能、磁能、靜磁能、靜電能、光子能量或超導態的凝聚能時，必須考慮量子尺寸效應。量子尺寸效應會導致奈米粒子磁、光、聲、熱、電以及超導電性與宏觀特性有著顯著不同。

1.3.2　小尺寸效應

當奈米材料的晶體尺寸與光波波長、傳導電子的德布羅意波長、超導態的相干長度或透射深度等物理特徵尺寸相當或比它們更小時，一般固體材料賴以成立的週期性邊界條件將被破壞，聲、光、熱和電、磁等特徵會出現小尺寸效應。小尺寸效應是隨著顆粒尺寸的量變最終引起顆粒性質的質變，從而表現出新奇的效應。例如，奈米銀的熔點為 $100℃$，而銀塊的熔點則為 $690℃$。奈米鐵的抗斷裂應力比普通鐵高 12 倍。對於奈米尺度的強磁性粒子（如 Fe-Co 合金），當粒子尺寸為單疇臨界尺寸時具有非常高的矯頑力，可應用於磁性信用卡和磁性鑰匙等。奈米金隨著顆粒尺寸的變化，顏色逐漸變化，如圖 1-16 所示。

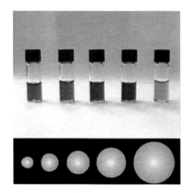

圖 1-16　不同尺寸的奈米金溶液的不同顏色

1.3.3　表面效應

表面效應是指奈米粒子表面原子數與總原子數之比隨粒徑變小而急劇增大後所引起的性質上的變化（圖 1-17）。粒徑變小，比表面積變大。例如，粒徑為 5nm 時，比表面積為 $180m^2/g$，表面原子的比例為 50%；粒徑減小到 2nm 時，比表面積增大到 $450m^2/g$，表面原子的比例為 80%。由於表面原子增多，致使原子配位不足及表面能高，從而使這些表面原子具有很高的活性且極不穩定，很容易與其他原子結合，致使顆粒表現出不一樣的特性。這種原子活性不但引起奈米粒子表面原子輸運和構型發生變化，也引起表面電子自旋構象和電子能譜發生變化。

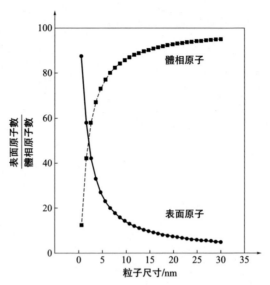

圖 1-17　計算的固體金屬奈米粒子表面原子數與體相原子數比例隨粒子尺寸的變化

1.3.4　宏觀量子隧道效應

　　隧道效應是由微觀粒子波動性所確定的量子效應，又稱為勢壘貫穿。考慮粒子運動時遇到一個高於粒子能量的勢壘，按照經典力學，粒子是不可能越過勢壘的；按照量子力學可以解出除了在勢壘處的反射外，還有通過勢壘的波函數，這表明在勢壘的另一邊，粒子具有一定的機率可貫穿勢壘。勢壘一邊平動的粒子，當動能小於勢壘高度時，按照經典力學，粒子是不可能穿過勢壘的。對於微觀粒子，量子力學卻證明粒子仍有一定的機率穿過勢壘，實際也正是如此，這種現象稱為隧道效應。對於諧振子，按照經典力學，由核間距所決定的位能絕不可能超過總能量；量子力學卻證明這種核間距仍有一定的機率存在，此現象也是一種隧道效應。簡而言之，微觀粒子具有貫穿勢壘的能力稱為隧道效應。隧道效應是理解許多自然現象的基礎。近年來，人們發現一些宏觀量（如微顆粒的磁化強度、量子相干裝置中的磁通量等）也具有隧道效應，稱為宏觀量子隧道效應。宏觀量子隧道效應的研究對基礎研究及應用有著重要意義，它限定了磁帶、磁盤進行資訊儲存的時間極限和裝置進一步微型化的極限。早期人們用該理論解釋奈米鎳粒子在低溫繼續保持超順磁性。利用該效應製造的量子裝置，要求在幾奈米到幾十奈米的微小區域形成奈米導電域，電子在這個空間內顯現出的波動性產生了量子尺寸效應。

本章小結

「奈米」的內涵不僅僅指空間尺度，更重要的是建立一種嶄新的思維方式，即人類將利用越來越小、越來越精確的物質和越來越精細的技術生產成品來滿足更高層次的要求。奈米科學技術的最終目標，是人類按照自己的意志操縱單個原子，組裝具有特定功能的產品，從而極大地改變人類的生產和生活方式。幾十年奈米科學技術的發展歷程，以其不爭的事實證明了奈米材料作為材料科學的「領軍」之一，推動了材料科學的飛速發展，掀起了一輪高過一輪的研究熱潮，被譽為「21 世紀最有前途的材料」。奈米技術將廣泛滲入到經濟的各個方面，並帶動其他技術（如電力及計算技術等）的創新，具備奈米結構的合成物的生產數量也將達到產業規模。預計未來幾年，奈米技術將被廣泛應用，從非常便宜、耐用且高效的光電設備，到電動汽車上經濟適用的高性能電池，再到新的計算系統、認知技術以及醫學診療技術領域，幾乎所有產業部門的產品及服務都將應用奈米技術。此外，人們也開始關注奈米材料毒理方面的研究。特別地，對奈米技術在環境、健康和安全方面的研究在今後將加速推進，並作為每一項新奈米技術應用的前提條件。任何技術都有其兩面性，但只要認真對待奈米技術的正反兩面性，就能促進奈米技術的健康發展，並造福於人類。

參考文獻

[1] 顧寧，付德剛，張海黔，等．納米技術與應用．北京：人民郵電出版社，2002.

[2] M. C. Roco, C. A. Mirkin, M. C. Hersam. Nanotechnology Research Directions for Societal Needs in 2020: Retrospective and Outlook, National Science Foundation/ World Technology Evaluation Center report. Springer, 2010, 321-326.

[3] J. Chen, J. Wu, Y. Liu, et al. Assemblage of Perovskite LaNiO₃ Connected With In Situ Grown Nitrogen-Doped Carbon Nanotubes as High-Perform-ance Electrocatalyst for Oxygen Evolution Reaction. Physica Status Solidi (a), 2018, 215 (21): 1800380.

[4] 范長增．準晶研究進展（2011～2016）．燕山大學學報，2016, 40 (2): 95-107.

[5] 唐智勇．非晶態 ZnO 納米籠的顯著表面增強拉曼散射效應．物理化學學報，2018, 34 (2): 121-122.

[6] H. Zhang. Ultrathin Two-Dimensional Nanomaterials, ACS Nano, 2015, 9 (10): 9451-9469.

[7] Zhiqiang Mu, Haochi Yu, Miao Zhang, et

al. Multiband Hot Photoluminescence from Nanocavity-EmbeddedSilicon Nanowire Arrays with Tunable Wavelength. Nano Lettrs, 2017, 17（3）: 1552-1558.

[8]　Y. Y. Yuan, Ch. Q. Mao, X. J. Du, et al. Surface Charge Switchable Nanoparticles Based on Zwitterionic Polymer for Enhanced Drug Delivery to Tumor. Advanced Materials, 2012, 24（40）: 5476-5480.

[9]　C. Chen, Y. Kang, Z. Huo, et al. Highly Crystalline Multimetallic Nanoframes with Three-Dimensional Electrocatalytic Surfaces. Science, 2014, 343: 1339-1343.

[10]　張立德. 納米材料. 北京: 化學工業出版社, 2001.

[11]　汪信, 劉孝恆. 納米材料學簡明教程. 北京: 化學工業出版社, 2010.

[12]　陳敬中, 劉劍洪, 孫學良, 等. 納米材料科學導論. 北京: 高等教育出版社, 2010.

[13]　姜山, 鞠思婷. 納米. 北京: 科學普及出版社, 2013.

第2章

奈米材料的合成與表徵

2.1　奈米材料的常見合成方法

　　奈米技術的發展使得人們能夠以原子尺寸的精度設計、加工出結構可控的各種材料，從而使其具有所需的機械特性、光學特性、磁性或電子特性。為了實現各種預期的功能，奈米材料的製備技術在當前奈米材料的科學研究中占據極其重要的地位。其中關鍵是控製材料單元的大小和尺寸分佈，並且要求具有純度高、穩定性好、產率高的特點。從理論上講，任何物質都可以從塊體材料通過超微化或從原子、分子凝聚而獲得奈米材料。不論採取何種方法，根據晶體生長規律，都需要在製備過程中增加成核、抑制或控制生長過程，使產物符合要求，成為滿足要求的奈米材料。

2.1.1　「自上而下」與「自下而上」

　　奈米材料的合成可以採用所謂「自上而下」或「自下而上」兩種模式中的一種。

　　①「自上而下」模式　「自上而下」模式是從大塊材料開始，利用機械能、化學能或其他形式能量將其分解製造成所需的微觀尺度結構單元。「自上而下」的加工方法又可以分為「物理自上而下」過程和「化學自上而下」過程。

　　「自上而下」的物理過程通常包括機械法、光刻蝕法和平版印刷法。「自上而下」的化學過程包括模板蝕刻選擇性腐蝕、去合金化、各向異性溶解、熱分解等方法，這些新興的以化學為基礎的奈米加工方法開闢了創建多種應用功能奈米結構的新途徑。

　　②「自下而上」模式　「自下而上」的模式是根據自然物理原理或外部施加的驅動力，比如將原子或分子級的前驅體通過化學反應構築或基於複雜機制和技術來定向自組裝成具有複雜構型的奈米結構。這種方法是基於縮合或原子、分子的自組裝等手段和製作技巧，由氣相或液相向固相轉化的化學過程，如氣相沉積或液相沉積等。「自下而上」的途徑可以在奈米甚至原子和分子尺度以使用原子

或小分子作為多級結構的基本單元進行調控生長，能夠在三個空間維度上根據需要實現立體結構的構建，幾乎可應用於所有的元素，因此可以合成出奈米尺度的功能單元以及更有效地利用原材料。

　　圖 2-1 顯示了「自上而下」和「自下而上」兩種模式的生長示意圖與範例[1]。下面分別列舉比較典型的奈米材料合成方法進行簡要敘述。

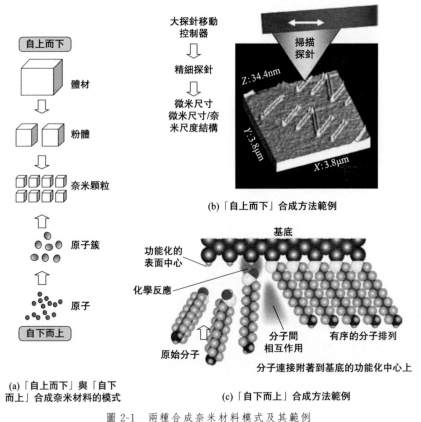

(b)「自上而下」合成方法範例

(a)「自上而下」與「自下而上」合成奈米材料的模式

(c)「自下而上」合成方法範例

圖 2-1　兩種合成奈米材料模式及其範例

2.1.2　機械加工法

　　機械加工法製備奈米材料，是指塊體材料在持續外加機械力作用下局部產生應力和形變，當應力超過材料分子間作用力時材料發生斷裂分離，從而被逐漸粉碎細化至奈米材料的過程。製備奈米材料的機械加工法主要包括機械球磨法、電火花爆炸法和超重力法，其中應用比較廣泛的是機械球磨法。John Benjamin 於 1970 年率先採用機械球磨法合成耐高溫高壓的氧化物瀰散強化合金。隨後德國

的 K. Schönert 教授指出脆性材料的研磨下限為 10～100nm，為機械加工法製備奈米材料提供了理論參考[2,3]。按照磨製方式，球磨設備可以分為行星式、振動式、棒式、滾筒式等，通常一次使用一個或多個容器來進行製備。過程是將磨球和原材料的粉末或薄片（＜50μm）放入容器中，球磨罐圍繞著球磨機的中心軸公轉，同時圍繞其自身軸線高速（幾百轉/分）自轉，因為和行星圍繞太陽的運動規律相似，因此也被稱為「行星式球磨機」（圖 2-2）。

圖 2-2　行星式球磨機

機械球磨的動力學因素取決於磨球向磨料的能量傳遞，受到磨球速度、磨球的尺寸及其分佈、磨料性質、乾法或濕法、球磨溫度和時間等因素的影響。由於磨球的動能是其質量和速度的函數，因此常採用結構緻密的不鏽鋼或者碳化鎢等材料製作磨球，並根據產物的尺寸需要對磨球的大小、數量及直徑分佈進行調配。

初始材料可以具有任意大小和形狀。球磨過程中容器密閉，球料比通常為（5～10）：1。如果容器填充量超過一半，則球磨效率會降低。在高速球磨過程中，局部產生的溫度在 100～1100℃之間（較低溫度有利於形成無定形顆粒，可以使用液體冷卻）。當容器圍繞中心軸線以及自身軸線旋轉時，材料被擠壓到球磨罐壁，如圖 2-3 和圖 2-4 所示。通過控制中心軸和容器的旋轉速度以及球磨持續時間，可以將材料球磨成細粉末（幾奈米到幾十奈米），其尺寸可以非常均勻。

利用機械球磨法製備奈米材料的過程中，除了會細化材料的晶粒尺寸，還會引起粒子結構、表面物理化學性質的變化，從而誘發局部的化學反應，因此機械球磨法也是製備新材料的一種途徑。球磨過程可以明顯降低反應活化能、細化晶粒、極大提高粉末活性和改善顆粒分佈均勻性以及增強基體與基體之間介面的結合，促進固態粒子擴散，誘發低溫化學反應。利用這種方法可以獲得多種金屬、

合金、金屬間化合物、陶瓷和複合材料等非晶、奈米晶或準晶狀態的粉末材料。

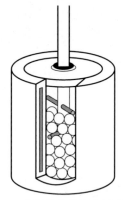

圖 2-3　球磨機容器的截面示意圖

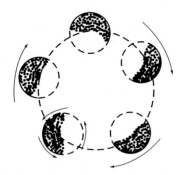

圖 2-4　行星運動中的球磨機示意圖

（暗區表示粉料，　其餘部分為空腔）

根據球磨材料的不同，機械球磨法可分為以下三個類型。

① 脆性-脆性類型　物料的尺寸被球磨減小至某一尺度範圍而達到球磨平衡。

② 韌性-韌性類型　對於不同的金屬或者合金粉末材料，在球磨過程中韌性組元產生變形焊合作用，形成複合層狀結構。隨著球磨的進一步進行，複合粉末的細化使得層間距減小，擴散距離變短，組元原子間借助於機械能更易於發生互擴散，最後達到原子層次的互混合。這種類型一般包括金屬間的球磨體系，諸如 Cu-Co、Cu-Zn 合金。

③ 韌性-脆性類型　脆性組元在球磨過程中逐步被破碎，碎片會嵌入到韌性組元中。隨著球磨的進行，它們之間的焊合會變得更加緊密，最後脆性組元瀰散分佈在韌性組元基體中。這種類型一般包括氧化物粉體與金屬粉體的球磨體系。

S. Indris 等[4]將二氧化鈦毫米級粉末採用機械球磨法製備了直徑小至 20nm 的銳鈦礦型和金紅石型氧化鈦奈米粉末。研究結果顯示，所獲得的二氧化鈦奈米粉末的催化活性和電子結構受到粉末形態的顯著影響。Lee 等[5]在不鏽鋼研磨機中以 300r/min 的速度對 α-Fe_2O_3 粉末進行 10～100h 的高能球磨，可以將粉末的粒徑從 1mm 減小至 15nm。另外可以採用機械化學方法製備超細鈷鎳粒子。將氯化鈷和氯化鎳分別和金屬鈉混合，同時加入過量氯化鈉，通過機械球磨法獲得直徑在 10～20nm 的金屬鈷和鎳的奈米粒子[6]。性能測試表明，所獲得的超細粉體的磁化強度雖然有所降低，但是矯頑力顯著提高。Shih 等則在乾冰存在的情況下，採用真空球磨法將天然鱗片石墨減薄至厚度為單層或者少層（小於 5層）的石墨烯薄片，如圖 2-5 所示[7]。

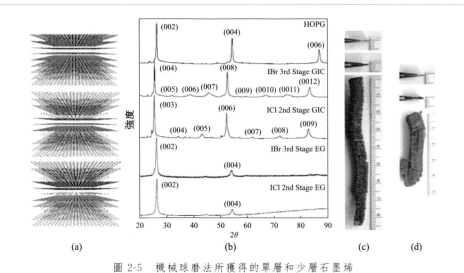

圖 2-5　機械球磨法所獲得的單層和少層石墨烯

　　總之，機械球磨法製備奈米結構材料具有可規模化、產量高、工藝簡單易行等特點。但是需要注意球磨介質的表面和介面的環境汙染問題，諸如空氣氛圍中的氧、氮對球磨介質的化學反應，同時也會引入合金化金屬摻雜，進而影響性能。因此需要採取一些防護措施，諸如真空密封、儘量縮短球磨時間等，或者利用惰性氣體加以保護。當然，環境氣氛的存在有時是有利的，如通過氣-固反應，能夠對所獲得的奈米粉末進行表面修飾和複合，從而獲得新材料。

2.1.3　氣相法

（1）氣相法沉積原理

　　氣相法是指將氣態前驅體通過氣-固或者氣-液-固相變來獲得奈米材料的方法。奈米結構材料可以是零維奈米材料（奈米顆粒）、一維奈米材料（奈米線、奈米管、奈米帶）、二維奈米材料（奈米單層薄膜或多層膜）。其中前驅體在氣相（原子或分子）狀態下隨溫度降低形成團簇並沉積在合適的基底上。還可以獲得非常薄的原子層厚度（單層）或多層（多層是指兩種或更多種材料彼此堆疊的層）結構的層狀奈米材料。

　　氣相沉積是首先通過電阻或者電子束加熱、雷射加熱或濺射來獲得產物材料的高溫蒸氣，隨後通過氣氛或者基底降溫得到奈米材料。整個生長過程需要在真空系統中進行，一方面可以避免源材料和產物組分的氧化；另一方面顆粒的平均自由程在真空系統中可以獲得延長，有利於生長控制。

　　通常情況下採用電源加熱使得源材料獲得足夠的蒸氣壓。然而，這種加熱方

式會造成承載蒸發源的坩堝本身和周圍部件也被加熱，使之成為潛在的汙染物或雜質的來源。採用電子束加熱方法進行蒸發可以解決這個問題。電子束聚焦在坩堝中待沉積的材料上時，僅熔化坩堝中材料的一些中心部分，可以避免坩堝的汙染，從而獲得高純度的材料蒸氣。

氣相沉積法獲得奈米材料的原理和過程如下：在任何給定溫度下，材料都有一定的蒸氣壓。蒸發過程是一個動態平衡過程，其中離開固體或液體材料表面的原子數應超過返回表面的原子數。液體的蒸發速率由 Hertz-Knudsen 方程式給出：

$$\frac{dN}{dt} = A\alpha \, (2\pi mkT)^{-\frac{1}{2}} (p^* - p) \tag{2-1}$$

式中，N 為離開液體或固體表面的原子的數量；A 為原子蒸發的區域，m^2；α 為蒸發係數；m 為蒸發原子質量；k 為波茲曼常數，1.38×10^{-23} J/K；T 為熱力學溫度，K；p^* 為平衡蒸發源處的壓力，Pa；p 為表面上的靜水壓力，Pa。

式(2-1)表明，在給定溫度下沉積速率是可以確定的。考慮到固體、化合物、合金蒸發時，蒸發速率方程式通常比簡單的 Hertz-Knudsen 方程式更複雜。為了獲得合成所需要的蒸氣壓，待蒸發材料必須產生 1Pa 或更高的壓力。有一些材料如 Ti、Mo、Fe 和 Si，即使蒸發溫度遠低於其熔點，也能獲得較高的蒸氣壓。另一些材料如 Au 和 Ag 等金屬，即使蒸發溫度接近其熔點，所獲得的蒸氣壓也比較低，因此只有將這些金屬熔化，才能獲得沉積所需的蒸氣壓。

對於合金材料，其金屬組元蒸發速率會有所不同。因此，與合金的原始組分相比，蒸發後所沉積的薄膜可能會具有不同的化學計量比。如果化合物用於蒸發，則它很可能會在加熱過程中發生分解而導致產物不能保持化學計量比。

合成奈米材料的氣相法主要包括蒸發冷凝法、熱蒸發法、化學氣相沉積法、金屬有機化學氣相沉積法、原子層沉積法和分子束外延法等。

(2) 蒸發冷凝法

1984 年德國薩克藍大學的 H. Gleiter 教授首次用真空冷凝法製備了 Pd、Cu、Fe 等奈米晶。這種方法以產物的原材料作為蒸發源，目標材料被蒸發後與真空腔中的惰性氣體或反應性氣體分子相碰撞，從而在真空腔的冷凝桿上凝結成奈米顆粒而後被收集，如圖 2-6 所示。

在製備過程中，金屬或高蒸氣壓金屬氧化物從諸如 W、Ta 和 Mo 的難熔金屬中蒸發或昇華。靠近蒸發源的奈米顆粒密度非常高，並且粒徑小（<5nm）。這種顆粒更傾向於獲得穩定的較低表面能。通常，蒸發速率和腔室內氣體的壓力決定了顆粒尺寸及其分佈。如果在系統中使用諸如 O_2、H_2 和其他反應性氣體，則蒸發材料可以與這些氣體相互作用形成氧化物顆粒、氫化物顆粒或氮化物顆粒。或者可以

首先製備金屬奈米顆粒，然後進行適當的後處理，以獲得所需的金屬化合物等。尺寸、形狀甚至蒸發材料的物相取決於沉積室中的氣體壓力。例如，使用 H_2 的氣體壓力大於 500kPa 時，可以產生尺寸為 12nm 的金屬鈦顆粒。通過在 O_2 氣氛中退火處理，金屬顆粒可以轉化成具有金紅石相的二氧化鈦。然而，如果鈦奈米顆粒是在 H_2 氣壓低於 500kPa 的條件下生產的，則它們不能轉化為任何晶態鈦氧化物相，始終保持無定形結構。該方法可以通過調節惰性氣體壓力、蒸發物質的分壓（即蒸發溫度或速率）或者惰性氣體溫度來控制奈米微粒的大小。

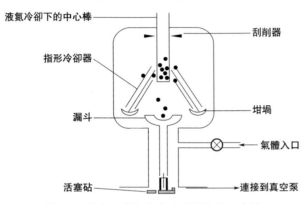

圖 2-6　真空冷凝法合成奈米顆粒的示意圖

　　圖 2-7 所示為蒸發冷凝設備。在施加幾兆帕斯卡（MPa）至吉帕斯卡（GPa）的壓力下，更易於獲得低孔隙率的粒料。

圖 2-7　蒸發冷凝設備

（3）熱蒸發法

熱蒸發法的原理是在高真空中進行熱蒸發，將原料加熱、蒸發使之成為原子或分子，然後再使原子或分子凝聚形成奈米顆粒。採用該方法製備奈米粒子有以下優點。

a. 可製備單金屬顆粒，例如 Ag、Au、Pd、Cu、Fe、Ni、Co、Al、In 等金屬粒子[8,9]。

b. 粒徑分佈範圍窄，並且均勻。

c. 粒徑可通過調節蒸發速度進行控制。

圖 2-8 所示為利用熱蒸發法所獲得的 Ag 奈米顆粒，奈米粒子的直徑隨蒸發溫度的升高而增大。

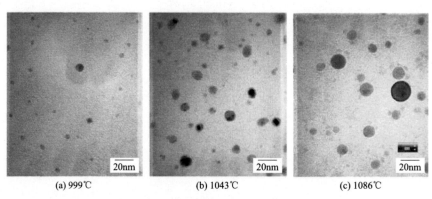

(a) 999℃　　　　　(b) 1043℃　　　　　(c) 1086℃

圖 2-8　利用熱蒸發法所獲得的 Ag 奈米顆粒

（4）脈衝雷射燒蝕法

脈衝雷射燒蝕法採用高功率雷射束的脈衝燒蝕實現材料的蒸發，脈衝雷射燒蝕裝置與蒸發示意圖如圖 2-9 所示。該裝置是配備惰性氣體或反應性氣體的超高真空（UHV）或高真空系統。裝置由雷射束、固體靶和冷卻基板三部分組成。理論上只要可以製造出某種材料的靶材，就可以合成出這種材料的團簇。通常雷射波長位於紫外線範圍內。

在製備過程中，強大的雷射束從固體源蒸發原子，原子與惰性氣體原子（或活性氣體）碰撞，並在基材上冷卻形成團簇。該方法通常稱為脈衝雷射燒蝕法。氣體壓力對於確定粒度和分佈非常關鍵。同時蒸發另一種材料並將兩種蒸發材料在惰性氣體中混合，從而形成合金或化合物。該方法可以產生一些材料的新相。例如，可以採用這種方法製備單壁奈米碳管（SWNT）或石墨烯量子點（Graphene Quantum Dots)[10]，如圖 2-10所示。

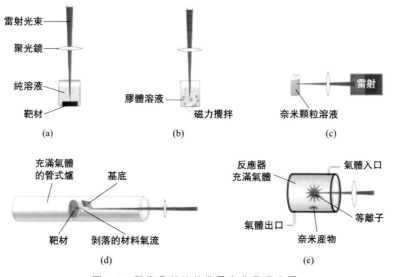

圖 2-9　脈衝雷射燒蝕裝置與蒸發示意圖

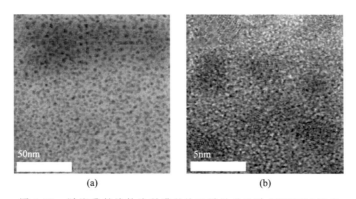

圖 2-10　脈衝雷射燒蝕法所獲得的石墨烯量子點 HRTEM 圖像

（5）濺射沉積法

濺射沉積是廣泛使用的奈米薄膜沉積技術，其優點是可以獲得與靶材相同或相近化學計量比的薄膜，即可以保持原始材料的化學成分比。目標材料可以是合金、陶瓷或化合物。通過濺射沉積能夠有效地獲得無孔緻密的薄膜。濺射沉積法可用於沉積鏡面或磁性薄膜的多層膜，在自旋電子學領域具有廣泛的應用。

在濺射沉積中，一些高能惰性氣體離子如氬離子入射到靶材上。離子在靶材表面變為中性，但由於它們的能量很高，入射離子可能會射入靶材或者被反彈，在靶材原子中產生碰撞級聯，取代靶材中的一些原子，產生空位和其他缺陷，同

時會除去一些吸附物，產生光子並同時將能量傳遞給靶材原子，甚至濺射出一些目標原子/分子、團簇、離子和二次電子。圖 2-11 所示為離子與目標的相互作用。

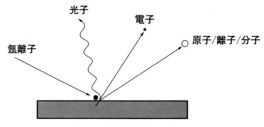

圖 2-11　離子與目標的相互作用

對於材料的沉積，靶材濺射區域以及目標材料濺射產率由下式給出：

$$Y = \frac{3}{4\pi^2} \times \frac{4M_1M_2}{(M_1+M_2)} \frac{E_1}{E_b} \tag{2-2}$$

$$E_1 < 1\text{keV}$$

$$Y = 3.56\alpha \frac{Z_1Z_2}{Z_1^{\frac{2}{3}}+Z_2^{\frac{2}{3}}} \left(\frac{M_1}{M_1+M_2}\right) \frac{S_n(E_2)}{E_b} \tag{2-3}$$

$$E_2 < 1\text{keV}$$

式中，α 為動量轉移效率；M_1 為入射離子質量；M_2 為目標原子質量；Z_1 為入射離子原子數；Z_2 為目標原子數；E_1 為入射離子的能量；E_2 為目標原子的能量；E_b 為靶材原子間的結合能；S_n 為結合能（被稱為阻止能量，代表單位長度的能量損失）。

具有相同能量的相同入射離子對不同元素的濺射產率通常不同。因此當靶材是由多種元素組成時，具有更高濺射產率的元素在產物中的含量會更高。根據靶材和濺射目的不同，可以使用直流（DC）濺射、射頻（RF）濺射或磁控濺射來進行濺射沉積。對於直流濺射來說，濺射靶保持在高負電壓，襯底可以接地或用可變電位（圖 2-12）。可以根據待沉積材料的不同來加熱或冷卻基底。當濺射室的真空度達到一定值（通常＜10Pa）後，引入氫氣可觀察到輝光。當陽極和陰極之間施加足夠高的電壓並且其中有氣體時，會產生輝光放電，區域可分為陰極發光區、克魯克暗區、負輝光區、法拉第暗區、正柱區、陽極暗區和陽極發光區。這些區域是產生等離子體的結果，即在各種碰撞中釋放的電子、離子、中性原子和光子的混合物。各種顆粒的密度和分佈長度取決

於引入的氣體分壓。高能電子撞擊導致氣體電離。在幾帕壓力下就可以產生大量的離子來濺射靶材。

如果要濺射的靶材是絕緣的，則難以使用直流濺射，這是因為它需要使用特別高的電壓（＞10^6 V）來維持電極之間的放電，但在直流放電濺射中通常是 100～3000 V。由於需要施加高頻電壓，使得陰極和陽極交替地改變極性，從而產生充分的電離。頻率為 5～30 MHz 可以進行沉積，但通常的沉

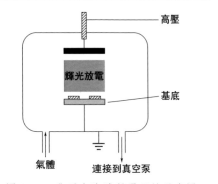

圖 2-12　典型直流濺射單元的示意圖

積頻率是 13.56 MHz，此頻率範圍的其他頻率可用於通訊。如果外加了磁場，則可以進一步提高射頻/直流濺射速率。當電場和磁場同時作用於帶電粒子時，由於帶電粒子受到勞侖茲力，電子以螺旋狀路徑移動並且能夠電離出氣體中的更多原子。實際上，沿電場方向的平行和垂直磁場都可用於進一步增加氣體的電離，從而提高濺射效率。通過引入 O_2、N_2、NH_3、CH_4 等氣體，在濺射金屬靶的同時，可以獲得金屬氧化物（如 Al_2O_3）、氮化物（如 TiN）和碳化物（如 WC），因此又被為「反應濺射」。

濺射方法對於合成多層膜的超晶格結構是一個有力的工具。如圖 2-13 所示，a-Si/SiO_2 超晶格結構顯示出良好的室溫光致發光特性。

（6）化學氣相沉積法

化學氣相沉積（Chemical Vapor Deposition，CVD）法是一種使用不同的氣相前驅體作為反應源合成奈米材料的方法，用這種方法可以獲得各種無機材料或有機材料的奈米結構。其特點是設備相對簡單，易於加工，可以合成不同類型奈米材料，成本經濟，因此在工業中被廣泛使用。CVD 的發展趨勢是向低溫和高真空兩個方向發展，並衍生出很多新工藝，如金屬有機化學氣相沉積（MOCVD）、原子層外延（ALE）、氣相外延（VPE）、等離子體增強化學氣相沉積（PECVD）。它們原理相似，只是氣壓源、幾何佈局和使用溫度不同。基本的 CVD 工藝過程是反應物蒸氣或反應性氣體隨惰性載氣傳輸向基底（圖 2-14），在高溫區發生反應並產生不同的產物，這些產物在基底表面上擴散，並在適當的位置形核並生長，通過溫度、前驅體濃度、反應時間、催化劑和基底選擇獲得所需的奈米結構；同時在基底上產生的副產物則被載氣攜帶排出系統。通常基底溫度控制在 300～1200℃。

圖 2-13　α-Si/SiO$_2$ 超晶格結構的
　　　　　室溫光致發光照片

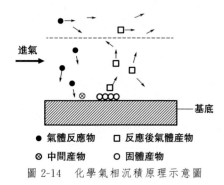

圖 2-14　化學氣相沉積原理示意圖

　　通常反應腔的壓強控制在 $100 \sim 10^5$ Pa 範圍內。材料的生長速率和質量取決於氣體分壓和基底溫度。通常溫度較低時，生長受表面反應動力學的限制。隨溫度升高，反應速率加快而反應物的供應相對較慢，這時生長受到質量傳遞的限制。在高溫下，由於前驅體更容易從基底上脫附，生長速率降低。

　　當有兩種類型的原子或分子，如 P 和 Q 參與形核生長時，有兩種模式可以進行形核。在所謂的 Langmuir-Hinshelwood（朗格繆爾-修斯伍德）機制中，P 和 Q 型原子/分子都是吸附在基底表面上並與之相互作用，以產生產物 PQ。

　　當一種物質的被吸收超過另一種物質時，生長取決於 P 和 Q 吸附位點的可用性，如圖 2-15 所示。也可以採用另一種方式進行反應，也就是說，P 吸附在基質上，氣相中的 Q 與 P 相互作用，因此沒有共用位點。這種機制稱為 Elay-Riedel 模式（圖 2-16）。

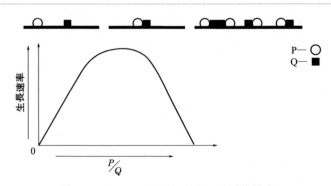

圖 2-15　Langmuir-Hinshelwood 形核模式

　　對於準一維奈米結構來說，化學氣相沉積合成主要是通過氣-液-固（VLS）機制和氣-固（VS）機制來進行的。1960 年代，R. S. Wagner 及其合作者在研究

微米級的單晶矽晶鬚的生長過程中首次提出 VLS 生長機制（圖 2-17）。

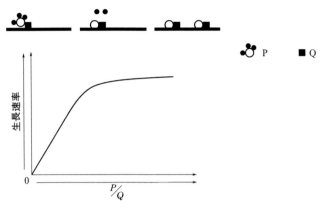

圖 2-16　Elay-Riedel 形核模式

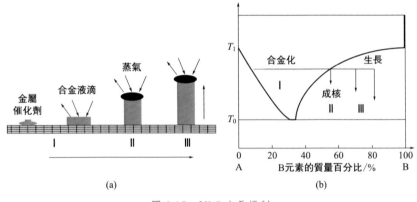

圖 2-17　VLS 生長機制

目前，VLS 生長方法被認為是製備高產率單晶準一維奈米材料的最有效途徑之一。實現氣-液-固（VLS）生長需要同時滿足以下兩個方面的條件。

a. 形成瀰散的、奈米級的、具有催化效應的低熔點合金液滴，這些合金液滴通常是金屬催化劑和目標材料之間的相互作用形成的，常用催化劑有 Au、Ag、Fe、Ni 等。

b. 形成具有一定分壓的蒸氣相，一般為目標奈米線材料所對應的蒸氣相或組分。

在所有的氣相法中，應用 VLS 生長機制製備大量單晶奈米材料和奈米結構是最成功的。VLS 生長機制一般要求必須有催化劑（也稱為觸媒）的存在。VLS 生長機制的特點如下。

a. 具有很強的可控性與通用性。

b. 奈米線不含有螺旋位錯。

c. 雜質對於奈米線生長至關重要，發揮了生長促進劑的作用。

d. 在生長的奈米線頂端附著有一個催化劑顆粒，並且催化劑的尺寸在很大程度上決定了所生長奈米線的最終直徑，而反應時間則是影響奈米線長徑比的重要因素之一。

e. 奈米線生長過程中，端部合金液滴的穩定性是很重要的。

VS 生長機制一般用來解釋無催化劑的晶鬚生長過程。如圖 2-18 所示，生長中反應物蒸氣首先經熱蒸發、化學分解或氣相反應而產生，然後被載氣輸運到襯底上方，最終在襯底上沉積、生長成所需要的目標材料。VS 生長機制的特點如下。

a. VS 生長機制的雛形是晶鬚端部含有一個螺旋位錯，這個螺旋位錯提供了生長的臺階，導致晶鬚的一維生長。

b. 在生長過程中氣相過飽和度是晶體生長的關鍵因素，並且決定著晶體生長的主要形貌。

c. 一般而言，很低的過飽和度對應於熱力學平衡狀態下生長的完整晶體。

d. 較低的過飽和度有利於生長奈米線。

e. 稍高的過飽和度有利於生長奈米帶。

f. 再提高過飽和度，將有利於形成奈米片。

g. 當過飽和度較高時，可能會形成連續的薄膜。

h. 過飽和度若過高，會降低材料的結晶度。

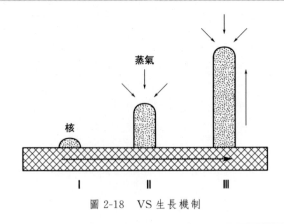

圖 2-18　VS 生長機制

2.1.4　液相法

液相法製備奈米材料是將均相溶液通過各種調控手段使溶質和溶劑分離，溶

質形成一定形狀和大小的前驅體，分解後獲得奈米尺寸材料。

不同形狀和尺寸的奈米顆粒的合成是一個比較複雜的過程。圖 2-19 所示為合成奈米顆粒的典型化學反應器。

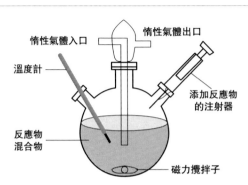

惰性氣體入口　　惰性氣體出口

溫度計

添加反應物
的注射器

反應物
混合物

磁力攪拌子

圖 2-19　合成奈米顆粒的典型化學反應器

　　成核過程屬於「自下而上」的生長模式，由原子或分子聚集在一起形成固體。該過程可以是自發的，並且可以是均質或異質形核。當在所得顆粒的原子或分子周圍成核時，發生均質成核。另一方面，異質成核可以發生在諸如灰塵等外來顆粒上，或者是特意添加的顆粒、模板或容器壁。如果在溶液中存在一些氣泡並破裂，則由此產生高的局部溫度和壓力可能足以引起均勻成核。在圖 2-20 所示的曲線 A 中可以看出，當溶質濃度接近過飽和度時會發生快速形核。如果原子核通過溶液擴散並快速獲得原子，則會降低溶質濃度，與曲線 B 中的聚集顆粒或曲線 C 中的奧斯特瓦爾德熟化（Ostwald-ripened）顆粒相比，可以在相對較短的時間內形成均勻尺寸的顆粒。在奧斯特瓦爾德熟化過程中，如果溶液長時間處於過飽和狀態，粒子的形核會導致某些粒子越來越小，而另一些粒子會越來越大，這種大小粒子共存的狀態會維持相當長一段時間，然後溶質濃度開始降低。較大的顆粒傾向於吞噬較小的顆粒而變得更大，使得總表面能降低。在生長過程中，溶質濃度和溶液溫度會強烈影響生長。另外，晶體結構、缺陷、有利位點等會對最終產物的形成產生強烈影響。

　　如圖 2-20 所示，一旦成核，根據外部條件不同，晶核的生長可能會沿著曲線 A、B 或 C 的任何一條途徑生長。曲線 A 描繪的生長路線是 LaMer 提出的經典路線，因此稱為 LaMer 圖。成核過程是受到熱力學因素控制的。晶核的尺寸由在形核過程中的自由能變化以及晶核的表面能確定。晶核首先要達到一個穩定的臨界尺寸（臨界半徑 r^*），才有可能繼續長大成為更大的穩定顆粒。半徑小於 r^* 的粒子稱為晶胚。這種晶胚形成的形核功（ΔG_r）由下式給出：

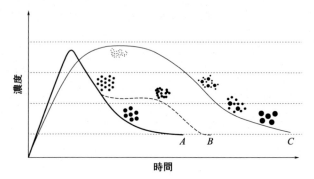

圖 2-20　奈米粒子的成核和生長　（LaMer 圖）

$$\Delta G_r = \frac{4}{3}\pi r^3 \Delta G_V + 4\pi r^2 \gamma_{SL} \qquad (2\text{-}4)$$

式中，r 為晶胚半徑；ΔG_V 為液體和固體之間單位體積自由能變化；γ_{SL} 為液體和固體的介面自由能。

在固體的熔點（T_m）以下，ΔG_V 為負，而表面自由能或表面張力 γ_{SL} 為正。這兩種能量隨著晶胚半徑 r 的增加而此消彼長。形核功（ΔG_r）隨晶胚尺寸的變化曲線如圖 2-21 所示。

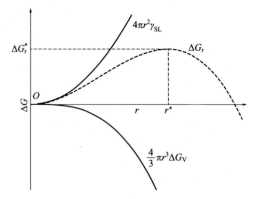

圖 2-21　形核功（ΔG_r）隨晶胚尺寸的變化曲線

可以推導出均相形核臨界尺寸：

$$r^* = \frac{-2\gamma_{SL} T_m}{\Delta H_f \Delta H} \qquad (2\text{-}5)$$

當在一些外來顆粒或表面（例如容器壁或基底）上發生成核時，則發生異質形核，這樣可以降低成核所需的能量。因此異質形核的臨界尺寸比均質形核

要小。

　　合成奈米材料的液相法主要包括溶膠-凝膠法、水熱合成法、微乳法、LB法等。液相法主要優點是設備簡單、原料容易獲得、純度高、均勻性好、可精確控制化學組成、容易添加微量有效成分、奈米材料表面活性高、容易控製材料的尺寸和形狀、工業化生產成本低等。

（1）溶膠-凝膠法

　　顧名思義，溶膠-凝膠涉及兩種類型的材料或組分，即「溶膠」和「凝膠」。溶膠-凝膠法基本原理是將金屬醇鹽或無機鹽經水解直接形成溶膠或經解凝形成溶膠，然後使溶質聚合凝膠化，再將凝膠乾燥、焙燒去除有機成分，最後得到無機材料。自1845年M. Ebelman採用這種方法以來，溶膠-凝膠法就廣為人知。然而，直到最近的二三十年，溶膠-凝膠法才引起人們比較大的興趣。首先，溶膠-凝膠的形成溫度通常比較低，這意味著溶膠-凝膠的合成能耗更低，汙染更少。在前驅體不是很昂貴的情況下，溶膠-凝膠法是一種很經濟的合成奈米材料的方法。另外溶膠-凝膠法還有一些特別的優點，例如可以通過有機-無機雜化獲得如氣凝膠、沸石和有序多孔固體等結構獨特的材料，還可以使用溶膠-凝膠技術合成奈米顆粒、奈米棒或奈米管。

　　溶膠是液體中的固體顆粒（圖2-22），因此可以把它們看成膠體粒子。而凝膠是由充滿液體（或含有液體的聚合物）的孔隙的顆粒組成的連續網路。溶膠-凝膠法的過程包括在液體中形成「溶膠」，然後將溶膠顆粒（或一些能夠形成多孔網路的亞單元）連接起來以形成網路。通過蒸發液體，可以獲得粉末、薄膜甚至固體塊體。

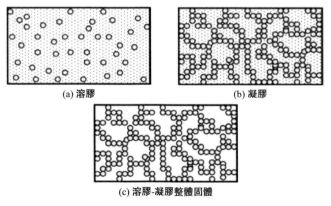

(a) 溶膠　　(b) 凝膠

(c) 溶膠-凝膠整體固體

圖2-22　溶膠-凝膠法的材料

　　如圖2-23所示，溶膠-凝膠法合成奈米材料的過程包括前驅體的水解、縮

合，以及縮聚後形成顆粒、凝膠化和乾燥等多個步驟。前驅體應選擇具有形成凝膠傾向的物質，如醇鹽或金屬鹽。醇鹽具有通式 M（ROH）$_n$，其中 M 是陽離子，ROH 是醇基，n 是每個陽離子的 ROH 基團的數目。例如 ROH 可以是甲醇（CH_3OH）、乙醇（C_2H_5OH）、丙醇（C_3H_7OH）等與 Al 或 Si 等陽離子成鍵。金屬鹽可以表示為 MX，其中 M 是陽離子，X 是陰離子，如 $CdCl_2$ 中 Cd^{2+} 是陽離子，Cl^- 是陰離子。

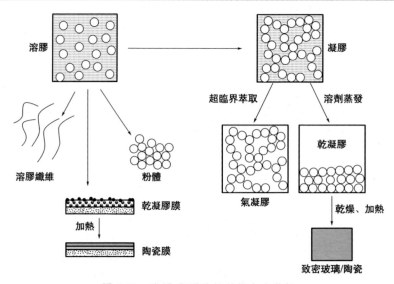

圖 2-23　溶膠-凝膠法的材料合成過程

　　儘管製備氧化物不一定要用溶膠-凝膠法，但通常氧化物陶瓷最好通過溶膠-凝膠法合成。例如在二氧化矽中，中心為矽且四面體頂點有四個氧原子的 SiO_4 基團非常適用於通過四面體的角形成具有互連性的溶膠，從而產生一些空穴或孔隙。與金屬陽離子相比，矽的電負性更高，因此它不易受到親核攻擊。通過縮聚過程（即很多水解單元將一些小分子，如羥基通過脫水反應然後聚集在一起），溶膠成核並最終形成溶膠-凝膠奈米結構。

　　溶膠-凝膠法的優缺點：

　　① 化學均勻性好（膠粒內及膠粒間化學成分完全一致）；

　　② 純度高（粉料製備過程中無需機械混合）；

　　③ 顆粒細，膠粒尺寸小於 $0.1\mu m$；該法可容納不溶性組分或不沉澱組分。不溶性顆粒均勻地分散在含不產生沉澱的組分的溶液中。經膠凝化，不溶性組分可自然地固化在凝膠體系中。不溶性組分顆粒越細，體系化學均勻性越好。

　　Lee 課題組利用溶膠-凝膠法製備了含有氧化鈦薄層的（TiO_x）聚合物太陽

能電池[11]，如圖 2-24 所示。氧化鈦薄層被沉積在 P3HT：PCBM 活性層和集流層
Al 層之間，該太陽能電池可有效增加短路電流值。前驅體 Ti［OCH（CH₃）₂］₄、
CH₃OCH₂CH₂OH 和 H₂NCH₂CH₂OH 被放置在裝有冷凝管、溫度計和氫氣通口
的三頸燒瓶內，在 80℃ 加熱回流 2h 後再在 120℃ 加熱 1h，循環兩次後獲得氧化
鈦溶液，隨即旋塗在活性層上以獲得太陽能電池。

（2）水熱合成法

水熱合成法是在高壓釜裡的高溫高壓反應環境中，採用水作為反應介質，使
得通常難溶或不溶的物質溶解，通過顆粒的成核與生長，在高壓環境下製備奈米
微粒的方法。在高溫高壓的水熱體系中，黏度隨溫度的升高而降低，有助於提高
化合物在水熱溶液中的溶解度。

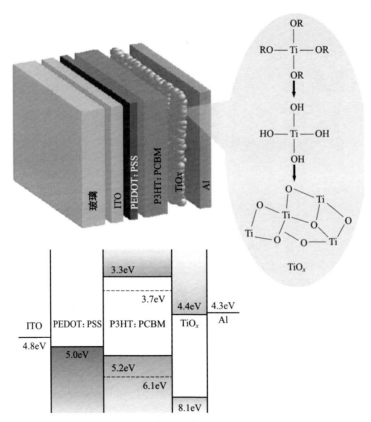

圖 2-24　溶膠-凝膠法製備含有氧化鈦薄層的（TiOₓ）聚合物太陽能電池

ITO—摻錫氧化銦（Indium TinOxide）；PEDOT：PSS— 聚 3,4-乙烯二氧噻吩：聚苯乙烯磺酸；

P3HT：PCBM— 聚 3 己基噻吩：富勒烯衍生物；TiOₓ—氧化鈦；Al—鋁

水熱合成法可用於大規模生產奈米至微米尺寸的顆粒。首先將足量的化學前驅體溶解在水中,置於由鋼或其他金屬製成的高壓釜中,高壓釜通常可承受高達300℃的溫度和高於 100 個大氣壓的內壓,通常配有控制儀表和測量儀表,如圖 2-25所示。高壓釜最早是由德國科學家羅伯特·本森(Robert Bunsen)在1839 年用於合成鍶和碳酸鋇晶體。他使用厚玻璃管,使用溫度高於 200℃,壓力超過 100 個大氣壓。該技術後來主要由地質學家使用,並且由於具有產量大、形狀新穎和尺寸可控等優點,受到了奈米技術研究人員的歡迎。

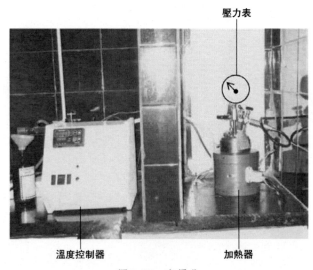

圖 2-25　高壓釜

當難以在低溫或室溫下溶解前驅體時,該技術變得十分有用。如果奈米材料在熔點附近有很高的蒸氣壓力,或者在熔點處結晶相不穩定,這種方法十分有利於孕育奈米顆粒。奈米顆粒的形狀和尺寸的均勻性也可以通過該技術實現。通過水熱方法合成了各種氧化物、硫化物、碳酸鹽和鎢酸鹽等奈米顆粒。水熱合成技術的另一種特點稱為強制水解。在這種情況下,通常使用無機金屬鹽的稀釋溶液($10^{-4} \sim 10^{-2}$ mol/L),並且在高於 150℃的溫度下進行水解。當溶劑為有機液體而非水系溶液時,這種方法也稱為溶劑熱法。

Tong 等利用水熱合成法通過裂解 g-C_3N_4 成功地製備出高比表面積（1077 m^2/g）、高氮含量（原子分數 11.6%）且摻雜 N 的微米級多孔碳奈米片[12],如圖 2-26所示。其中 g-C_3N_4 既作為水熱合成的模板,又作為反應物中的N 源。首先採用熱裂解方法,將尿素裂解為具有多孔結構片狀的 g-C_3N_4;然後通過在 180℃水熱處理葡萄糖得到膠體狀碳化葡萄糖顆粒,將其沉積在g-C_3N_4 片

表面；隨後在 N$_2$ 氣氛下在 900℃ 加熱樣品，最終獲得了摻雜 N 的微米級多孔碳奈米片。該實驗方法簡單可控，所製備的奈米片 N 含量高，表現出良好的電催化 ORR 特性。

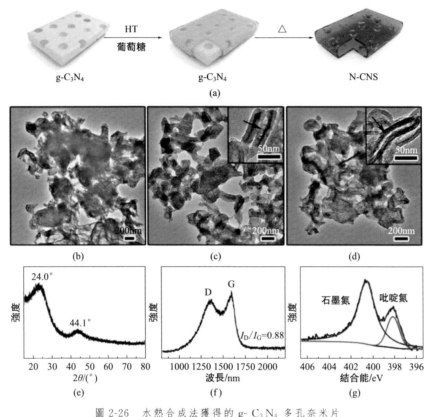

圖 2-26　水熱合成法獲得的 g-C$_3$N$_4$ 多孔奈米片

（3）微乳法

在微乳液產生的空腔中奈米顆粒的合成也是一種廣泛使用的方法。兩種互不相溶的溶劑在表面活性劑雙親分子作用下形成乳液並被分割成微小空間，形成微型反應器，反應物在此反應器中經成核、聚結、團聚、熱處理後可獲得奈米粒子，其大小可控制在奈米級範圍。由於微乳液能對奈米材料的粒徑和穩定性進行精確控制，限制了奈米粒子的成核、生長、聚結、團聚等過程，從而形成的奈米粒子包裹有一層表面活性劑，並有一定的凝聚態結構。該方法的特點是奈米粒子的單分散和介面性好，並且合成材料具有良好的生物相容性和生物降解性。每當兩種不混溶的液體被攪拌在一起時，它們就會形成「乳液」，使得較少量的液體

試圖形成小液滴，凝聚的液滴或層會使它們全部與液體的其餘部分（例如牛奶中的脂肪液滴）發生分離。乳液中的液滴尺寸通常大於 100nm 甚至為幾毫米。乳液外觀通常是渾濁的。另外，存在另一類不混溶液體，稱為微乳液，表現為透明的並且液滴尺寸在 1～100nm 的範圍內，十分有利於合成奈米材料。

　　如果兩親性分子在水溶液中擴散，它們會試圖與空氣中的疏水基團和溶液中的親水基團保持空氣-溶液介面，這種分子稱為表面活性劑。比如當烴溶液與水性介質混合時（圖 2-27），烴溶液本身將與水溶液分離並漂浮在其上。當表面活性劑分子在水溶液中大量混合時，若水溶液混入油中，它們會試圖形成所謂的「膠束」和「反膠束」。在膠束中，頭部組漂浮在水中，尾部在內部，而尾部在反膠束的情況下向外指向。

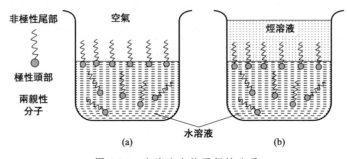

圖 2-27　水溶液中的兩親性分子

　　當有機液體或油、水和表面活性劑混合在一起時，在某些臨界濃度下，根據水和有機液體的濃度形成「膠束」或「反膠束」。如圖 2-28 所示，膠束具有漂浮在水中的頭部組，而尾部和尾部組合填充腔體以及內部的有機液體。反膠束是反向膠束的情況。它們也可以形成各種形狀，圖 2-29 示出了在不同合成條件下膠束的不同形狀。

　　臨界膠束濃度（CMC）取決於所有水、油和表面活性劑濃度。表面活性劑的作用是將水的表面張力顯著降低至 CMC 以下，並且在其上方保持恆定，因為有機溶劑濃度持續增加。有機溶質也會在一定程度上降低表面張力。如果使用任何電解質，它們會略微增加表面張力。一般有四種類型的表面活性劑：一是陽離子型，例如 CTAB，$C_{16}H_{33}N(CH_3)_3^+Br^-$；二是陰離子型，例如具有通式 R— 的磺化化合物，三是非離子型，例如 $R-(CH_2-CH_2-O)_{20}-H$，其中 R 是 C_nH_{2n+1}；四是兩性離子型，有些活性劑的一些性質類似於離子型活性劑，而另一些性質和非離子型相似，如甜菜鹼。

　　Lee 等利用微膠囊自組裝的方法在 SiO_2 微囊內同時包裹 CdSe 量子點和 Fe_2O_3 奈米磁性材料[13]，如圖 2-30 所示。CdSe 量子點的存在同時增加了 Fe_2O_3 奈

米顆粒的磁各向異性。該微膠囊分三步法合成：首先分別合成 CdSe 量子點和 Fe_2O_3 奈米顆粒。然後將聚氧乙烯、壬基苯醚、Igepal CO-520 超音分散在環己烷中，隨後加入 CdSe 和 Fe_2O_3 環己烷溶液，在 NH_4OH 氛圍內混合自組裝，獲得棕色透明的反相微膠囊。最後加入正矽酸四乙酯，反應 48h 後獲得同時包裹 CdSe 和 Fe_2O_3 的 SiO_2 微膠囊。

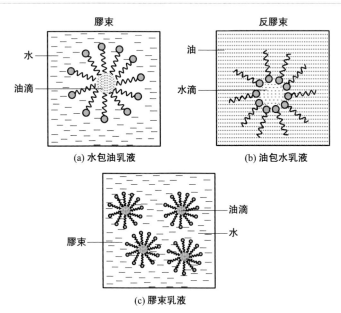

圖 2-28　膠束和反膠束的形成

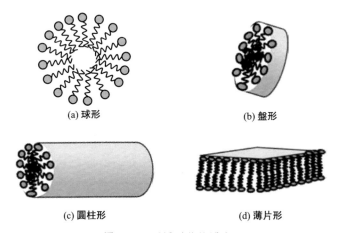

圖 2-29　不同形狀的膠束

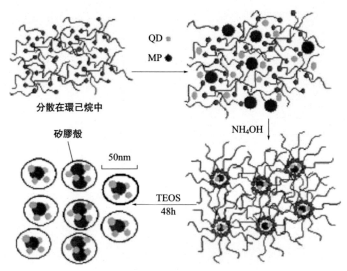

圖 2-30　利用微乳法獲得的在 SiO_2 微囊內同時
包裹 CdSe 量子點和 Fe_2O_3 奈米磁性材料

（4）LB 法

　　將兼具親水和疏水的兩親性分子分散在氣液介面，逐漸壓縮其在水面上的占有面積，使其排列成單分子層，再將其轉移沉積到固體基底上得到一種膜，人們習慣上將漂浮在水面上的單分子層膜稱為 Langmuir 膜，而將轉移沉積到基底上的膜稱為 Langmuir-Blodgett 膜，簡稱為 LB 膜。這種將有機覆蓋層從氣-液介面轉移到固體基質上的技術是由科學家 Langmuir 和 Blodgett 開發的，因此以他們的名字命名。在這種方法中，人們使用像脂肪酸中的兩親性長鏈分子。兩親性分子（圖 2-31）在一端具有親水基團，在另一端具有疏水基團。例如，花生酸的分子具有化學式 $[CH_3(CH_2)_{16}COOH]$，有許多這樣的長有機鏈具有通用化學式 $[CH_3(CH_2)_nCOOH]$，其中 n 是正整數。在這種情況下，$-CH_3$ 是疏水的，$-COOH$ 本質上是親水的。

　　通常 $n>14$ 的分子比較有利於獲得 LB 膜，這對於保持疏水性和親水性末端能彼此良好分離是必要的。圖 2-32 列出成功用於 LB 膜沉積的不同類型分子的舉例。當這些分子被放入水中時，分子以這樣的方式擴散到水的表面上，使得它們的親水末端（通常稱為「頭部」）浸入水中，而疏水末端（稱為「尾部」）保留在空氣中。它們也是表面活性劑，表面活性劑是兩親性分子，其中一端是極性、親水性基團，另一端是非極性、疏水性（憎水性）基團。

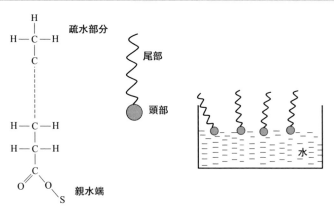

圖 2-31　兩親性分子的結構式

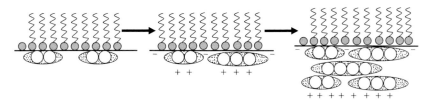

圖 2-32　LB 膜的合成步驟

　　使用可移動的基底可以將這些分子壓縮在一起形成「單層」並對齊尾部。

　　具有親水性和疏水性末端的兩親性分子，頭部基團浸入水中，尾部基團在空氣中，親水性末端和疏水性末端可以很好地分離，這種單層是二維有序的，可以轉移到一些合適的固體基底上，如玻璃、矽等。這可以通過將固體基底浸入有序分子的液體中來實現，如圖 2-31 所示。

　　「層」在固體基底上轉移取決於基底材料的性質，即疏水性還是親水性。浸入液體中的載玻璃片被浸漬後從液體中取出時，頭組可以容易地附著在玻璃表面上。結果，整個單層以一種拉出地毯的方式轉移，其外側是疏水的。因此，當它再次浸入液體中時會獲得第二層，其尾-尾靠近在一起並且當它被拉回到空氣中時，拉動另一個具有頭-頭組的單層分子。浸漬基底的過程可以重複幾次，以獲得有序的多層分子。然而，為了在水面上保持有序層，有必要對分子保持恆定的壓力。

　　圖 2-32 顯示了 LB 膜的合成步驟：

　　a. 形成單層兩親性分子；b. 將基底浸入液體中；c. 拉出基底，在此期間有序分子附著到基底上；d. 當再次浸漬基底時，分子再次沉積在基底，在基底上形成第二層；e. 當再次拉出基底時，沉積薄層。

通過重複該過程，可以在基底上轉移大量有序層，不同層之間的相互作用力為范德華分子力。在這種意義上，即使層數很多，薄膜仍保持其二維特性。如上所述的有機分子的長度通常為 2～5nm。因此，LB 膜本身是奈米結構材料的良好例子。

使用 LB 技術也可以獲得奈米顆粒。如圖 2-33 所示，將金屬鹽如 $CdCl_2$ 或 $ZnCl_2$ 溶解在水中，在其表面上塗布壓縮均勻的單層（單層分子）表面活性劑。當 H_2S 氣體通過溶液時，可以形成幾十奈米的 CdS 或 ZnS 奈米顆粒。顆粒是單分散的（幾乎一種尺寸）。如果不存在表面活性劑分子，則不能形成均勻的奈米顆粒。

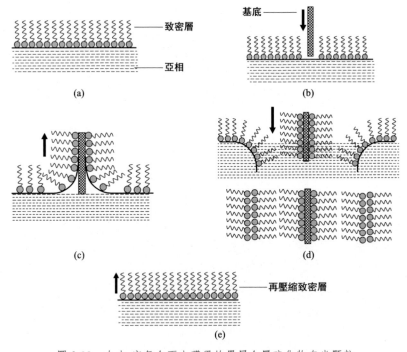

圖 2-33　在水-空氣介面上獲得的單層金屬硫化物奈米顆粒

黃嘉興課題組在水溶液中對單層氧化石墨烯依據邊對邊自組裝和面對面自組裝這兩種模式在 Langmuir 氣-液介面上進行了自組裝[14]，如圖 2-34所示。研究發現，由於氧化石墨烯表面存在著靜電斥力，在水溶液中能夠以穩定的單層存在。進行邊對邊自組裝時，由於邊界摺疊和彎曲效應，單層容易發生可逆性的堆積；而面對面自組裝時，則發生不可逆的堆積，形成多層結構。Langmuir 膜是一種有效地研究氧化石墨烯自組裝的方法。

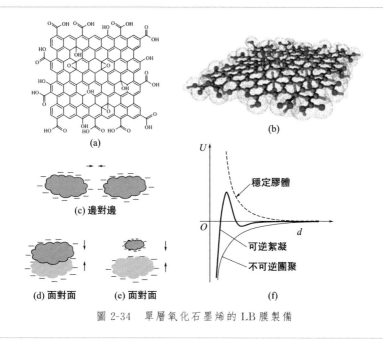

圖 2-34 單層氧化石墨烯的 LB 膜製備

(5) 超音合成法

超音合成法是利用氣泡在液體中破裂時可以釋放大量能量的優勢，通過增強前驅體的反應活性，利用頻率範圍為 20kHz～2MHz 的超音波形成氣泡（圖 2-35）來獲得奈米材料的方法。它可以被認為是一種通過替代加熱和/或加壓來增強液體中化學反應的方法。

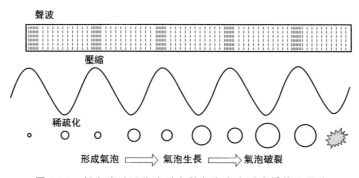

圖 2-35 超音波以正弦波形式對氣泡產生形成壓縮和釋放

儘管尚未充分了解如何使用超音方法合成奈米顆粒，但是人們一致認為液體中氣泡的產生、生長和坍塌是引起反應的最重要途徑。超音波在通過液體時會產

生非常小的氣泡，這些氣泡會持續生長直到達到臨界尺寸而爆裂，從而釋放出非常高的能量，局部達到約 5000℃ 的溫度，壓力是大氣壓的幾百倍。在氣相發生反應時，液相中的溶質會擴散到膨脹的氣泡中。氣泡爆炸時的液相反應也可能發生在氣泡周圍的介面區域（約 200nm 距離），其中在氣泡周圍的介面區域（200nm 距離）溫度可以高達 1600℃。通常，氣泡的尺寸可以是十微米到幾十微米，其中溶劑和溶質的選用非常重要。非揮發性液體會阻止氣泡的形成，這是我們所希望得到的，因為只有這樣，反應物才能以蒸氣形式進入氣泡內。溶劑的化學特性則要求呈惰性，並且在超音輻射過程中保持穩定。有趣的是，冷卻速率也可高達每秒 10^{11}℃ 或更高。因為冷卻速率高，原子沒有足夠的時間進行重組，所以有利於產生無定形奈米顆粒。這種無定形顆粒相比相同尺寸和材料的結晶顆粒更有活性，這在催化等領域很有用。使用超音方法已合成了各種奈米顆粒，如 ZnS、CeO_2 和 WO_3 等。

（6）微波合成法

在人們的日常生活中，常使用微波爐加熱或烹飪食物。微波爐在 1986 年左右開始進入科學實驗室。當時一些科學家證明，即使利用家用微波爐也可以快速、大規模和均勻地合成材料。當然，由於對科學設備所要求的攪拌力、溫度和功率不能很好地控制，家用微波爐曾不被認為是可控的化學合成設備。然而，由於微波具有很多優點，微波合成的參數已經逐漸可控並在科學研究工作中廣泛應用。

微波是電磁頻譜的一部分，具有非常長的波長，其頻率在 300～300000MHz 的範圍內。但是，只有某些頻率用於家用設備和其他設備，其餘波段需要用於通訊。微波會產生振盪電場和磁場，從而在容器中產生節點和反節點以及相應的冷熱點。該電場作用在物體上，由於電荷分佈不平衡的小分子迅速吸收電磁波而使極性分子產生 25 億次/s 以上的轉動和碰撞，從而使極性分子隨外電場變化而擺動並產生熱效應；又因為分子本身的熱運動和相鄰分子之間的相互作用，使分子隨電場變化而擺動的規則受到了阻礙，這樣就產生了類似於摩擦的效應，一部分能量轉化為分子熱能，造成分子運動的加劇，分子的高速旋轉和振動使分子處於亞穩態，這有利於分子進一步電離或處於反應的準備狀態，因此被加熱物質的溫度在很短時間內得以迅速升高。這種方法的優點是外部能量不會浪費在加熱容器上，並且反應時間短、產物尺寸和形狀均勻。通過這種方法已經合成了各種類型、形狀和尺寸的氧化物、硫化物和其他奈米顆粒。

（7）噴霧法

噴霧法是指溶液通過各種物理方法進行霧化獲得超微粒子的化學與物理相結合的方法。通過泵的作用使電解質溶液勻速通過不鏽鋼毛細管，在電場力或

機械力的作用下，液滴拉伸變形呈現細絲狀，進而在表面張力、電場力或者機械力、庫侖斥力等共同作用下破裂形成液滴。此後，液滴自身的裂解過程不斷重複，逐漸產生一系列越來越小的液滴噴霧，可以原位形成或者經後處理形成奈米顆粒、奈米線或者奈米管。

2.1.5　分子束外延法

分子束外延（Molecular Beam Epitaxy，MBE）製備奈米材料的方法是將半導體基底放置在超高真空腔體中，將需要生長的單晶物質按元素的不同分別放在噴射爐中（也在腔體內），如圖 2-36 所示。將各種組分分別加熱到相應溫度並噴射在半導體基底上，從而生長出極薄的（可薄至單原子層水平）單晶體和幾種物質交替的超晶格結構。分子束外延主要研究的是不同結構或不同材料的晶體和超晶格生長。該方法生長溫度低，能嚴格控制外延層的厚度和摻雜濃度，但系統複雜，生長速度慢，生長面積也受到一定限制。

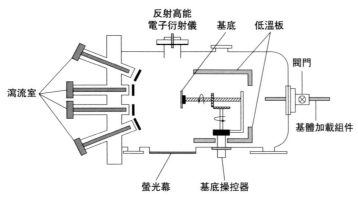

圖 2-36　MBE 設備結構原理圖

分子束外延技術是 1950 年代用真空蒸發技術製備半導體薄膜材料發展而來的，隨著超高真空技術的發展而日趨完善。由於分子束外延技術的發展，製備了一系列嶄新的超晶格裝置，擴展了半導體科學的新領域。分子束外延法的優點：能夠製備超薄層的半導體材料；外延材料表面形貌好，而且均勻性較好；可以製成不同摻雜劑或不同成分的多層結構。圖 2-37 所示為採用分子束外延法獲得的 $LaCoO_3/SrTiO_3/Si$ 多層膜結構。另外，外延生長的溫度較低，有利於提高外延層的純度和完整性；利用各種元素的黏附係數的差別，可製成化學配比較好的化合物半導體薄膜。這種方法可以高度可控地沉積元素或化合物量子點、量子阱以及量子線。在超高真空（優於 10^{-8} Pa）條件下可實現高純度沉積產物。這種方

法沉積速率非常低，以便在基底上實現元件足夠的遷移率，從而逐層生長以獲得奈米結構或高純度薄膜。可以採用反射高能電子衍射儀（RHEED）等來監測生長膜的高結晶度。

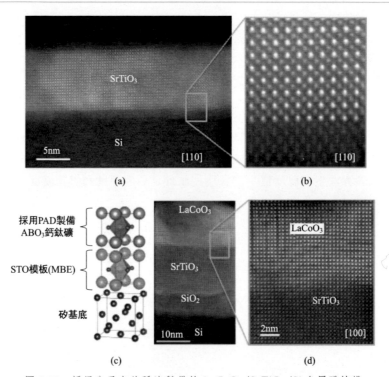

圖 2-37　採用分子束外延法製備的 $LaCoO_3/SrTiO_3/Si$ 多層膜結構

　　分子束外延技術作為已經成熟的技術，早已應用在微波裝置和光電裝置的製作中。但由於分子束外延設備昂貴，而且真空度要求很高，所以要獲得超高真空並避免蒸發器中的雜質汙染，需要大量的液氮，因而提高了日常維持的費用。分子束外延能對半導體異質結進行選擇性摻雜，大大擴寬了摻雜半導體所能達到的性能範圍，調變摻雜技術使得結構設計更靈活，但同樣對平滑度、穩定性和純度有關的晶體生長參數的控制提出了嚴格的要求，如何控制晶體生長參數是應解決的技術問題之一。

2.1.6　奈米材料的表面修飾

　　所謂奈米材料的表面修飾是指用物理、化學、機械等方法對奈米粒子表面進行處理。根據應用需要有目的地改變材料表面的物理化學性質，如表面組成、結

構和官能團、表面能、表面潤濕性、電性能、光學性能、吸附和反應特性等，從而實現人們對奈米微粒表面的控制。奈米微粒表面改性後，由於表面性質發生了變化，其吸附、潤濕、分散等一系列性質都將發生變化。就無機奈米粒子而言，可利用溶液中金屬離子、陰離子和修飾劑等與無機奈米粒子表面的金屬離子通過表面化學鍵合或者物理吸附、包覆作用，以獲得表面修飾的無機奈米粒子。通過對奈米微粒表面的修飾，可以改善或改變奈米粒子的分散性；提高微粒表面活性；使微粒表面產生新的物理性能、化學性能、力學性能及新功能；改善奈米粒子與其他物質之間的相容性。奈米材料的表面修飾可以分為表面物理修飾、表面化學修飾、表面沉積修飾。

（1）表面物理修飾

奈米材料的表面物理修飾是指通過吸附、塗敷、包覆等純粹物理作用對微粒進行表面改性，利用紫外線、等離子射線等對粒子進行表面改性也屬於表面物理修飾。表面物理修飾主要通過范德華力等特異質材料吸附在奈米微粒的表面，形成的分子膜可阻礙分子發生團聚、降低表面張力、利於顆粒在體系中均勻分散，有時還可起空間位阻作用。

（2）表面化學修飾

通過奈米微粒表面與處理劑之間進行化學反應，改變奈米微粒表面結構和狀態達到表面改性的目的，稱為奈米微粒的表面化學修飾。由於奈米微粒比表面積很大，表面鍵態、電子態不同於顆粒內部，表面原子配位不全導致懸掛鍵大量存在，使這些表面原子具有很高的反應活性且極不穩定，很容易與其他原子結合，這就為人們利用化學反應方法對奈米微粒表面修飾改性提供了有利條件。

表面化學修飾主要包括下述三種方法。

① 偶聯劑法　偶聯劑是一類用於改變無機材料與合成樹脂的有機材料相容性及介面性能的添加劑。偶聯劑一般具備兩種基團，一種能與無機奈米粒子表面進行化學反應，另一種能與有機物反應或相容。

② 酯化反應法　酯化試劑與奈米粒子表面原子反應，原來親水疏油的表面變成親油疏水的表面，通常應用於表面為弱酸性或中性的奈米粒子。

③ 表面接枝改性法　它是奈米粒子表面原子與修飾劑分子（大分子鏈）發生化學反應而改變其表面結構和狀態的方法。

（3）表面沉積修飾

比較典型的表面沉積修飾方法是原子層沉積法。原子層沉積（Atomic Layer Deposition，ALD）法是一種可以將物質以單原子膜形式一層一層地鍍在基底表面的方法。原子層沉積與普通的化學沉積有相似之處。

一般的 ALD 工藝如圖 2-38 所示。生長過程由氣態化學前驅體的連續交替脈

衝沉積所組成。在原子層沉積過程中，新一層原子膜的化學反應是直接與前一層相關聯的，這種方式使每次反應只沉積一層原子，又被稱作原子層外延技術。原子層沉積是通過將氣相前驅體脈衝交替地通入反應器並在沉積基底上化學吸附且反應而形成沉積膜的一種方法（技術）。當前驅體到達沉積基底表面時，它們會在其表面化學吸附並發生表面反應。在前驅體脈衝之間需要用惰性氣體對原子層沉積反應器進行清洗。這樣每個生長週期產生最多一層所需的材料，然後循環該過程直到達到適當的膜厚。由此可知，前驅體物質能否在基底表面被化學吸附是實現原子層沉積的關鍵。從氣相物質在基底材料的表面吸附特徵可以看出，任何氣相物質在材料表面都可以進行物理吸附，但是要在材料表面實現化學吸附，必須具有一定的活化能，因此能否實現原子層沉積，選擇合適的反應前驅體物質是很重要的。原子層沉積的表面反應具有自限制性，實際上這種自限制性特徵正是原子層沉積技術的基礎，不斷重複這種自限制反應就能形成所需的薄膜。

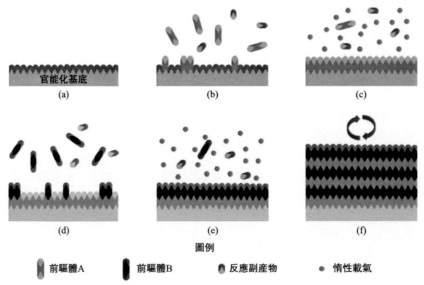

圖 2-38　原子層沉積過程示意圖：（a）基材表面天然官能化或經處理以使表面官能化；（b）前驅體 A 是脈衝的並與表面反應；（c）用惰性載氣吹掃過量的前驅體和反應副產物；（d）前驅體 B 是脈衝的並與表面反應；（e）用惰性載氣吹掃過量的前驅體和反應副產物；（f）重複步驟（a）～（e），直到達到所需的材料厚度為止

　　原子層沉積法由於沉積速率慢，可以精確控制沉積速率，因此具有優異的復型性。如圖 2-39 所示為 Au 奈米顆粒上沉積 SnS_x 薄膜和 SiO_2 溝槽上沉積 $Ge_2Sb_2Te_5$ 薄膜的圖像，顯示出該過程具有優良的沉積均勻性特點。原子層沉積的第二個明顯優點是沉積的薄膜厚度可控。利用逐層沉積，可以通過原子層沉積循

環的次數來控制薄膜的厚度，並且每個沉積週期厚度小於 1Å（1Å＝0.1nm）。原子層沉積的第三個突出優點是成分控制，這個從諸如氧化鋅錫（ZTO）和 SrTiO$_3$等材料的製備上獲得了證實。這些薄膜可以通過設計原子層沉積「超級循環」來沉積和成分控制，原子層沉積超級循環是由多個原子層沉積過程組成的。例如，在 ZTO 沉積中，調整 SnO$_x$ 和 ZnO 的超循環比可以設計控制薄膜的導電行為和光學性質。在沉積 SrTiO$_3$時，TiO$_2$ 和 SrCO$_3$ 以 1：1 的原子比例在超循環中交替，在退火後可以獲得具有化學計量比的 SrTiO$_3$超薄膜[15]。

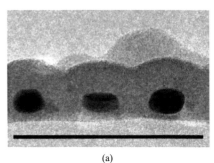 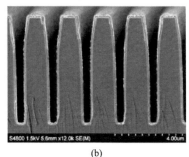

(a)　　　　　　　　　　　　　　　(b)

圖 2-39　（a）Au 奈米顆粒上的復型 SnS$_x$ ALD 膜的 TEM 圖像（比例尺為 100nm）；（b）溝槽中復型 Ge$_2$Sb$_2$Te$_5$ ALD 膜的 SEM 橫截面圖像

2.1.7　自組裝法

自組裝是在無人為干涉的前提下，組元自發地組織成熱力學上穩定、結構確定、性能特殊的聚集體的過程。自組裝奈米結構的形成過程、表徵及性質測試吸引了眾多化學家、物理學家與材料學家的興趣，已經成為目前非常活躍並正飛速發展的研究領域。它一般是利用非共價作用將組元（如分子、奈米晶體等）組織起來，這些非共價作用包括氫鍵、范德華力、靜電力等。通過選擇合適的化學反應條件，有序的奈米結構材料能夠通過簡單的自組裝過程而形成。也就是說，這種結構能夠在沒有外界干涉的狀態下，通過它們自身的組裝而產生，已成為奈米科技的核心理論和技術。該方法遵循的是「自下而上」模式，通過合理利用特殊分子結構中所蘊含的各種相互作用，分層次地逐步生長，最終巧妙地形成多級結構。

無機固體中主要的鍵是離子鍵、共價鍵或金屬鍵，它們具有相當大的形成能（或解離能），通常為 0.5eV 至幾個電子伏特。而自組裝可以通過弱相互作用，如范德華力、毛細管力等自發形成。

在奈米技術中，自組裝法具有重要的作用。有機分子和奈米顆粒的緊密排列

對於獲得新型奈米裝置裝置具有很重要的意義。由於認識到自組裝的重要性，科學家開始尋求各種能夠實現自組裝的有機材料、無機材料或其他材料，以獲得新型電子材料、機械材料、磁性材料或光學材料。使用 DNA 的奈米製造在奈米電子學、奈米機械裝置以及計算機中具有潛在的應用。化學領域中發展起來的一個非常重要分支——「超分子化學」，即是「自組裝」的體現。「超分子化學」一詞是由諾貝爾獎得主讓-瑪麗・勒恩（Jean-Marie Lehn）提出的，意思是分子之外的化學。它基本上是一種或幾種類型的分子的組合，以通過非共價鍵相互作用製備聚集體或更大的晶體。「分子識別」（如鎖和鑰匙）有助於構建更大的組件，就像兩股 DNA 纏繞在一起一樣。這種分子組裝體的三維有序排列可導致形成「超晶格」或自組裝分子的大單晶。

需要指出的是，在一維、二維或三維範圍內，自組裝涉及弱到強的相互作用和奈米結構。自組裝可以是非常弱的相互作用，如范德華力、氫鍵、電場力、磁場力等。目前認為自組裝能夠發生的驅動力基於體系的最低能量狀態的原理。系統進入低能有序的狀態取決於能否獲得相同的尺寸和形狀。如果具有一定形狀、原子數和尺寸的分子已經處於低能狀態，則為自組裝提供了一個良好的前提條件。

當一種基元用於自組裝時（兩種或更多種類型的基元也可以形成自組裝），可以在沒有任何外力的情況下自發地獲得最低能量狀態；或者在溫度、壓力、磁場等外部驅動的情況下，也可以發生自組裝。在沒有外部驅動力的情況下的組裝稱為靜態自組裝，存在外部驅動力的情況下的組裝稱為動態自組裝（圖 2-40）。當系統達到最低能量狀態，並且可以維持在那種狀態時，則可以實現靜態自組裝。

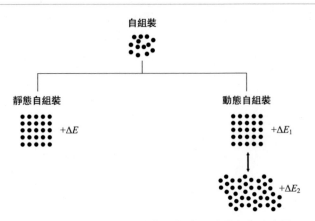

圖 2-40　靜態自組裝和動態自組裝兩種模式的示意圖

　　另外，動態自組裝涉及來自環境外力的持續影響。如果系統不再吸收來自環境的能量，則自組裝會偏離有序結構並可能出現有序結構分解的情況。從熔體中形成有序晶體結構可以被認為是動態自組裝的範例。

　　靜態和動態自組裝可以進一步分為「分層自組裝」、「定向自組裝」和「協同組裝」，如圖 2-41 所示。分層自組裝的特徵在於一種類型的組裝體的小範圍、中範圍和大範圍相互作用。定向自組裝是指當基元占據預先設計好的地方（例如有光刻圖案的基材的某些部分，膜上的孔隙或有序部分之間的空隙）時，就會發生定向自組裝。顧名思義，協同自組裝可以由兩種或更多種類型的基元形成，這些基元可以彼此配合。

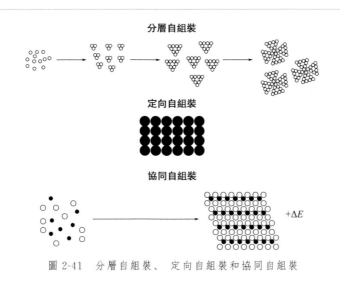

圖 2-41　分層自組裝、定向自組裝和協同自組裝

　　如若合成無機奈米粒子，可以通過吸附在其表面的一些有機分子在固態基底上進行組裝。例如，用羧基（－COO－）功能化的 CdS 奈米粒子基團可以轉移到鋁基底上［圖 2-42(a)］。吸附在金屬表面的二硫醇也能吸附 CdS 奈米粒子［圖 2-42(b)］形成薄層。銀奈米顆粒［圖 2-42(c)］已被雙功能吸附在氧化鋁層上。另外如 4-羧基苯硫酚分子可以與氧化鋁層結合，並通過硫醇附著在銀顆粒上來完成自組裝。採用這種方法可以使用烷硫醇或烷基胺封端的金、銀、鈀等奈米顆粒進行自組裝。這裡的化學反應在含水介質中進行，然後將顆粒轉移到有機溶劑中並滴在合適的固態基底上，使溶劑蒸發，留下自組裝層。

　　自組裝法可以自發地產生量子點，例如在矽（Si）上的鍺（Ge）[16] 或在砷化鎵（GaAs）上的砷化銦（InAs），如圖 2-43 所示。這種自組裝源於應變誘導。Ge 和 Si 只有 4% 的晶格失配，因此 Ge 可以外延沉積在 Si 單晶上，可達 3～4 個單層。儘管外延生長（異質），但沉積的 Ge 層會產生明顯應變（在沒有任何缺

陷或位錯的前提下）。當進一步沉積時，晶格應變導致奈米島或量子點的自發形
成。然而，在沉積或沉積後退火時，基底的溫度必須大於 350℃。圖 2-44 所示為
Si（111）表面上的鍺島的生長機制以及電子顯微鏡圖像。島的大小取決於生長
溫度以及基底表面狀態。

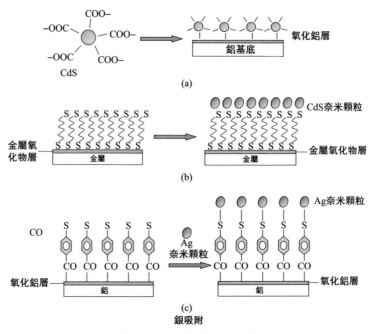

圖 2-42　奈米顆粒的自組裝

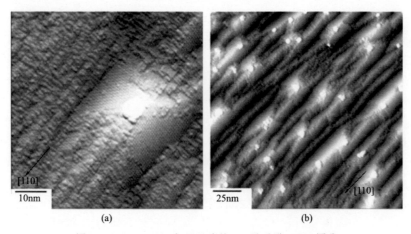

圖 2-43　Si（001）表面沉積的 Ge 量子點 STM 圖像

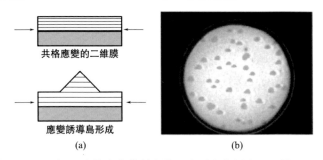

圖 2-44　Ge 在 Si 上的生長機制和顯示島形成的圖像（視場 10μm）

　　無機顆粒材料如二氧化矽（SiO_2）、二氧化鈦（TiO_2）、聚合物顆粒或乳膠也能夠通過沉澱來組織自身，但需要它們具有非常均勻的尺寸。如圖 2-45 所示，Navaraj 等採用提拉法通過變換接觸角，將 SiO_2 顆粒自組裝為單層或者多層的 SiO_2 奈米顆粒陣列[17]。由於顆粒之間的范德華力相互作用弱，顆粒自組裝驅動力是毛細力，通過形成六邊形網路可以使得表面能最小化。如果粒子尺寸均勻，則有助於形成有序的二維粒子網路。

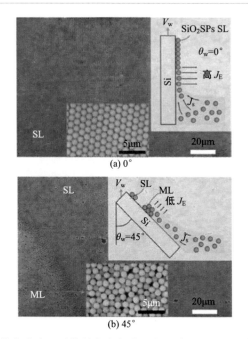

圖 2-45　採用提拉法在不同接觸角自組裝二氧化矽（SiO_2）顆粒的 SEM 圖像

　　通過自組裝還可以設計和製造其他自組裝件。這種組件可以儲存資訊和傳遞資訊，因此在分子資訊技術中具有很大的潛力，對奈米加工具有重要意義。如果可以實現複雜結構的自組裝，則有希望利用自組裝來進行高度集成和有序的結構設計。

2.2　奈米材料的常見表徵方法

2.2.1　X射線衍射分析

　　X射線衍射（X-ray Diffraction，XRD）是一種利用X射線在晶體物質中的衍射效應來進行物質結構分析的技術。XRD研究的是材料的體相結構，通常採用單色X射線為衍射源。XRD既是一種定性分析方法，亦是一種定量分析方法，多以定性物相分析為主，但也可以進行定量分析。通過待測樣品的X射線衍射譜圖與標準物質的X射線衍射譜圖進行對比，可以定性分析樣品的物相組成；另外，通過對樣品衍射強度數據的分析計算，可以完成樣品物相組成的定量分析。

　　利用X射線衍射儀（圖2-46）進行定性分析時可以獲得下列資訊。

圖 2-46　X 射線衍射儀

　　a. 根據 XRD 譜圖資訊，可以確定樣品是無定形樣品還是晶體：無定形樣品為大包峰，沒有精細譜峰結構；晶體則有豐富的譜線特徵。把樣品中最強峰的強度和標準物質的進行對比，可以定性知道樣品的結晶度。

　　b. 通過與標準譜圖進行對比，可以知道所測樣品由哪些物相組成（XRD 最主要的用途之一）。基本原理：晶態物質組成元素或基團如果不相同或其結構有差異，它們的衍射譜圖在衍射峰數目、角度位置、相對強度以及衍射峰形上會顯現出差異（基於布拉格方程式）。

c. 通過待測樣品和標準譜圖 2θ 值的差別，可以定性分析晶胞是否膨脹或者收縮的問題，因為 XRD 的峰位置可以確定晶胞的大小和形狀。

利用 X 射線衍射儀進行定量分析時可以獲得下列資訊。

a. 樣品的平均晶粒尺寸。基本原理：當 X 射線入射到小晶體時，其衍射線條將變得瀰散而寬化。晶體的晶粒越小，XRD 譜帶的寬化程度就越大。因此，晶粒尺寸與 XRD 譜圖半峰寬之間存在一定的關係，即謝樂公式。

b. 樣品的相對結晶度。一般將最強衍射峰積分所得的面積（A_s）當作計算結晶度的指標，與標準物質積分所得面積（A_g）進行比較，即結晶度＝（A_s/A_g）×100％。

c. 物相含量的定量分析。主要有 K 值法（也稱 RIR 方法）和 Rietveld 全譜精修定量等。其中，RIR 法的基本原理是：用 1：1 混合的某物質與剛玉（Al_2O_3），其最強衍射峰的積分強度會有一個比值，該比值為 RIR 值。該物質的積分強度 RIR 值總是可以換算成 Al_2O_3 的積分強度。對於一個混合物而言，物質中所有組分都按這種方法進行換算，最後可以通過歸一法得到某一特定組分的百分含量。

d. XRD 還可以用於點陣常數的精密計算、殘餘應力計算等。

Odom 課題組利用自上而下的合成方法首先製備了 Ag 奈米線，隨後在 Ag 奈米線上用 CVD 法沉積了 Se 粉[18]。Ag 和 Se 之間隨即發生了低溫相轉變過程而生成了 Ag_2Se 奈米線。所生成的 Ag_2Se 奈米線連續性較差，在奈米線上 Ag_2Se 各晶粒面的生長方面均不相同。他們採用掠角 X 射線衍射（GAXD）分析了 Ag_2Se 奈米線的物相結構。不同於常規 XRD，GAXD 可用來分析低密度奈米材料的物相結構，並保持樣品表面的完整性。GAXD 結果表明，Ag_2Se 奈米線屬於斜方晶系，如圖 2-47所示。

2.2.2　掃描電子顯微分析

掃描電子顯微鏡（Scanning Electron Microscope，SEM）是一種電子光學儀器，簡稱掃描電鏡。掃描電子顯微鏡是以細聚焦電子束作為照明源，以光柵狀掃描方式照射到試樣上，產生各種與試樣性質有關的資訊，然後用探測器接收被激發的各種物理訊號並加以處理調變，從而獲得微觀形貌放大象，如圖 2-48 所示。由電子槍發射出來的電子束經柵極聚焦後，在加速電壓作用下，經過 2～3 個電磁透鏡所組成的電子光學系統，電子束會聚成一個細的電子束聚焦在樣品表面。在末級透鏡上裝有掃描線圈，在掃描線圈的作用下使電子束在樣品表面掃描。由於高能電子束與樣品物質的互動作用，結果產生了各種訊號：二次電子、背散射電子、吸收電子、X 射線、俄歇電子和透射電子等。這些訊號被相應的接收器接

收，經放大後送到映像管的柵極上，調變映像管的亮度。由於經過掃描線圈的電流與映像管相應的亮度一一對應，即電子束打到樣品上一點時，在映像管螢光幕上就會出現一個亮點。掃描電子顯微鏡就是採用逐點成像的方法，把樣品表面不同的特徵按順序、成比例地轉換為視頻訊號，完成一幀圖像，從而使人們在螢光幕上觀察到樣品表面的各種特徵圖像。

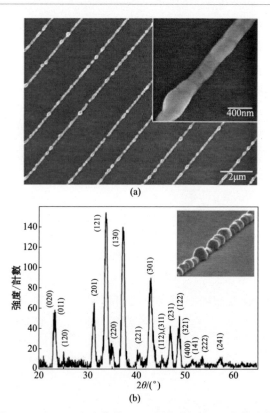

圖 2-47　Ag$_2$Se 奈米線的 SEM 圖像與 GAXD 物相分析

(a)

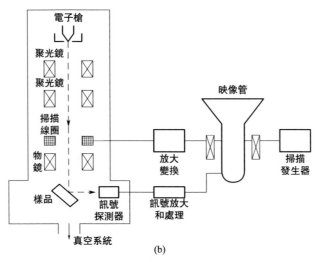

圖 2-48　掃描電子顯微鏡及其原理圖

在過去幾十年的時間內，掃描電子顯微鏡發展迅速，又綜合 X 射線分光光譜儀、電子探針以及其他技術而發展成為分析型的掃描電子顯微鏡。由於結構不斷改進，分析精度不斷提高，應用功能不斷擴大，掃描電子顯微鏡成為眾多研究領域不可缺少的工具，目前已廣泛應用於冶金礦產、生物醫學、材料科學、物理和化學等領域。掃描電子顯微鏡具有以下特點：

① 儀器解析度較高。場發射掃描電子顯微鏡的二次電子成像解析度可達 1.0nm 以下。

② 儀器放大倍數變化範圍大（從幾倍到幾十萬倍），且連續可調。

③ 圖像景深大，富有立體感，可直接觀察起伏較大的粗糙表面（如金屬和陶瓷的斷口等）。

④ 試樣製備簡單。只要將塊狀或粉末的、導電的或不導電的試樣不加處理或稍加處理，就可直接放到 SEM 中進行觀察。

掃描電子顯微鏡主要應用在觀察原始表面、觀察奈米材料、觀察生物試樣、分析材料斷口以及從形貌獲取資料等方面。

SEM 可以提供樣品尺寸、形貌、顆粒分散及分佈狀態和元素的組成等資訊。例如，可以使用 $NaClO_2$ 酸腐蝕去木質素的方法將天然木材轉變為高強度、輕巧和可生物降解的奈米木材，如圖 2-49 所示。SEM 分析結果記錄了酸腐蝕處理木材微觀形貌的變化：酸處理後，去木質素後的木材橫截面顯示出多孔結構，其奈米孔道清晰可見。剖面 SEM 顯示這些奈米孔道在豎直方向上平行排列。奈米孔道的高倍 SEM 圖像顯示該奈米孔道由平行排列的纖維素組成。所制高密度奈米

木材顯示出超高機械強度（106.5MPa）和韌性（7.70MJ/m³）。該奈米木材可加工成任意形狀和尺寸，有望發展成為新型的材料[19]。

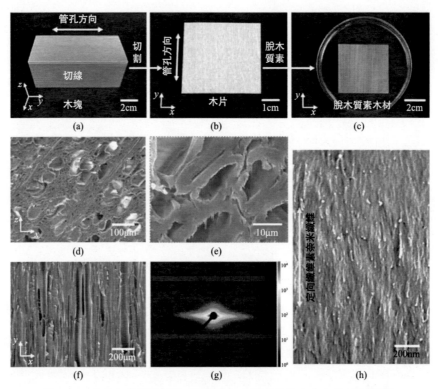

圖 2-49　天然木材經 NaClO₂ 酸腐蝕去木質素後的奈米木材 SEM 圖像

　　Kale 小組用自上而下的方法在 Si 基底上用 H₂O₂ 腐蝕的方法製備了多孔 Si 奈米線[20]，如圖 2-50 所示。H₂O₂ 濃度、腐蝕時間、Si 基底的電阻率等參數對所生成的多孔 Si 奈米線的形貌和長度都有影響。SEM 被用來監控樣品表面形貌和空隙深度，以優化 Si 奈米線生長參數。SEM 結果表明，隨著 H₂O₂ 濃度的增加，Si 奈米線的長度反而減小。H₂O₂ 濃度為 0.1mol/L 時，Si 奈米線的長度約為 27.39μm；而 H₂O₂ 濃度為 0.3mol/L 時，Si 奈米線的長度為 10.26μm。該反常生長現象可以根據表面 SEM 結果分析：隨著 H₂O₂ 濃度的增加，頂端的 Si 奈米線出現了較明顯的聚集現象，從而阻礙了 H₂O₂ 對 Si 基底的進一步腐蝕。

2.2.3　透射電子顯微分析

　　透射電子顯微鏡（Transmission Electron Microscope，TEM）是以波長極

短的電子束作為照明源，用電磁透鏡聚焦成像的一種高解析度、高放大倍數的電子光學儀器，其結構與成像原理如圖 2-51 所示。透射電子顯微器集形貌觀察、晶體結構、成分分析等於一體。

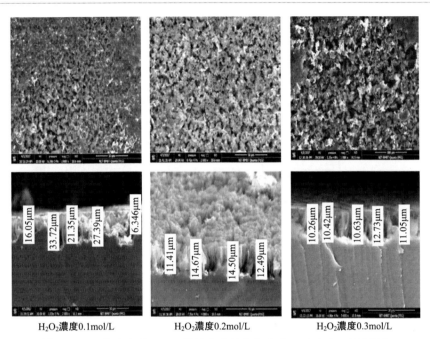

H₂O₂濃度0.1mol/L　　　H₂O₂濃度0.2mol/L　　　H₂O₂濃度0.3mol/L

圖 2-50　Si 基底上用 H₂O₂ 腐蝕方法製備的多孔 Si 奈米線 SEM 圖像

　　透射電子顯微鏡是將電子槍產生的電子束經 1～2 級聚光鏡後照射到試樣上待觀察的微小區域上，入射電子與試樣相互作用，由於試樣很薄，絕大部分電子能穿透試樣，透射出的電子經過放大後帶有微區結構和形貌資訊，呈現出不同的強度，或者某些晶面滿足衍射定律形成衍射束，經過放大在螢光幕上顯示出與試樣形貌、組織、結構對應的圖像。透射電子顯微鏡的放大倍數在數千倍至一百萬倍之間，有些甚至可達數百萬倍或千萬倍。解析度可小於 1Å。透射電子顯微鏡的基本組成包括電子槍（光源）與加速管、聚光系統、成像系統、放大系統和記錄系統（圖 2-51）。

　　透射電子顯微鏡具有很高的空間分辨能力，適合分析奈米級樣品的形貌、尺寸、成分和微區物相結構資訊。空心結構奈米材料相對於奈米粉體結構複雜，具有比表面積高、有效活性位多和擴散距離短等特點，可以用作催化劑、載體或分子篩。而金屬或金屬氧化物構成的空心結構已表現出獨特的電催化、光催化和非均相催化活性。透射電子顯微鏡在空心結構微觀形貌的

分析上具有較大的優勢。例如楊培東課題組利用透射電子顯微鏡記錄了 Pt/Pt$_3$Ni 雙金屬空心球結構生長過程。如圖 2-52 所示，實心的 Pt$_3$Ni 多面體被腐蝕成 Pt$_3$Ni 空心結構，而其成分也由 Pt$_3$Ni 轉變為不穩定的中間體 PtNi，放置一段時間後穩定為 Pt$_3$Ni 奈米框架，在惰性氣氛 Ar 中煅燒 Pt$_3$Ni 奈米框架將獲得 Pt 薄層包裹的 Pt$_3$Ni，即 Pt/Pt$_3$Ni 雙金屬空心球結構[21]。所獲 Pt/Pt$_3$Ni 空心球結構顯示出卓越的 ORR 電催化活性和穩定性，其質量活性是商用 Pt/C 的 36 倍。

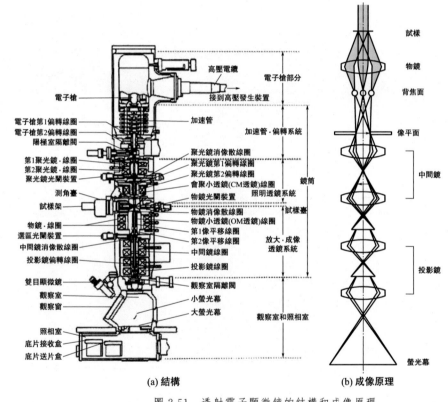

(a) 結構　　　　**(b) 成像原理**

圖 2-51　透射電子顯微鏡的結構和成像原理

　　Xue B 等利用表面活性劑-碳化法用油酸將 MnO 超晶格固定在 AAO 模板內，隨後熱裂解製備出在中空奈米碳管上自組裝的單分散 Mn$_3$O$_4$ 奈米顆粒，即 Mn$_3$O$_4$@C[22]，如圖 2-53 所示。TEM 結果表明產物管狀單層超晶格 h-Mn$_3$O$_4$-TMSLs 是由 Mn$_3$O$_4$ 奈米晶組成，外層裹著由油酸熱裂解而得的碳層。高分辨 TEM 表明，Mn$_3$O$_4$ 保留了前驅體 MnO 的八面體構型，平均殼層厚度為 3nm 左右，其（101）晶面清晰可見。

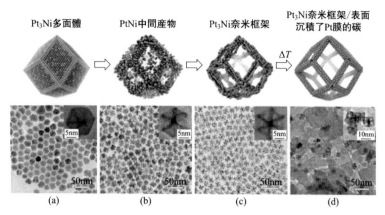

圖 2-52　Pt/Pt$_3$Ni 雙金屬空心球結構生長過程 TEM 圖像

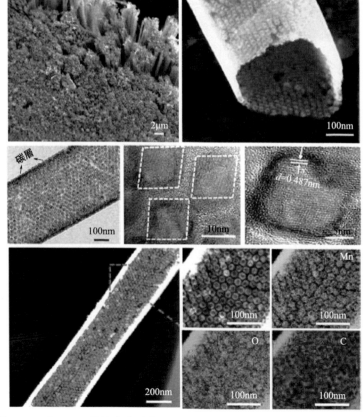

圖 2-53　在 AAO 模板中獲得的 Mn$_3$O$_4$@C 陣列的 TEM 圖像和 EDS 圖譜

　　暗場 TEM 圖像和 EDS 圖譜分析表明，Mn_3O_4 在整個管狀單層超晶格內分佈均勻，Mn 和 O 的原子比約為 1：2.6。較高的氧原子可能來源於沒有完全裂解的油酸。Mn_3O_4@C 顯示出因分層中空結構和外層碳膜而產生的優越催化活性和耐鹼性。

2.2.4　掃描探針顯微分析

　　隨著科技的發展，需研究在奈米尺度表徵和操縱原子，並研究非週期結構和晶體中原子尺度上缺陷或 DNA 和單個蛋白質。另外微電子裝置工程設計僅為幾十原子厚度的電路圖，需尋求一種高解析度高且經濟簡便的顯微分析技術。

　　掃描探針顯微鏡（Scanning Probe Microscope，SPM）是在掃描隧道顯微鏡的基礎上發展起來的新型探針顯微鏡，是一種高靈敏度的表面分析儀器，是綜合運用光電子技術、雷射技術、微弱訊號檢測技術、精密機械設計和加工、自動控制技術、數位訊號處理技術、應用光學技術、計算機高速採集和控制及高分辨圖形處理技術等現代科技成果的集光、機、電一體化的高科技產品。SPM 利用帶有超細針尖的探針逼近樣品，並採用回饋回路控制探針在距表面奈米量級位置掃描，獲得其原子以及奈米級的有關資訊圖像。SPM 是原位觀察物質表面原子的排列狀態和即時地研究與表面電子有關的物理化學性質的有力工具。

　　SPM 的工作原理就是電子的隧道效應，其優點有以下幾個。

　　a. 解析度高。

　　b. 可即時地獲取表面的三維圖像，可用於具有週期性或不具有週期性的表面結構研究。

　　c. 可以觀察單個原子層的局部表面結構，而不是體相或整個表面的平均性質。

　　d. 可在真空、大氣、常溫等不同環境下工作，甚至可將樣品浸在水和其他溶液中，不需要特別的製樣技術，並且探測過程對樣品無損傷。

　　e. 配合掃描隧道譜，可以得到有關表面結構的資訊，例如表面不同層次的態密度、表面電子阱、電荷密度波、表面勢壘變化和能隙結構等。

　　f. 設備相對簡單，體積小，價格便宜，對安裝環境要求較低，對樣品無特殊要求，製樣容易，檢測快捷，操作簡便，同時 SPM 的日常維護和運行費用低。

　　SPM 可以在真空、空氣甚至溶液中不同溫度條件下提供樣品表面和側面化學成分和物理特性的資訊；另外，可以無損地提供樣品的三維表面圖像，而且樣品可以是導電的，也可以是不導電的。因此，SPM 在非導電樣品的檢測觀察上有著比掃描電子顯微鏡更好的優勢。Tautz 小組在 Au（111）晶面基底上沉積的

3，4，9，10-苝四酸二酐採用掃描探針顯微鏡進行了觀察，如圖 2-54 所示。與掃描隧道譜圖相比，掃描探針顯微譜圖更加清晰，可在原子量級對樣品進行分析，而且三維高度清晰可辨，原子圖與化學結構完全吻合。利用掃描探針顯微譜圖，可以對樣品中存在的氫鍵連接進行準確分析[23]。

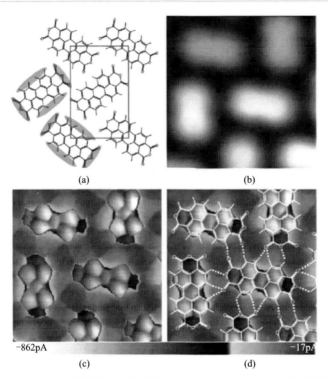

圖 2-54　Au（111）晶面基底上沉積的 3，4，9，10-苝 四酸二酐 SPM 圖像：
（a）化合物的分子結構圖；（b）普通掃描隧道顯微鏡所觀察的化合物形貌、
高度圖；（c）化合物的掃描探針顯微鏡譜圖；（d）掃描探針顯微鏡譜圖與
化合物結構圖疊加後的效果圖

2.2.5　拉曼光譜分析

　　光照射到物質上發生彈性散射和非彈性散射，彈性散射的散射光是與激發光波長相同的成分，非彈性散射的散射光有比激發光波長長的和短的成分，統稱為拉曼（Raman）效應。當用波長比試樣粒徑小得多的單色光照射氣體、液體或透明試樣時，大部分的光會按原來的方向透射，而一小部分則按不同的角度散射開來而產生散射光。在垂直方向觀察時，除了與原入射光有相同頻率的瑞利散射

外，還有一系列對稱分佈著若干條很弱的與入射光頻率發生位移的拉曼譜線。由於拉曼譜線數目、位移大小、譜線長度直接與試樣分子振動或轉動能級有關，因此通過對拉曼光譜的研究，可以得到有關分子振動或轉動的資訊。目前拉曼光譜分析技術已廣泛應用於物質的鑑定，為分子結構的研究提供快速、簡單、可重複且無損傷的定性定量分析；另外，它無需複雜的樣品準備，可直接通過光纖探頭或者玻璃、石英對樣品進行測量。此外，由於水的拉曼散射很微弱，拉曼光譜是研究水溶液中的生物樣品和化學化合物的理想工具；一次可以同時覆蓋 $50\sim 4000cm^{-1}$ 波數的區間；拉曼光譜譜峰清晰尖銳，更適合定量研究、數據庫搜尋以及運用差異分析進行定性研究；在化學結構分析中，獨立的拉曼區間的強度可以和功能基團的數量相關；因為雷射束直徑在聚焦部位通常只有 $0.2\sim 2mm$，常規拉曼譜只需要少量的樣品就可以得到，而且拉曼顯微鏡物鏡可將雷射束進一步聚焦至 $20\mu m$ 甚至更小，可分析更小面積的樣品；共振拉曼效應可以用來有選擇性地增強大生物分子發色基團的振動，這些發色基團的拉曼光強能被選擇性地增強 $1000\sim 10000$ 倍。

拉曼光譜的分析方向有以下幾個。

① 定性分析　不同的物質具有不同的特徵光譜，因此可以通過光譜進行定性分析。

② 結構分析　對光譜譜帶的分析，是進行物質結構分析的基礎。

③ 定量分析　根據物質對光譜的吸光度差異的特點，可以對物質進行定量分析。

石墨烯具有載流子密度大、比表面積高、導電性和導熱性好、機械強度大等優點，是目前廣為研究應用的「明星」材料。Stupp 課題組使用 π-π 共軛化合物在水溶液中直接從石墨粉體中剝離製備了石墨烯，為簡單、高效、低成本地製備石墨烯提供了一種思路[24]。拉曼光譜是檢測石墨烯結構的有效手段。圖 2-55 (a) 中波數 $1574cm^{-1}$ 附近的 D 峰是由於石墨晶格無序振動引起的。$2708cm^{-1}$ 處的 G 峰對應石墨的 E_{2g} 模式，是由 sp^2 雜化的碳原子在六邊形晶格中的面內振動引起的。圖 2-55 (b) 中 $1256cm^{-1}$、$1303cm^{-1}$ 和 $1375cm^{-1}$ 處拉曼振動峰是分散劑 N，N'-dimethyl-2, 9-diazaperopyrenium（MP）分子環面內呼吸振動引起的，$1569cm^{-1}$ 和 $1607cm^{-1}$ 處的拉曼峰是 C—C、C—N 鍵伸縮振動引起的。而當 MP 和石墨烯複合後，被剝離的石墨烯-MP 複合物顯示出強的 $1571cm^{-1}$ 處的 G 峰和 $1356cm^{-1}$ 處的 D 峰，證實複合物中存在石墨烯；而 MP 本征拉曼峰強則呈現較大幅度的降低 [圖 2-55(c)]。此外，形成複合物後，石墨烯的 I_D/I_G 比值由 0.31 增加到 0.42，表明複合物中 MP 的確和石墨烯複合。具有 π-π 共軛的化合物可以在水溶液中直接剝離石墨製備石墨烯，大大降低了石墨烯的製備成本。

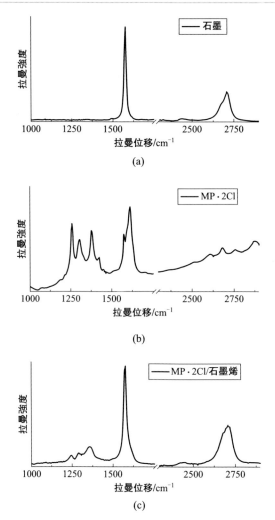

圖 2-55　π-π 共軛化合物在水溶液中製備的石墨烯的拉曼光譜

2.2.6　電子能量損失譜分析

　　電子在固體及其表面產生非彈性散射而損失能量的現象稱為電子能量損失現象。電子能量損失譜（Electron Energy Loss Spectroscopy，EELS）是利用入射電子引起材料表面原子芯級電子電離、價帶電子激發、價帶電子集體振盪以及電子振盪激發等，發生非彈性散射而損失能量以獲取表面原子物理和化學資訊的一種分析方法。它能辨別表面吸附的原子、分子的結構和化學特性，而成為表面物

理和化學研究的有效方法之一。電子所損失的能量使物體產生各種激發，包括單電子激發（價電子激發和芯能級電子激發）、等離子元激發、聲子激發以及表面原子、分子振動激發。譜線的「邊緣」反映了芯能級電子激發的閾值能量，可以對元素進行鑑定。譜線「邊緣」的位移反映出元素的化學狀態，靠近譜線「邊緣」的精細結構也反映出元素的化學狀態和表面原子排列狀況。在表面分析工作中，所使用的初級電子能量通常小於 10keV，這時的芯能級電子激發的能量損失峰是很弱的，要比俄歇訊號小得多。

電子能量損失譜可以應用於以下方面：

① 分析吸附分子的電子躍遷；

② 通過對表面態的分析來研究薄膜鍍層的光學性質、介面狀態和鍵合情況；

③ 通過對吸附物質振動的研究可以了解吸附分子的結構對稱性、鍵長度和有序問題以及表面化合物的鑑別；

④ 通過表面原子來研究表面鍵合和弛豫；

⑤ 通過對金屬和半導體的光學性質研究，了解空間電荷區中的載流子濃度分佈及弛豫過程等。

電子能量損失譜常用來分析樣品中原子的種類、化合態或者和其他鄰近原子間的相互作用。

Terrones 小組利用氣溶膠熱裂解方法在多壁奈米碳管內合成了單晶的 Fe/Co 合金（圖 2-56），以製備高密度儲磁材料。電子能量損失譜用來測試奈米碳管內 Fe 和 Co 的含量比，即化學計量比。首先在橫貫 FeCo 奈米線的位置分別打出 Fe 和 Co 的 EELS 譜，結果顯示，在奈米線橫切面內 Fe 和 Co 的 EELS 譜圖峰強度基本一致，表明兩者的化學計量比為 1：1 的關係。另外，在奈米線的頂端存在半顆粒狀的 Fe/Co 合金，Terrones 小組對其化學成分也進行了分析。EELS 譜圖顯示，該半顆粒也是由 Fe 和 Co 組成的，在中心部位 Fe 的含量稍高，但整體上 Fe 和 Co 元素之間仍保持著化學計量比 1：1 的關係。EELS 成分 mapping 圖更直觀地顯示奈米線中 C、Fe 和 Co 的元素分佈。EELS 譜圖證實，在多壁奈米碳管內合成的物質中 Fe、Co 是均勻分佈的，產物為嚴格化學計量比的 Fe/Co 合金[25]。

2.2.7　原子力顯微分析

原子力顯微鏡（Atomic Force Microscope，AFM）是利用微小探針與待測物之間的互動作用力，通過將雷射束照射到微懸臂上，再進行反射及回饋來呈現待測物表面的形貌和物理特性的儀器。

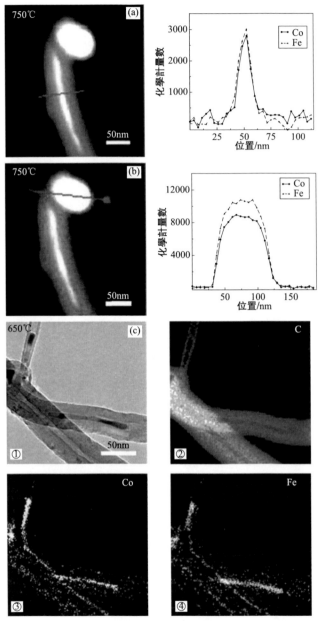

圖 2-56　採用氣溶膠熱裂解方法在多壁奈米碳管內
合成的單晶 Fe/Co 合金 TEM 圖像和 EELS 能譜

　　在 AFM 中，將針尖製作在一個對原子作用力非常敏感的 V 形微懸臂上，微懸臂的另一端固定住，使針尖趨近樣品表面並與表面輕輕接觸。當探針在樣品表

面掃描時，探針尖端原子與樣品表面原子之間產生極微弱的作用力，該作用力造成微懸臂偏轉。用雷射束照射微懸臂，通過光電檢測方法測量反射的雷射訊號位置的偏轉，由計算機控制實現對訊號的採集，應用計算機及軟件分析微懸臂的變形程度及方程式，獲得樣品表面形貌的資訊。AFM 的優點是：解析度高；製樣簡單且樣品損傷小；三維成像；可在多種環境下操作。二維非金屬奈米片對光、pH 值有較靈敏的響應，可用作藥物靶標釋放的載體。

　　林梅課題組使用熱氧化腐蝕與液體剝離協同作用的方法製備出超薄硼（B）奈米片，作為光子抗癌藥物定向釋放載體。B 奈米片的形貌和厚度用 AFM 分析，並與 TEM 結果進行了比對，如圖 2-57 所示。首先，將 B 粉放在 N-甲基-2-吡咯烷酮（NMP）和乙醇體積比為 1：1 的溶液中進行液體剝離 5h，獲得了平均粒徑為 250～500nm、厚度在 20～50nm 之間的 B 奈米片。AFM 對 B 奈米片形貌的分析結果與 TEM 基本一致，並提供了樣品厚度的資訊，表明液體剝離方法可以獲得奈米尺度的薄層 B 二維結構。但是，用液體剝離方法製備的超薄 B 奈米片的產量很低。因此，林梅課題組又引入了高溫氧化處理步驟。B 奈米片的邊緣部分容易發生氧化，為隨後的液體剝離提供了有利條件。使用新方法製備的 B 奈米片平均粒徑約為 110nm，厚度約為 3nm。產物的二維尺度和厚度均有大幅度的降低[26]。

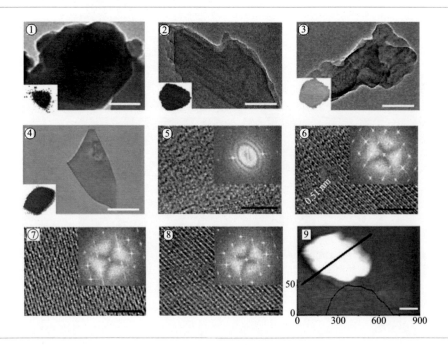

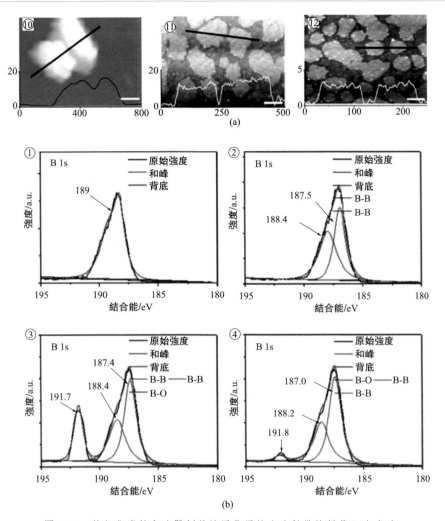

圖 2-57　熱氧化腐蝕與液體剝離協同作用的方法製備的超薄 B 奈米片

2.2.8　雷射粒度分析

　　雷射粒度儀（DLS）是專指通過顆粒的衍射光或散射光的空間分佈（散射譜）來分析顆粒大小的儀器。雷射粒度儀是利用顆粒對光的散射（衍射）現象測量顆粒大小的，即光在行進過程中遇到顆粒（障礙物）時，會有一部分光偏離原來的傳播方向，也就是發生散射現象。散射光的傳播方向將與主光束的傳播方向形成一個夾角 θ，由散射理論和實驗結果證實散射角 θ 的大小與顆粒的大小有

關，顆粒越大，產生的散射光的 θ 角就越小；顆粒越小，產生的散射光的 θ 角就越大。散射光的強度代表該粒徑顆粒的數量。因此，在不同的角度上測量散射光的強度，就可以得到樣品的粒度分佈。散射現象可用嚴格的電磁波理論（即 Mie 散射理論）描述。當顆粒尺寸較大（至少大於 2 倍波長），並且只考慮小角散射（散射角小於 5°）時，散射光場可用較簡單的 Fraunhoff 衍射理論近似描述。該類儀器因為具有超音、攪拌、循環的樣品分散系統，所以測量範圍廣（測量範圍可達 0.02～2000μm，有的甚至更寬）；自動化程度高；操作方便；測試速度快；測量結果準確、可靠、重複性好。

奈米顆粒的形貌、尺寸與藥物靶標釋放和細胞追蹤等效率密切相關。雷射衍射儀常用來測試所合成奈米顆粒的大小及粒徑分佈。牟中原課題組為了研究藥物靶標釋放的尺寸效應，以單分散、高懸浮性的多孔奈米矽為模板，用 pH 值調節矽奈米顆粒的尺寸，並對其在細胞內的吸收情況進行了系統性研究[27]。DLS 結果分析表明，由於分散在水溶液中，矽奈米顆粒的 DLS 水合粒徑與 TEM 所測粒徑相比略大，但總體上 DLS 和 TEM 的測量結果是一致的。pH 值在 11.00～11.52 之間，隨著溶液 pH 值的降低，矽奈米顆粒的尺寸逐漸減小，而且矽奈米顆粒並沒有因為 pH 值發生變化而產生團聚現象。但是當 pH 值在 10.86 時，DLS 的測量結果和 TEM 之間有顯著不同。TEM 測量結果顯示顆粒的粒徑在 30nm 左右，而 DLS 的測試結果顯示顆粒的平均粒徑在 130nm 左右，如圖 2-58 所示。推測奈米顆粒平均粒徑的顯著增加是由於形成顆粒團聚體造成的。DLS 的測試結果為整體分析顆粒大小提供了依據。

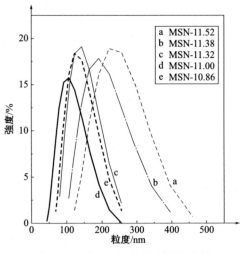

圖 2-58　矽奈米顆粒的雷射粒度譜

本章小結

　　本章主要介紹了常用的奈米材料製備方法以及表徵手段。第一部分首先介紹了「自上而下」與「自下而上」兩種合成奈米結構的模式。隨後分別列舉了合成奈米材料的工藝，包括氣相法、液相法、分子束外延法以及奈米材料表面進行改性和修飾的物理與化學方法，並對各種生長方法的原理和特點進行了簡要分述。第二部分簡要介紹常用的奈米材料的表徵方法，根據奈米材料與常規塊材的不同之處舉例介紹如何表徵奈米材料的物相、微觀結構、表面狀態和尺寸等。

參考文獻

[1]　Jalali H, Gates B D. Langmuir, 2009, 25 (16)：9078-9084.

[2]　Blenjamin J S. Metall. Trans, 1970, 1 (5)：1281-1285.

[3]　Aziz JA, Schönert K. Zement-Kalt-Gips, 1980, 33：213-218.

[4]　Indris S, Amade R, Heitjans P. J Phys. Chem. B, 2005, 109 (49)：23274-23278.

[5]　Lee J S, Lee CS, Oh S T. Scripta Mater, 2001, 44 (8)：2023-2026.

[6]　Ding J, Tsuzuki T, Mccormick PG. J Phys. D Appl. Phys, 1999, 29 (9)：2365-2369.

[7]　Shih CJ, Vijayaraghavan A, Krishnan R. Nature Nanotech, 2011, 6 (7)：439.

[8]　Jung JH, Oh HC, Noh HS. J Aerosol Sci, 2006, 37 (12)：1662-1670.

[9]　Iravani S, Korbekandi H, Mirmohammadi SV. Res. Pharm. Sci, 2014, 9 (6)：385-406.

[10]　Habiba K, Makarov VI, Avalos J. Carbon, 2013, 64 (9)：341-350.

[11]　Kim JY, Kim SH, Lee HH. Adv. Mater, 2006, 18：572-576.

[12]　Huijun Y, Lu S, Tong B. Adv. Mater,

2016, 28：5080-5086.

[13]　Yi DK, Selvan ST, Lee SS. J. Am. Chem. Soc., 2005, 127：4990-4991.

[14]　Cote LJ, Kim F, Huang J. J. Am. Chem. Soc., 2009, 131：1043-1049.

[15]　Johnson RW, Hultqvist A, Bent SF. Mater. Today, 2014, 17 (5)：236-246.

[16]　Bernardi M, Sgarlata A, Fanfoni M. Superlattices Microst, 2009, 46 (1-2)：318-323.

[17]　Núñez CG, Navaraj WT, Liu F. ACS Appl. Mater. Interf, 2018, 10 (3)：3058-3068.

[18]　Stender CL, Odom TW. J. Mater. Chem, 2007, 17：1866-1869.

[19]　Chao J, Chaoji C, Yudi K. Adv. Mater, 2018：1801347.

[20]　Singh N, Kumar SM, Kale PG. J Crys. Grow. 2018：S0022024818302392.

[21]　Chen C, Kang Y, Huo Z. Science, 2014, 343 (6177)：1339-1343.

[22]　Li T, Xue B, Wang B. J. Am. Chem. Soc., 2017, 139：12133-12136.

[23] Weiss C, Wagner C, Temirov R. J Am. Chem. Soc., 2010, 132 (34): 11864 -11865.

[24] Srinivasan S, Basuray AN, Hartlieb KJ, et al. Adv. Mater, 2013, 25 (19): 2740 -2745.

[25] Elias AL, Rodríguez-Manzo JA, Mc- cartney MR. Nano Letters, 2005, 5 (3): 467-472.

[26] Xiaoyuan J, Na K, Junqing W. Adv. Mater, 2018: 1803031.

[27] Lu F, Wu SH, Hung Y. Small, 2010, 5 (12): 1408-1413

奈米資訊材料

3.1　半導體奈米材料

當半導體材料的尺寸減小到奈米級時，它們的物理化學性質由於其大的比表面積或量子尺寸效應而產生劇烈的變化。目前，半導體奈米材料和裝置仍處於研究階段，但它們在很多領域中具有潛在的應用前景，如太陽能電池、光電催化反應器、奈米電子裝置、奈米發光裝置、雷射技術和生物感測器等。奈米技術的進一步發展必將對半導體產業帶來重大的突破。

3.1.1　半導體奈米材料簡介

半導體材料是處在導體和絕緣體之間具有導電性的材料。在半導體中，最高占據能帶稱為價帶，最低未占據能帶稱為導帶。通過摻雜或外部偏置，半導體的電阻率可以改變高達 10 個數量級。由於價帶與導帶之間的帶隙較大，摻雜或外加場難以改變電阻率。在金屬導體中，電流由電子流攜帶。在半導體中，電流可以通過電子流或材料的電子結構中帶正電的空穴流來攜帶。在過去的 10 年中，直徑在 1～20nm 範圍內的奈米材料已經成為一個主要的跨學科學研究熱點，其極小的尺寸特徵在工業、生物醫學等領域的應用具有廣泛的潛力。表面和介面對於奈米材料非常重要。在奈米材料中，小的特徵尺寸可以確保原子在某些情況下可以一半或更多地接近介面，表面特性（例如能級、電子結構和反應活性）可以與內部狀態完全不同，進一步產生完全不同的材料特性。奈米膠囊和奈米裝置可以為藥物傳遞、基因治療和醫學診斷提供新的可能性。1991 年，S. Iijima[1] 首次報導了對奈米碳管的研究。奈米碳管已被證明具有獨特的性能，其硬度和強度高於任何其他材料。據報導，奈米碳管在高達 2800℃ 的真空中具有熱穩定性，能夠承載比銅線高 1000 倍的電流，並且具有 2 倍於金剛石的熱導率。奈米碳管用作奈米複合材料中的增強顆粒，具有許多其他潛在的應用。比塊體材料更小、更強大的奈米碳管可能成為電子設備新時代的基礎，如基於奈米碳管的奈米計算機已經製造出來。

最近，人們對在幾種新技術中起主要作用的半導體奈米顆粒（如奈米晶、量子點、二維奈米片等）的製備、表徵和應用產生了濃厚的興趣。當半導體材料的尺寸減小到奈米級時，它們的物理化學性質急劇變化，由於它們的大比表面積或量子尺寸效應而產生獨特的性質。半導體的導電性及光學性質（如吸收係數和折射率）可以在一定程度上進行調節。半導體奈米材料和裝置仍處於研究階段，但它們在許多領域的應用前景廣闊，如太陽能電池、奈米電子裝置、發光二極管、雷射技術、波導、化學和生物感測器、包裝膜、超吸收劑、汽車零件和催化劑。奈米技術的進一步發展必將帶來半導體產業的重大突破。一些半導體奈米材料如 Si、Si-Ge、GaAs、AlGaAs、InP、InGaAs、GaN、AlGaN、SiC、ZnS、ZnSe、AlInGaP、CdSe、CdS 和 HgCdTe 等，在計算機（包括掌上電腦、筆記本電腦）、移動電話、CD 播放器、電視遙控器、行動終端、光纖網路、交通訊號燈、汽車尾燈和空氣袋中表現出優異的性能。

3.1.2　半導體奈米材料的特性

由於半導體奈米材料具備特殊結構及形貌，使之具有普通奈米材料所不具有的特殊性能，如表面效應、小尺寸效應、量子尺寸效應等，同時為科學研究工作者後續的研究應用奠定了基礎。

（1）小尺寸效應

當奈米材料的尺寸與傳導電子的德布羅意波長相當或更小時，週期性的邊界條件將被破壞，材料的磁性、光吸收、熱阻、化學活性、催化活性及熔點等與普通晶粒相比都有很大的變化，這就是奈米材料的體積效應。如熔點降低，燒結溫度也顯著下降，從而為粉末冶金工業提供了新工藝；磁性的變化可通過改變晶粒尺寸來控制吸收邊的位移，從而製造出具有一定頻寬的微波吸收奈米材料。

（2）量子尺寸效應

當粒子尺寸下降到某一數值時，費米能級附近的電子能級由準連續變為離散能級或者能隙變寬的現象，以及半導體微粒存在不連續的最高被占據分子軌道能級和最低未被占據的分子軌道能級能隙變寬的現象均稱為量子尺寸效應。量子尺寸效應導致微粒的磁、光、聲、電、熱以及超導電性與同一物質宏觀狀態的原有性質有顯著差異，即出現反常現象。奈米金屬微粒在低溫時，由於量子尺寸效應呈現絕緣性。例如在熱力學溫度 1K 條件下，Ag 奈米微粒在粒徑小於 14nm 時變為絕緣體（圖 3-1）。

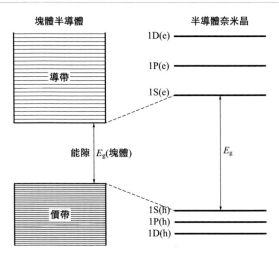

圖 3-1　半導體量子尺寸效應示意圖[2]

（3）表面效應

　　球形顆粒的表面積與直徑的平方成正比，其體積與直徑的立方成正比，故表面積與體積之比與直徑成反比，即顆粒直徑越小，這個比值就越大。奈米微粒尺寸小，表面能高，位於表面的原子占相當大的比例。隨著粒徑的減小，表面原子數迅速增加。這是由於顆粒變小時，比表面積急劇變大所致。由於表面原子數增多，原子配位不足，故存在許多懸空鍵，具有不飽和性以及高的表面能，使這些表面原子具有高的活性且極不穩定，很容易與其他原子結合。基於半導體奈米微粒量子尺寸效應和表面效應，半導體奈米粒子在發光材料、非線性光學材料、光敏感感測器材料、均相/異相催化材料、光催化材料等方面具有廣闊的應用前景。

（4）庫侖阻塞（堵塞）效應

　　當一個物理體系的尺寸達到奈米量級時，電容也會小到一定程度，以至於該體系的充電和放電過程是不連續（即量子化）的，電子不能連續地集體傳輸，而只能一個一個地單電子傳輸。通常把這種在奈米體系中電子的單個輸運的特性稱為庫侖阻塞效應。

（5）量子隧道效應

　　根據量子力學的基本理論，當微觀粒子被高度和厚度均為有限的勢壘所限域時，即使該微觀粒子所具有的能量低於勢壘高度，微觀粒子仍有一定的機率出現在勢壘限域區之外。就像是微觀粒子在勢壘壁上打出孔而跑出，這種現象就稱為微觀粒子的隧道效應。從量子力學的觀點來看，電子具有波動性，其運動用波函數描述，而波函數遵循薛丁格方程式，從薛丁格方程式的解可知電子在各個區域

出現的機率密度，從而進一步得出電子穿過勢壘的機率。掃描隧道顯微鏡
（STM）利用電子隧道效應，如果兩電極相距很近，並在其間加上微小電壓，則
探針所在的位置便有隧穿電流產生。由於探針與樣品表面的間距和隧穿電流有十
分靈敏的關係，當探針以設定的高度掃描樣品表面時，樣品表面的形貌導致探針
和樣品表面的間距發生變化，隧穿電流值也隨之改變。借助探針在樣品表面上來
回掃描，並記錄每個位置點的隧穿電流值，便可得知樣品表面原子的排列情況
（圖 3-2）。

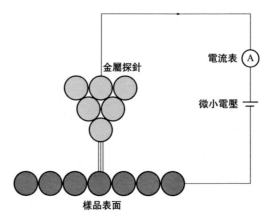

圖 3-2　掃描隧道顯微鏡（STM）原理示意圖[2]

（6）介電限域效應

介電限域效應是指奈米微粒分散在異質介質中，由於介面而引起的體系介電
增強的現象，主要來源於微粒表面和內部局域場的增強。當介質折射率與微粒折
射率相差很大時，產生了折射率邊界，導致微粒表面和內部的場強比入射場強明
顯增強，這種局域場的增強為介電限域效應。介電限域效應對奈米微粒的光吸
收、光化學、光學非線性等有重要影響。分析材料光學現象時，既要考慮量子尺
寸效應，又要考慮介電限域效應。

3.1.3　常見的半導體奈米材料

在奈米晶材料中，當相對尺寸與德布羅意波長相當時，電子被限制在具有一
維、二維或三維的區域（圖 3-3）。對於像 CdSe 這樣的半導體，自由電子的德布
羅意波長約為 10nm，具有低於該臨界值的 z 方向（薄膜、層結構、量子阱）的
半導體晶體的奈米結構被定義為二維奈米結構。當 x 和 z 方向的尺寸均低於該
臨界值（線性鏈結構、量子線）時，奈米結構被定義為一維奈米結構，當 x、y

和 z 方向均低於該閾值（簇、膠體、奈米晶、量子點）時，奈米結構被定義為零維奈米結構。

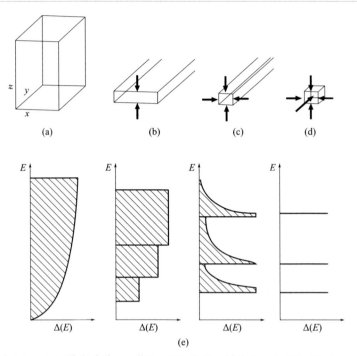

圖 3-3　（a）體半導體（三維）；（b）薄膜、層結構、量子阱（二維）；
（c）線性鏈結構、量子線（一維）；（d）簇、膠體、奈米晶、量子點（零維）；
（e）零維材料至三維材料的狀態密度（ΔE）與能量（E）圖（對於理想情況）[2]

（1）零維（0D）奈米結構

　　在奈米合成研究的早期，零維形狀被認為是最基本、最對稱的形狀，包括球體和立方體。有機膠束內離子前驅體的老化過程產生了幾種半導體奈米晶。然而，用這種方法得到的奈米晶在尺寸上結晶性或多分散性較差。為了解決這些問題，採用熱有機溶液下有機金屬前驅體的熱分解方法。Murray 等[3]成功地開發出一種更先進的方法，即通過將含有二甲基鎘和三辛基膦硒化物的前驅體溶液注入熱的三辛基氧化膦（TOPO）溶液中製備出不同尺寸的 CdSe 奈米晶。奈米晶的尺寸在 1.2～12nm 之間變化，具有高的單分散性和結晶度；獲得的奈米晶在各種有機溶劑中高度可溶。光譜清楚地表現出尺寸依賴的量子尺寸效應，表明奈米晶的高單分散性和高結晶度。

　　量子點（QDs）是由少量原子組成，能把導帶電子、價帶空穴及激子在三個空間方向上束縛住而產生量子尺寸效應的準零維半導體奈米結構，如圖 3-4 所

示。對於量子點，電子運動在三維空間都受到了限制，因此有時被稱為「人造原子」。量子點按照組成成分可分為Ⅱ-Ⅵ量子點和Ⅲ-Ⅴ量子點。

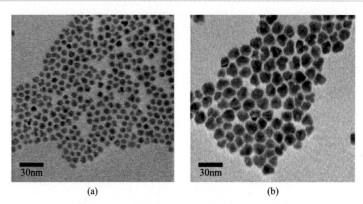

(a)　　　　　　　　(b)

圖 3-4　CdSe 和 CdS 量子點 TEM 圖像[2]

　　如何提高量子點的螢光性能，尤其是發光效率，以及在量子點基礎上，如何實現量子尺寸效應下的激子行為與其他電子行為的耦合，如貴金屬的表面等離子元之間的耦合等已成為研究熱點。一個重要的方法是在一種量子點的表面，包覆一層量子尺寸的另外一種半導體殼層，從而形成核殼系統。該方法通過選擇合適的核殼材料，成功地提高了螢光量子產率和抗光氧化穩定性，優化了大光譜窗口的發射波長。利用半導體與具有局域表面等離子體共振效應（LSPR）的貴金屬（如 Au、Ag、Pt）結合形成的異質奈米晶以增強半導體的光、電、光催化特性，引起了諸多研究者的關注。金屬/半導體核殼結構作為一種典型的表面等離激元與激子的耦合作用材料體系被廣泛研究。核殼結構較為普遍的合成方法是外延生長法，利用該方法合成的 CdSe@ZnS、CdTe@CdSe、CdSe@ZnTe、InAs@InP 等在太陽能及光電應用中發揮了巨大的作用。圖 3-5 報導了利用逆向陽離子交換反應方法實現高曲率金屬奈米晶上不同單晶半導體殼層的非外延生長，開創性地建立了一種新型金屬/半導體異質奈米結構的製備方法[4~6]。

（2）準一維（1D）奈米結構

　　之所以使用準一維奈米結構這個術語，是因為儘管沿著一個主軸的延伸率仍然存在，但是其尺寸往往大於所指示的閾值。當奈米棒、奈米線或奈米管的直徑變得更小時，它們的性質往往會發生顯著變化，這與晶體固體甚至二維系統有關。鉍奈米線就是一個很好的例子，當金屬絲的直徑變小時，它就會轉變成半導體。通過控制生長變量，如溫度、蓋層分子的選擇、前驅體濃度、核的晶相、動力學控制生長與熱力學控制生長之間的狀態等，產生了各種多維度的奈米構建

塊。為了生成一維奈米晶體，研究人員探索了一維奈米棒的「一步原位合成」方法，使用的方法與球形奈米晶體相似。例如，使用二元加帽分子和己基膦酸等二元旋蓋分子對 CdSe 的形狀各向異性和固有的六邊形結構性質均有影響。

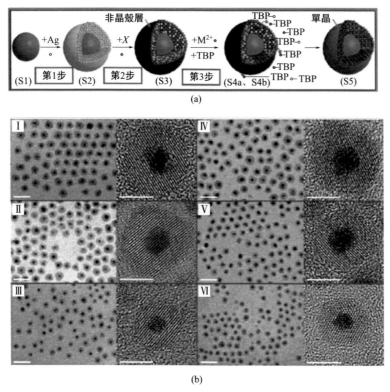

(a)

(b)

圖 3-5 非外延生長製備核殼結構示意圖及不同金屬@半導體核殼結構電鏡分辨圖[45]

　　利用非水解高溫注射法可以有效地製備高品質的奈米棒。Peng[7] 和 Manna[8] 等首先報導了在三辛基氧化膦和己基膦酸的熱表面活性劑混合物中通過二甲基鎘和三辛基膦硒化物的熱分解得到的 CdSe 奈米棒。Ⅱ-Ⅵ半導體的水解合成也通過包含定向附著過程的形狀轉換生成一維棒狀奈米晶體。Tang 等通過偶極子誘導 CdTe 單個奈米球的融合，報導了從球體到棒狀的形狀轉變。Ⅲ-Ⅴ半導體一維奈米晶體（包括 InP、GaAs 和 InAs）也可以通過溶液-液-固（SLS）工藝合成。在Ⅳ族半導體系統的情況下，由於其高度共價特性，通過典型的基於溶液的前驅體注入方法極難獲得奈米棒。相反，Morales 和 Lieber 使用氣相合成，例如化學氣相沉積，其中使用氣-液-固（VLS）生長機制可以在基板上很容易地獲得一維矽和鍺奈米線。

　　過渡金屬氧化物是白色顏料、電子陶瓷、化妝品、催化載體和光催化劑等領域的重要材料。奈米結構二氧化鈦具有特殊的應用價值，具有作為太陽能電池材料的潛在應用前景。Chemseddine 和 Moritz 證明了在四甲基氫氧化銨存在下，通過鈦醇鹽 $[Ti(OR)_4]$ 的水解和縮聚合成的細長二氧化鈦奈米晶體可作為穩定劑和反應催化劑。Penn 和 Banfield 也報導了在水熱條件下自然排列的二氧化鈦奈米晶體，通過採用定向附著機制進入奈米晶體發展，鈦醇鹽前驅體水熱處理可產生菱形銳鈦礦二氧化鈦奈米晶體。

　　(3) 二維 (2D) 奈米結構

　　二維奈米結構表示為尺寸在奈米量級的顆粒 (晶粒) 構成的薄膜，或者層厚在奈米量級的單層或多層薄膜。其性能依賴於晶粒尺寸、膜厚度、表面粗糙度及多層膜的結構。二維奈米結構的主要合成方法可歸納為各向異性晶體生長、表面活性劑輔助合成和更簡單的零維或一維奈米系統的組裝。

　　所有二維扁平奈米晶體具有約 10nm 的總尺寸。應按該尺寸控制奈米晶的成長，以防止僅沿一個特定方向的成長，從而產生一維系統。通過溶液的自組裝實現二維奈米晶體的合成，並且這些體系的構成元素通常是金屬。盤狀奈米晶體是典型的扁平結構單元。它們通常通過表面活性劑輔助合成或通過膠體系統的各向異性晶體生長獲得。

　　(4) 三維 (3D) 奈米結構

　　總體尺寸在非奈米範圍 (主要是微米或毫米範圍)，但表現出奈米特徵 (如奈米尺度的限制空間) 或由奈米尺度的構建塊的週期性排列和組裝而形成的物體，可被歸類為「三維奈米系統」。它們表現出不同的分子和體積特性。特別地，三維奈米晶體的超結構是通過裝配基本的奈米積木，如零維球、一維棒和二維板，具有更大的結構創新的形狀。相反，奈米多孔材料是由「互補」方法製備的，因為奈米尺寸的孔隙系統是在連續的大塊材料中獲得的。除此之外，更簡單的奈米系統還可以作為「人工原子」來構建三維超結構，例如給定奈米顆粒處於可預測的週期點陣中的超晶格。為了這個目的，零維奈米系統 (主要是奈米顆粒) 是最好的選擇，因為它們可以很容易地產生高度有序的三維緊密排列模式，通過化學顆粒間的相互作用保持在一起。利用選擇性蒸發技術，從含有球形 CdSe 奈米晶的辛烷和辛醇溶液中得到了 CdSe 奈米晶的超晶格。它們具有與溶液中稀釋的 CdSe 奈米球不同的光學性質。

3.1.4　半導體奈米材料的應用

　　與傳統的體積材料和分子材料相比，窄而密集的發射光譜、連續的吸收帶、高化學和光漂白穩定性、可加工性和表面功能性是半導體奈米材料最吸引人的特性

之一。「奈米化學」的發展體現在大量關於半導體奈米顆粒合成的出版物上。例如，空間量子約束效應導致半導體奈米材料光學性質的顯著變化；非常高的分散性（高的表面積與體積比）以及半導體的物理化學性質對它們的光學和表面性質有很大的影響。因此，半導體奈米材料已成為近 20 年來的研究熱點，並在固體物理、無機化學、物理化學、膠體化學等不同學科的研究和應用中引起了人們極大的興趣。在奈米材料的獨特性能中，電子和空穴在半導體奈米材料中的運動主要受量子約束，聲子和光子的輸運特性在很大程度上受材料尺寸和幾何形狀的影響。隨著材料尺寸的減小，比表面積和表面積與體積的比值急劇增大。參數（如大小、形狀和表面特徵）可以改變，以調控半導體奈米材料的物理化學性質。半導體奈米材料的新特性在奈米電子學、奈米光子學、能量轉換、非線性光學、微型感測器和成像裝置、太陽能電池、催化劑、探測器、攝影生物醫學等新興技術的研究和應用中引起了人們極大的關注。

3.2　奈米光電轉換材料

3.2.1　光電轉換特性

光電轉換，即利用半導體對光的吸收，產生光電效應。光電效應可以分為兩種，一種稱為外光電效應，是指物體吸收光後，其內部的電子逸出表面而向外發射；另一種稱為內光電效應，是指物體吸收光後，其電導率發生變化以及產生光電導效應，即產生了光生電動勢以及太陽能效應。光電轉換的原理可以分為以下幾種[9~11]。

（1）光催化原理

光電轉換的使用方式之一就是光催化，其原理如圖 3-6 所示。

半導體在被光激發以後，其導帶和價帶分別產生電子和空穴。一部分光生電子和空穴會發生複合，一部分會逸出到半導體的不同位置，那麼助催化劑的存在有利於半導體光生電荷的分離。其中在富集電子的位置可以進行還原反應，而在富集空穴的位置可以進行氧化反應。

（2）太陽能電池原理

太陽能電池主要就是運用太陽能效應，其原理如圖 3-7 所示。

當入射光的光子能量比非均勻半導體（如 PN 結）帶隙的能量大時，將會發生內光電效應，即在半導體兩側產生電子-空穴對，形成載流子。在 PN 結中由於存在較強的從 N 區指向 P 區的內建場，會使得 N 區的空穴向 P 區運動，而 P

區的電子向 N 區運動。這種行為將會導致 N 區、P 區的電勢分別不斷降低和不斷升高，使得 N 端帶負電、P 端帶正電，從而在 N 端和 P 端之間產生光生電動勢，即為太陽能效應。

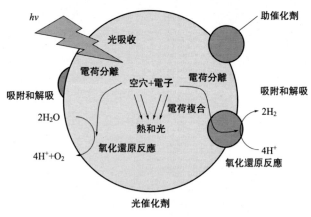

圖 3-6　光催化原理

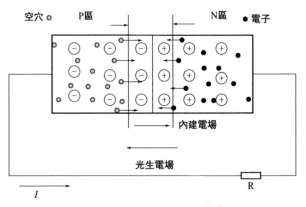

圖 3-7　太陽能效應原理[11]

（3）表面等離子體共振原理

　　表面等離子體共振（Surface Plasmon Resonance，SPR）可以根據金屬奈米粒子和金屬薄膜的傳導，分為局域表面等離子體共振和表面等離子激元共振。金屬的價電子相當於運動的電子氣體，可以將其看作一種等離子體。當存在電磁場時，價電子會因為電子間的排斥以及庫侖力的作用而產生振盪。這種現象稱為等離子體振盪。當把介質層與金屬放在一起時，光會從光密的介質進入光疏的金屬而發生全反射，投入金屬那部分由全反射產生的光波稱作消逝波。這種消逝波會

和金屬的等離子體振盪發生共振，產生的共振波吸收光子的能量，減少反射的能量，即為表面等離子體共振原理。

3.2.2　奈米結構與光吸收

半導體奈米結構，是指在其三維空間中至少有一個維度的尺寸在 100nm 以下的材料，包括零維結構的奈米晶、量子點和原子團簇，一維結構的奈米管和奈米線，二維結構的薄膜材料，以及滿足定義的某些三維結構材料。半導體的光吸收強弱與其奈米結構有著緊密的連繫。

（1）核殼奈米結構

以奈米線為例，核殼結構的奈米線可以有效地鈍化表面增強光吸收，另外大面積垂直排列的核殼奈米線也可以很好地提高光吸收性能[12,13]。核殼奈米線的光吸收係數與體系內核截面積以及外延層厚度有很大的關係。羅晟[14]等研究了 Si/Ge 和 Ge/Si 核殼奈米線的光吸收係數的尺度和形狀效應，發現 Si/Ge 以及 Ge/Si 核殼奈米線的光吸收係數隨著體系內核截面積和外延層厚度的增加而增大，並且得出在相同的情況下，四種截面形狀的核殼奈米線的光吸收係數的大小滿足以下關係：三角形＜四邊形＜六邊形＜圓形。

（2）奈米錐陣列結構

2009 年，Burkhard 等通過離子刻蝕技術首次得到奈米錐陣列結構的材料[15,16]。他們發現奈米錐的直徑從上而下可以發生連續性的變化，這樣其有效折射率不會像傳統材料一樣，由空氣折射率突然改變到體材料折射率，如圖 3-8 所示[16]。因此，奈米錐陣列的光吸收要比其他奈米結構的材料高得多。此後，研究者還發現，具有奈米錐陣列結構的太陽能電池能夠減少對材料的應用，而且因為結構上自上而下的連續性能夠擴大吸收不同光波的能力。研究還發現，對於奈米錐結構的太陽能電池，其形貌比值對光電轉換效率有著很大的影響，當縱橫比為 1 時，其光電轉換效率能夠達到最大值[17]。

（3）表面等離激元奈米結構

能量轉換效率偏低，是影響有機太陽能電池發展的一個重要原因。太陽能電池的活性層厚度與其光吸收性能有著密切的連繫。如圖 3-9 所示，隨著太陽能電池活性層厚度的增加，其光吸收效率呈現增強的趨勢，並且光吸收呈現寬譜高強度吸收。當活性層達到一定厚度後，活性層的光吸收能力會達到一個峰值，這樣隨著活性層厚度 T 的增加，造成了過量的活性層，從而降低了活性層的光吸收效率，並且隨著活性層厚度 T 的增加，會增加激子的淬滅，從而影響有機太陽能電池的光電轉換效率[18]。為了提高效率，就需要有機太陽能電池的活性層不

能太厚，以此確保獲得較高的激子的分離效率以及載流子的收集效率，但是較薄的活性層會導致其光吸收效率變差，進而浪費入射光能。因此，在不改變活性層厚度的前提下，在太陽能電池中引入光捕獲劑，是一種改變活性層光吸收的好方法。貴金屬奈米結構具有激發表面等離子激元的特性，因而其光捕獲性能比較好。

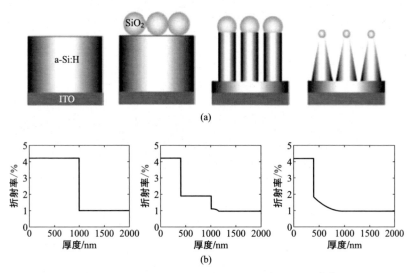

圖 3-8　不同奈米結構的示意圖和對應的折射率[16]

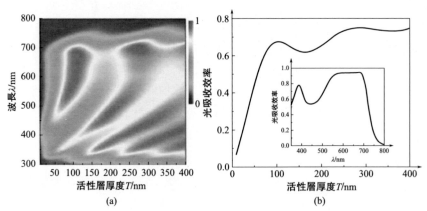

圖 3-9　（a）　太陽能電池活性層的光吸收效率隨波長和活性層厚度的變化關係；
（b）　太陽能電池活性層吸收效率隨活性層厚度的變化關係，
插圖為 $T = 104$ nm 時活性層光吸收效率隨波長的變化關係[18]

2010 年，Min 等[19]在活性層厚度只有 15nm 的太陽能電池的電極中引入了 Ag 光柵的結構，結果光吸收效率增強且達到 50%。2012 年，Li 等[20]通過 Ag 光柵電極的光柵形狀，將活性層也製備成光柵形狀，使有機太陽能電池的光電轉換效率提高 10.4%。由此可見，將貴金屬奈米結構引入到太陽能電池中可以有效地增強活性層的光吸收能力，提高其光電轉換效率。

3.2.3 奈米結構與電子傳輸

（1）核殼奈米結構

核殼奈米結構的半導體奈米線相比於單根半導體奈米線，用作光電轉換材料具有更好的優勢。一方面，核殼體系下的半導體光照下產生的載流子因為收集長度不大於載流子的擴散長度，可以高效地轉移到 P-N 結，而來不及複合，從而載流子的收集可以得到有效的提高，如圖 3-10 所示[21,22]。

(a) 軸向　　　　　　　　　**(b) 徑向**

圖 3-10　電子-空穴在核殼奈米線中的分離示意圖[22]

另一方面，在核殼體系中因為存在外延層，會對半導體的導帶電子以及價帶電子有很大的影響，半導體的能帶結構會因為外延層的不同而表現出極大的差異性。因此，可以通過調變半導體的外延層使奈米體系的電子結構表現出不同的形式[23]，光生的電子和空穴分別進入核和殼中，從而使其有效地被分離，如圖 3-11所示[24]。在光照激發下，PbSe/PbS 核殼奈米晶產生的空穴富集到 Au 上，而產生的電子富集到 TiO_2 上，使載流子得到有效的分離。

（2）奈米錐陣列結構

Gao 以及 Tsai[25,26]等發現奈米錐陣列結構能夠使光生載流子得到有效的分離，而且還可以有效地實現載流子的轉移和收集。奈米錐陣列結構以及其電流電壓曲線如圖 3-12 所示。目前，奈米錐陣列太陽能電池的光電轉換效率最高可達 11%以上，遠高於其他奈米結構的太陽能電池。

3.2.4 常見的奈米光電轉換材料

光電轉換材料，是指通過光生伏特效應，將太陽能轉變為電能的材料。由經

濟快速發展帶來的資源短缺是困擾人類發展的關鍵問題，而太陽能作為一種取之不盡的綠色資源被人們廣泛研究，其中將光能轉換為電能是重要的研究方向。光電轉換過程中，在奈米材料表面及介面處發生物理相互作用及化學反應，會影響奈米材料的動力學特性與反應速率，其表面能與表面化學也會對在介面處發生的多相反應的熱力學以及形核與生長產生較大影響。同樣，奈米材料可控尺寸也可以為相變與化學反應提供更合適的形貌、熱量、電子轉移能力以及空間容納性。下面介紹常見的奈米光電轉換材料及研究現狀。

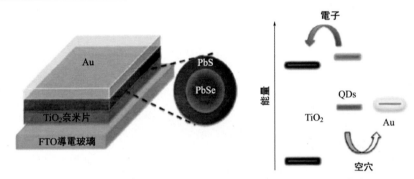

圖 3-11　PbSe/PbS 核殼奈米晶的光生載流子分離示意圖[24]

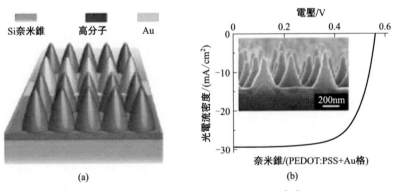

(a)　　　　　　　　　　(b)

圖 3-12　奈米錐陣列和電流電壓曲線[17]

（1）碳奈米材料

① 奈米碳管材料　1991 年，日本電鏡學家通過高解析度電子顯微鏡觀察電弧蒸發石墨產物時發現了奈米碳管。奈米碳管是一種具有特殊結構、徑向尺寸為奈米量級、軸向尺寸為微米量級、管子兩端幾乎都封口的一維量子材料。奈米碳管可以看作是由片層結構的石墨捲成的無縫中空的奈米級同軸圓柱體，兩端由富勒烯半球封閉。雖然化學組成和原子結合形態都很簡單，但是奈米碳管具有豐富

的結構和良好的物理化學性能，如耐熱、耐腐蝕、耐熱衝擊、傳熱性和導電性好，有自潤滑性和生體相容性等。奈米碳管按片層石墨層數分類，可分為單壁奈米碳管和多壁奈米碳管。單壁奈米碳管可看成是由單層片狀石墨捲曲而成的，如圖 3-13 所示[27]。而多壁奈米碳管可理解為由不同直徑的單壁奈米碳管套裝而成。

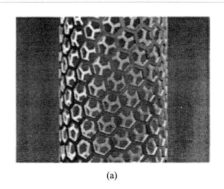 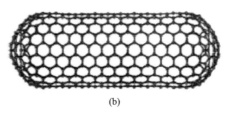

(a)　　　　　　　　　　　　　　　(b)

圖 3-13　奈米碳管結構示意圖[27]

　　奈米碳管由於其獨特的一維結構，具有比表面積大、力學性能強、熱穩定性高和導電能力良好等特點，被認為是理想的電極材料和活性物質的載體，引起了人們強烈的興趣。人們的研究方向也轉向了其在複合材料、感測器、儲能材料、場發射裝置、奈米裝置和顯微探針等方面的應用，特別是規模化生產的實現大大促進了奈米碳管在電子裝置上的研究。自奈米碳管問世至今，規模化生產已見雛形，如全球最大的計算機製造商已開發出碳奈米晶體管，它比矽晶片晶體管具有運行速度更快、集成度更高和能耗更低等優點；奈米碳管平板顯示器的成功研發，也對照明和顯示行業帶來深刻的變革。

　　② 石墨烯材料　石墨烯材料[28]是另一種被廣泛研究的碳奈米材料。2004 年曼切斯頓大學的 Geim 研究團隊首次用機械剝離法製備出二維晶體材料石墨烯，完善了從零維到一維再到二維的碳材料研究。石墨烯的結構與石墨的單原子層相同，石墨烯是由碳原子組成的具有蜂巢狀結構的二維晶體，每個碳原子和鄰近的 3 個碳原子以 sp^2 軌道連接形成超大的共軛體系。石墨烯可以看成是一個巨大的稠環芳烴，這種特殊的結構使石墨烯既具有半導體的屬性，又具有金屬的屬性，而且石墨烯還具有其他優異的性能，如禁帶寬度為零、透光性好、導電性能優異、電荷遷移率極高、電子傳輸速率為光速的三分之一和受溫度影響很小（圖 3-14 和圖 3-15）。

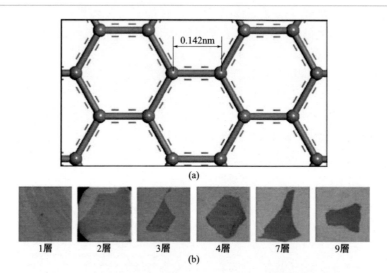

圖 3-14　石墨烯的原子排列和石墨烯的光學顯微圖像[28]

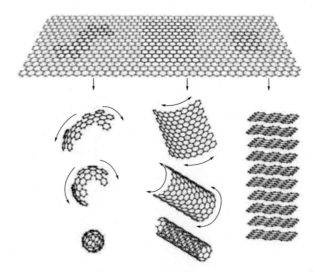

圖 3-15　石墨烯：富勒烯、奈米碳管和石墨的基本結構單元[28]

（2）無機半導體奈米材料

① 以 TiO_2 為代表的二元氧化物奈米材料　由於具有化學性質穩定、抗腐蝕性能強、無毒和價格低廉等特點，二氧化鈦（TiO_2）成為目前研究最為廣泛的半導體光催化材料。TiO_2 常應用在各種催化反應中，是研究較早且比較成熟的半導體奈米催化材料之一[29]。但是由於 TiO_2 的禁帶寬度較寬（銳鈦礦相 3.2eV，金紅石

相 3.0eV），根據半導體的光吸收閾值 λ_g 與帶隙 E_g 的相關公式：$\lambda_g(\text{nm}) = 1240/E_g$（eV），只能吸收波長小於 380nm 的紫外光，對太陽光的利用率較低。單純的 TiO_2 在光激發下產生的電子空穴對較容易複合，這較大地限制了 TiO_2 奈米材料在光催化領域的應用。為了提高 TiO_2 奈米材料對太陽能的利用率，研究人員採用不同方式對 TiO_2 奈米材料進行改性。目前已經通過多種方法製備出具有各種形貌的包括奈米顆粒、奈米線、奈米棒、奈米帶以及奈米薄膜在內的多種結構的 TiO_2 奈米材料，如圖 3-16 所示。同類的二元氧化物奈米材料還有 ZnO、CuO 等。

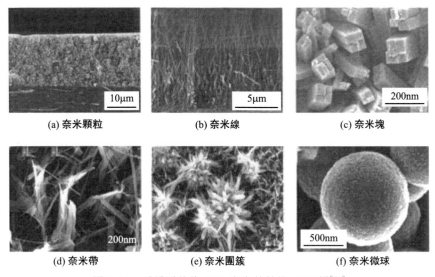

圖 3-16　不同形貌的 TiO_2 奈米材料的 SEM 圖[29]

　　② 以 CdS 為代表的二元硫化物奈米材料　硫化鎘（CdS）是 II～VI 主族中一種直接帶隙的 N 型無機半導體材料，禁帶寬度為 2.42eV。文獻報導[30]已製備出形貌可控的 CdS 奈米材料，包括零維 CdS 奈米顆粒薄膜、一維 CdS 奈米棒及三維 CdS 奈米棒陣列，如圖 3-17 所示。同類的二元硫化物還有 ZnS、PbS 等。

　　③ 以 $CuInS_2$ 為代表的三元奈米材料　現在廣為研究[31]的 $CuInS_2$（圖 3-18）具有黃銅礦結構，是一種直接帶隙半導體材料。它的禁帶寬度約為 1.50eV，吸收係數可達 10^5cm^{-1}，理論太陽能轉換效率最高可達 30％，有利於少數載流子的收集。$1\mu\text{m}$ 厚度的 $CuInS_2$ 吸收層對太陽光的吸收效率高達 90％，具有良好的熱穩定性。$CuInS_2$ 與 CdSe、CdS 和 $CuInSe_2$ 等相比，無毒性、對環境無害且化學性質比較穩定。另外 $CuInS_2$ 具有本徵缺陷自摻雜特性，不需要其他元素的摻雜，僅通過調整自身元素的成分就可以獲得不同的導電類型，基於這個特性可以製備同質結。$CuInS_2$ 奈米材料通過調節其奈米尺寸可獲得在可見光至近紅外範

圍可調的光譜。同樣廣為研究的多元奈米材料還有 $AgInS_2$、$ZnCdSe$、$CuInZnS_2$、$CuInGaS_2$ 等。

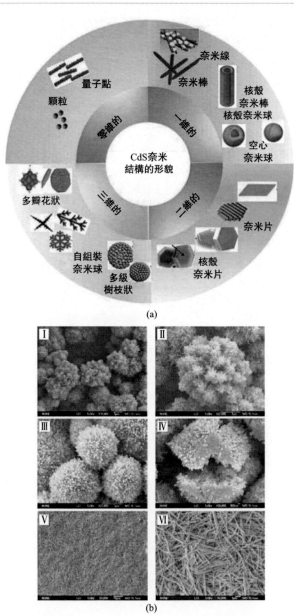

圖 3-17　不同形貌的 CdS 奈米材料示意圖和
不同形貌的 CdS 奈米材料的 SEM 圖像[30]

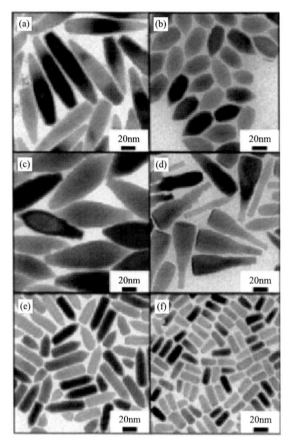

圖 3-18　不同形貌的 $CuInS_2$ 奈米晶的 TEM 圖像[31]

（3）有機/無機雜化鈣鈦礦材料

與傳統的半導體材料相比，有機/無機雜化鈣鈦礦材料（圖 3-19）表現出更加優異的光電材料特性[32]。第一，帶隙可調。鈣鈦礦薄膜可以通過組分控制調節薄膜的禁帶寬度。例如甲咪碘化鉛鈣鈦礦（$FAPbI_3$）的禁帶寬度為 1.47eV，吸收帶邊在 843nm 左右，可以將大部分的太陽光吸收。第二，吸收係數高。鈣鈦礦是一種直接帶隙半導體材料，在短波區域的吸收係數（$10^5\,cm^{-1}$）遠遠高出傳統的有機半導體材料（$10^3\,cm^{-1}$），有利於縮短自由載流子在鈣鈦礦體內的傳輸距離，減少複合，提高收集效率。第三，鈣鈦礦材料的激子束縛能非常小。常見的 $CH_3NH_3PbI_3$ 和 $CH_3NH_3PbBr_3$ 的激子束縛能分別為 50meV 和 76meV。所以鈣鈦礦薄膜在吸收入射光子形成激子後，在室溫情況下便可以分離成自由的載流子。基於以上幾點特性，鈣鈦礦材料可更好地吸收入射光，並將太陽能轉換成電

能，表現出更高的光電轉換效率。

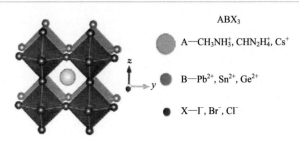

ABX₃

A——CH₃NH₃⁺, CHN₂H₄⁺, Cs⁺

B——Pb²⁺, Sn²⁺, Ge²⁺

X——I⁻, Br⁻, Cl⁻

圖 3-19　有機/無機雜化鈣鈦礦材料晶體結構示意圖[32]

3.2.5　奈米光電轉換材料的應用

　　光電利用主要是將太陽能轉換成電能並加以利用，電能作為最終的表現形式，具有傳輸性、可儲存性和通用性良好的特性。

（1）太陽能電池

　　太陽能電池是利用光生伏特效應將太陽能轉換為電能的半導體太陽能裝置，是太陽能利用最有發展潛力的方式之一，近年來得到了人們廣泛的關注。其中比較有代表性的有染料敏化太陽能電池和鈣鈦礦太陽能電池。

　　① 染料敏化太陽能電池　染料敏化太陽能電池（Dye Sensitized Solar Cells，DSSCs）是瑞士 Grätzel 教授於 1991 年以多孔狀 TiO₂ 奈米薄膜作為光陽極製備的，並獲得了 7.1% 的光電轉換效率。DSSCs 太陽能電池[33]也被認為是第三代新型太陽能電池，引起了能源研究領域廣泛的關注，開啟了能源研究的新領域。DSSCs 具有原料來源廣、製作簡單、成本低，能耗低、無汙染，對生產設備要求低、生產工藝簡單，電池的長期穩定性有待提高以及電池的轉換效率較低等特點。DSSCs 主要分為四個組成部分：半導體氧化物光陽極、染料分子、電解質和對電極，如圖 3-20 所示。

　　DSSCs 的光陽極材料一般使用熱穩定性和光化學穩定性較好的寬帶隙的半導體奈米材料（如 TiO₂、ZnO、SnO₂ 等），由於受到半導體本身的帶隙限制，使得其對可見光的捕獲能力較弱。另外，電子在傳輸過程中也會發生複合，引起電流損失，需要從材料本身出發，尋找製備方法簡單、電子傳遞性能優異的半導體材料。光陽極作為 DSSCs 的重要組成部分之一，是決定電池光電轉換效率的關鍵因素。所以採用多樣化的製備技術以及修飾等方法以提高半導體光陽極對太陽光的有效利用率，是 DSSCs 研究的重點。

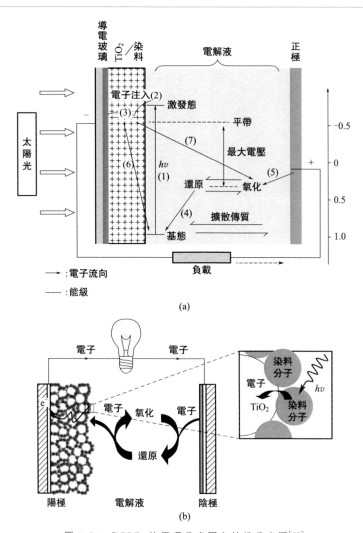

圖 3-20 DSSCs 的原理示意圖和結構示意圖[33]

　　② 鈣鈦礦太陽能電池　實現高效、低成本、易加工的太陽能電池的製備，一直是光電轉換領域的研究熱點。鈣鈦礦太陽能電池的研究早期是由染料敏化太陽能電池過渡而來的，因此沿用了染料敏化太陽能電池的陽極結構。常見的鈣鈦礦太陽能電池結構如圖 3-21 所示。

　　2009 年，Miyasaka 首次使用碘、溴取代的有機/無機雜化鈣鈦礦（$CH_3NH_3PbI_3$ 和 $CH_3NH_3PbBr_3$）製備液態的染料敏化太陽能電池（DSSCs），探索鈣鈦礦材料的光電特性，但僅達到 3.81％光電轉換效率。鈣鈦礦材料的本征結構以及對環境濕度、溫度的不穩定性，成為其進一步發展的限制因素。2012 年，

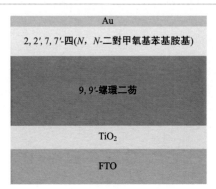

| Au |
| 2, 2′, 7, 7′-四(*N*, *N*-二對甲氧基苯基胺基) |
| 9, 9′-螺環二芴 |
| TiO₂ |
| FTO |

圖 3-21　常見的鈣鈦礦太陽能
電池結構示意圖

Chung 等使用 CsSnI₃ 作為空穴傳輸層，首次製備全固態 DSSCs 裝置，突破了 10％的光電轉換效率。2013 年 6 月，Grätzel 課題組採用連續沉積薄膜的方法製備介孔型鈣鈦礦電池，Snaith 等採用雙源蒸發技術製備平板型鈣鈦礦電池，使光電轉換效率均突破 15％大關。鈣鈦礦材料用於太陽能電池方向，可以在相當短的時間內極大地提高光電轉換效率，證明其在太陽能電池領域的極大潛力，因此吸引了人們的極大興趣。2014 年，Yang 等通過優化鈣鈦礦型太陽能電池結構，實現了 19.3％的轉化，更是使鈣鈦礦材料得到極大關注。鈣鈦礦作為新興的半導體材料，近幾年來在太陽能電池領域取得了迅速的發展。但由於鈣鈦礦太陽能電池穩定性差等問題制約了其產業化發展，相信今後鈣鈦礦太陽能電池的研究仍將得到大力發展。

(2) 光電化學電池

科學家發現太陽能效應的同時，自然也發現光電化學轉換。法國科學家 Becquerel 發現塗過鹵化銀顆粒的金屬電極在電解液中產生了光電流，後人稱這種結構為光電化學電池（Photo-Electrochemical Cell，PEC）。1972 年，Fujishima 和 Honda 以 TiO₂ 為電極，成功地利用太陽能光解水製得 H₂，實現了太陽能到化學能的轉化，開啟了光電化學能量轉換的新領域，以太陽能為背景的光電化學能量轉換也成為研究的新熱點。所有的光電化學能量轉換裝置都可以稱為光電化學電池，這類電池在產生電能或者化學能的過程中伴隨的化學反應(圖 3-22)，是區別

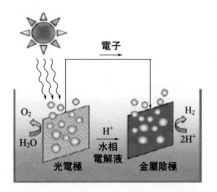

圖 3-22　光電化學電池示意圖[34]

太陽能電池（太陽能電池是一種物理電池）的最大特點[34]。其中廣泛用於光電化學電池的半導體電極材料包括 Si、以 CdS 為代表的Ⅱ-Ⅵ族化合物、以 GaAs 為代表的Ⅲ-Ⅴ族化合物、二元硫族化合物（MoS₂、FeS₂）、三元化合物（CuInSe₂、CuInS₂ 等）以及半導體氧化物（TiO₂、ZnO）等。

（3）光電探測器

光電探測器[35]是一種可以把光訊號轉換成電訊號的裝置，按照工作的機理不同，可分為光子型探測器和熱探測器。對於光子型光電探測器來說，當不同波長的光照射探測器時，只有能量滿足一定條件的光子才能激發出光生載流子，從而產生光生電流。對於半導體材料，只有當光子能量大於或者等於禁帶寬度時，才能產生本徵吸收，即探測器對光的響應存在一個波長界限 λ。光子的能量 ε 與頻率 v 成正比，即 $\varepsilon = hv$，其中 h 是普朗克常數，v 為光的頻率，因此此公式可以轉換成 $\varepsilon = hc/\lambda = 1.24/\lambda$。根據上述公式可推測不同帶隙材料的激發波長和應用範圍。根據入射光波長，探測器可分為紅外光探測器（波長區域 $0.78 \sim 25\mu m$）、可見光探測器（波長區域 $0.38 \sim 0.78\mu m$）和紫外光探測器（波長區域 $0.01 \sim 0.38\mu m$），如圖 3-23 所示。

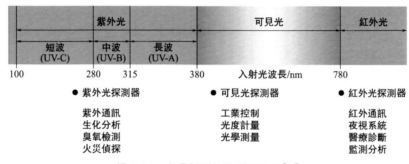

圖 3-23　光電探測的分類及應用[35]

紫外光探測器一般用於軍事，但在民用方面也有廣泛的應用。在軍事上，紫外光探測器可用於紫外光通訊、制導和生化分析等；在民用上，紫外光探測器可用於明火探測、生物醫藥分析、臭氧監測、太陽照度監測等。目前常用的紫外光探測器材料具有禁帶寬度大、熱導率高、電子飽和漂移速率大、化學穩定性好等特點。由上可見，光探測器主要用於工業自動控制、光度計量、光學測量等方面，在光學測量方面常用於超精密加工以及微小形變測量。紅外光探測器是目前應用最多的探測器，與紫外光探測器類似，紅外光探測器材料和相關技術的研究也普遍應用於與軍事相關的領域。常見的紅外光探測器材料有 Si、Ge、CdS、PbS、InSb、InAs、HgCdTe 等。

高度發展的資訊化技術對裝置提出了如體積小、重量輕、集成度高、能量轉化效率高等新要求。奈米材料隨著維度的減小，表現出優異且新奇的性質，因此研究可用於光電探測器的奈米材料具有非常重要的意義。各種半導體奈米材料逐漸被研究和用於製備光電探測器。為了實現更多宏觀性能的提高和優化，零維、

一維和二維半導體材料的光電探測性能仍然是當今研究的重點。

3.3 奈米資訊儲存材料

　　奈米資訊儲存材料是指用於各種儲存器中用來記錄和儲存資訊的奈米材料。這類材料在一定強度的外場（如光、電、磁或熱等）作用下發生從某一種狀態到另一種狀態的突變，並能將變化後的狀態保持較長的時間。近年來，超高密度的資訊儲存材料引起了研究人員越來越多的關注，這也將為未來資訊技術的發展提供理論和技術支持。資訊技術的發展要求儲存裝置必須具備高儲存密度、快的讀取速率和長的儲存壽命，這些都對資訊儲存材料提出了更高的要求。奈米資訊儲存材料按作用機理的不同，可分為電資訊儲存材料、光資訊儲存材料、磁資訊儲存材料和熱資訊儲存材料等。

3.3.1 高密度電資訊儲存

　　電資訊儲存，即在電場電壓刺激下，儲存材料導電性會表現出的兩種截然不同的狀態，從而實現資訊的儲存。在電資訊儲存材料中，引起儲存材料導電性變化的因素有很多，如電荷轉移、分子構型轉變、氧化還原反應、載流子捕獲等。雖然電資訊儲存的作用機制多種多樣，但是其作用機理都是通過改變體系的共軛度或電子雲的密度實現資訊的寫入、讀取與擦除。電資訊儲存元件如圖 3-24 所示。

圖 3-24　電資訊儲存元件

（1）電荷轉移引起的導電性轉變

當體系中既有電子給體（Electron Donor，簡記為 D）又有電子受體（Electron Acceptor，簡記為 A）時，則在電場作用下就可能發生導電性的轉變，即在施加了一定閾值的電壓後，電子給體、電子受體會發生電荷轉移，從而使材料的導電性發生變化，實現資訊的寫入和讀取則由小於閾值電壓的電壓完成。

（2）基於氧化還原引起的導電性轉變

具有氧化還原活性的分子在電壓驅動下發生氧化還原反應，不同的氧化還原態代表不同的資訊位，從而實現資訊的寫入。分子由於發生了氧化還原反應使導電性發生了變化，從而完成資訊的讀取。其儲存密度取決於分子中氧化還原態的數目，分子中氧化還原態的數目越多，相應的儲存密度也就越大。因為分子對於氧化還原的電勢的響應極其靈敏，所以對應的儲存的讀寫能耗就相當得低。

（3）相變引起的導電性轉變

通過施加電壓脈衝在薄膜上寫入了一個資訊圖案，施加了反向的電壓脈衝後可實現資訊點的擦除。經過透射電子顯微鏡以及理論計算證明：資訊點的寫入或擦除是由於薄膜在奈米尺度上晶體結構的變化，即由晶態變為非晶態，其中晶態的導電性差，而非晶態的導電性好。

（4）基於分子構型改變引起的導電性轉變

二芳基乙烯為一種相當典型的光致變色材料，有兩種非常穩定的存在構型。將兩端基團均為巰基的二芳基乙烯分子裝到兩金電極間形成單分子層裝置，在不同的光照後對比分子的吸收光譜，同時對單分子層裝置進行導電性測量。在可見光照射下，二芳基乙烯分子從閉環體經過開環反應變成開環體，分子的吸收產生藍移，同時分子的電流密度增強一個數量級。

3.3.2　高密度光資訊儲存

光資訊儲存的儲存方式與磁片、硬碟等相同，都是以二進制數據的形式來儲存資訊。光資訊儲存通過寫入裝置將字元、聲音、圖像等有用的裝置記錄在某儲存介質中，並使資訊通過讀取裝置從儲存介質再現。需要借助雷射把計算機轉換後的二進制數據用數據模式刻在扁平、具有反射能力的盤片上。而為了識別數據，光盤上定義雷射刻出的小坑就代表二進制的「1」，而空白處則代表二進制的「0」。DVD 盤的記錄凹坑比 CD-ROM 更小，且螺旋儲存凹坑之間的距離也更小。為了進一步提高光資訊儲存裝置的資訊儲存量，實現高密度光資訊儲存，光資訊儲存的方向從傳統的二維延伸到了三維，從而大大提升了資訊儲存容量和資訊讀取速度。實現三維光資訊儲存途徑主要有全像攝影儲存技術、光子燒孔技術、雙光子儲存技術和近場光學儲存技術。

（1）全像攝影儲存技術

雷射全像攝影儲存即在光敏物質中，逐頁（層）記錄通過物光和參考光經相

干疊加後產生的干涉性條紋圖像，如圖 3-25 所示。在厚的介質中可儲存多層此種全像攝影圖像，並能獨立讀取，它們還可以通過方向或空間不同而進行區分。全像攝影儲存技術特別適用於圖像儲存和記錄，不但可儲存記錄圖像的振幅資訊，還可儲存記錄圖像的相位資訊，重新呈現的儲存圖像具有明顯的三維特性。全像攝影儲存裝置具有保真度高、可並行輸入或輸出、數據傳輸速率超過 125Mbit/s、儲存密度可達到 1Tbit/cm^3 的優點，但由於其價格昂貴且結構複雜等，限制了其應用。

圖 3-25　全像攝影儲存技術

(2) 光子燒孔技術

　　光子燒孔技術作為一種超高密度的資訊儲存方式，基於在二維儲存中增加一個頻率維度，從而大大提高了光資訊儲存密度。其作用機理是：在低溫下，將光反應分子通過單分子形式分散在儲存介質中，由雷射誘導發生可進行位置選擇的光化學反應，在不均勻的加寬吸收光譜中調控性地產生了一個光譜孔，從而實現了資訊的記錄。

(3) 雙光子儲存技術

　　雙光子儲存技術是指存在於儲存介質中的分子可同時吸收兩個光子而被激發到較高能級處，如圖 3-26所示。在雙光子的吸收過程中，被吸收的兩個光子既可以是同一波長的，也可以是不同波長的，但是任意一個波長的一個光子都不能被介質分子吸收，只有兩個光子同時被吸收時才可以使分子被激發

圖 3-26　雙光子儲存技術

到較高的能級上。

（4）近場光學儲存技術

近場光學是指當光通過尺度遠遠小於它的波長的小孔，並且控制其與樣品的距離在近場範圍時，成像的解析度便可衝破衍射極限的限制，其優勢在於容量大和密度高。

3.3.3 多功能儲存

多功能儲存，是指在同一裝置上構造多種類型的物理通道，使得物質在外加條件下具有雙重或多重穩態，從而同時實現光、電、磁等多功能資訊的儲存。基於光資訊儲存和電資訊儲存方面的積累以及兩者可能的協同作用，如果儲存裝置可以同時實現光和電的雙重調控，從而實現多重響應，對於光電裝置和高密度儲存裝置的發展是尤其重要的。

基於以上設想，國外多個科學研究團隊在多功能儲存材料領域做出了顯著的貢獻。其中有機小分子如 1,1Dicyano-2,2-（4-Dimethyla Minophenyl）Ethylene（DDME）、Phenalenyl 等基於其特殊結構引發的功能特性，受到國外多個研發團隊的廣泛關注和研究。以 DDME 為例，2000 年，S. M. Hou、D. B. Zhu 等報導了物理沉積法實現 DDME 薄膜材料的合成，進而通過傅立葉紅外光譜儀、透射電子顯微鏡以及掃描隧道電子顯微鏡等進行表徵，實現了可控的電學雙穩特性以及電致變色特性[36]。其中電學雙穩態特性，是基於其具有較強的電子給體與雙電子受體基團，從而實現光照前後的兩種穩態。同時，基於其分子具有的特殊共軛結構，可以實現三維光資訊儲存，其在光或電作用下的結構變化導致了其發光訊號和電訊號的同時變化，使資訊可以通過電或者光兩種方式進行有效的寫入和儲存，從而實現了多功能儲存。類似的，Tang 等研究並實現的新型熱穩定螺　嗪類材料的合成和應用，基於雙光子技術，同樣實現了三維光學資訊的儲存[37]。設計、合成、研究具有穩定並同時含有磁、光、電穩定特性的材料用於多功能資訊儲存領域，同樣也是近年來的重要研究方向。以 Phenalenyl 為例，2002 年 Coedes 等設計、合成並深入研究了其作為儲存材料所需的特徵[38]，通過對分子烷基的可控取代，實現了其磁、光、電穩態的可控調節，從而實現了在高低溫下不同的磁性轉變；同時，通過控制溫度可有效控制其分子間的相互作用，調節其相關特性。該類材料也被認為具有豐富的多功能儲存應用前景。

3.3.4 奈米材料與光電高密度資訊儲存

近年來，奈米材料在資訊、能源、環境、醫療、衛生、生物與農業等諸多領

域引發了新的產業革命，尤其在光電、光資訊以及半導體等相關領域有著廣泛的應用。奈米材料在光電資訊儲存領域有著天然的優勢，由於奈米微粒的小尺寸效應、表面效應、量子尺寸效應和宏觀量子隧道效應等使得奈米材料在磁、光、電等方面呈現常規材料不具備的特性。因此奈米微粒在磁性材料、電子材料、光學材料等領域有著廣闊的應用前景[39,40]。

在資訊技術領域，計算機的重要參數包括儲存量、處理速度等。而具有特殊光、電、磁特性的奈米材料對於實現資訊材料性能上的突破和特異性能的實現具有廣闊的前景。例如，小尺寸的超微顆粒具有特殊的磁性變化。粒徑 20nm（大於單磁疇臨界尺寸）的鐵顆粒的矯頑力比大塊純鐵增加了 1000 倍，已用作高密度儲存的磁記錄粉，大量用於磁帶、磁盤、磁卡以及磁性鑰匙等；但對於粒徑小到 6nm 的鐵顆粒，其矯頑力反而降為零，呈現出超順磁性，可用來製備磁性液體，也可廣泛應用於旋轉密封等領域。此外具有庫侖阻塞效應的材料可以用來製作單電子晶體管和單電子儲存器，是構築奈米電子學的基礎。同時，相比於傳統塊體材料，奈米微粒開始長大的溫度隨著粒徑的減小而降低，這無疑可以降低其生產成本。用有機分子、CNT 和半導體奈米線可製造出奈米級電子裝置（如晶體管、二極管、繼電器和邏輯門），然後再將這些奈米裝置連接起來，從而可以有效地實現多功能化。著名奈米材料學家 C. M. Lieber 教授曾說過，微電子裝置向奈米電子裝置轉變：由「自上而下」到「自下而上」直徑為 5～10nm 的奈米線代表著電子裝置的未來，可用於製作儲存器、邏輯元件和發光二極管等[41]。利用 P 型和 N 型半導體奈米線交叉及奈米碳管組裝出的儲存器，還可以製作出場效應晶體管、邏輯門及發光二極管等。同時，近年來提出單分子開關的概念，分子發生氧化還原反應改變原子構型，將其連通，則每個分子像細小的導線那樣起導電作用[42,43]。奈米線的組裝及其在儲存裝置領域的潛在應用如圖 3-27 所示。

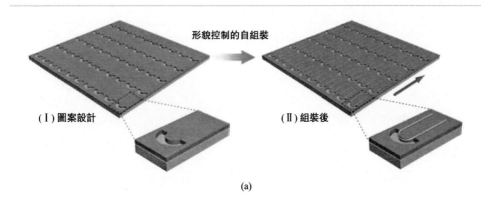

形貌控制的自組裝

(Ⅰ)圖案設計　　　　　(Ⅱ)組裝後

(a)

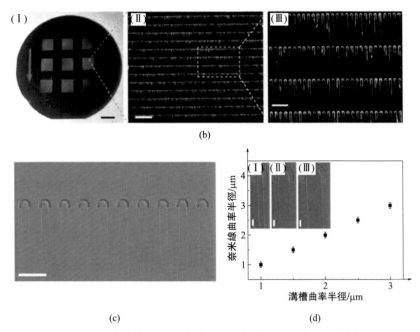

圖 3-27　奈米線的組裝及其在儲存裝置領域的潛在應用[41]

　　與此同時，奈米材料實現的光電儲存裝置在軍事上也有很多潛在的應用，已成為提高各類武器和通訊安全指揮控制系統的關鍵技術之一，對提高資訊的儲存能力和特異性有著特別重要的作用。例如，近期提出的採用量子通訊的量子互聯網的資訊概念，其載體是單個光子，光子在不被破壞的情況下，其攜帶的資訊是無法被獲取的，從而提高了其安全性。

　　目前奈米材料在光電領域的應用主要包括巨磁電阻材料、新型的磁性液體和磁記錄材料、紅外反射材料、優異的光吸收材料、隱身材料以及光電裝置（半導體或有機 LED、奈米雷射器、光電感測器、光電探測器）等[44]，如圖 3-28 所示。相比於其他領域，奈米材料應用於光電儲存裝置的關鍵技術為各種技術的合成，主要包括分子束外延、金屬有機化合物氣相沉積等先進的超薄層材料生長技術。有關專家認為，未來奈米光電儲存裝置的重要突破口將是對超晶格、量子阱（點、線）結構材料及裝置的研究，其發展潛力無可估量。未來戰爭是以軍事電子為主導的高科技戰爭，其標誌就是軍事裝備的電子化、智慧化，而其核心是微電子化。以高性能、具有特殊功能化的奈米材料為主體，以微電子技術為核心的關鍵電子元件是一個高科技基礎技術群，而裝置和電路的發展一定要依賴於超薄層材料生長技術（如分子束外延技術）的進步[45~50]。

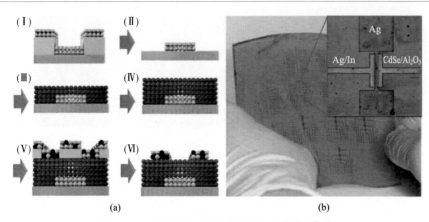

圖 3-28　基於奈米材料的柔性半導體裝置[44]

3.4　有機光電奈米材料

　　有機光電奈米材料通常是富含碳原子、具有大 Ⅱ 共軛鍵的有機小分子或聚合物，它們能夠實現光能與電能之間的轉換，因此可以應用於太陽能、顯示和光探測等領域。自 1970 年代以來，有機光電奈米材料開始在應用中嶄露頭角；2000 年，艾倫·黑格、馬克迪爾米德和白川英樹三位科學家因在有機光電功能材料領域的突出貢獻而獲得了諾貝爾化學獎，從此掀起了有機光電奈米材料的研究熱潮。進入 21 世紀，能源危機和環境汙染問題日益嚴重，尋找具有性能優異、性質可調、價格低廉和易於加工的光電功能材料成為當前的研究熱點。與無機奈米材料相比，有機光電奈米材料可以通過改變分子結構和組分，實現材料光電性質的精準調控、豐富材料種類和推動有機光電奈米材料的研究進展；此外有機光電奈米材料具有易於加工和價格低廉的優勢，有助於有機光電奈米材料的廣泛應用。

3.4.1　有機光電奈米材料簡介

　　有機光電奈米材料是指處於奈米尺寸的有機光電材料。常見的有機光電奈米材料主要包括卟啉及其衍生物、酞菁及其衍生物、聚合物等。

　　卟啉在自然界廣泛存在，比如人體內的血紅素以及植物中的葉綠素等。卟啉環具有 26 個 Ⅱ 電子，是一個高度共軛的體系。卟啉中間可以絡合不同的金屬離子，形成不同金屬配位的卟啉。卟啉作為非常優秀的光敏劑被長期研究，在光動力治療、電催化、聲動力治療中凸顯核心作用。卟啉及其衍生物在生物抗腫瘤材

料、抗菌材料、光催化以及光電材料中應用十分廣泛[51~54]。

酞菁是一種具有 18 電子的共軛體系化合物，它與卟啉極為相似，只是酞菁是一種完全由人工合成的物質。酞菁以及衍生物現在也被用於光催化、光動力治療等方面。

聚合物（如聚苯胺）是一種很常見的有機光電材料，通過一定的合成手段形成奈米尺寸的聚合物也成為目前光電材料研究的熱點。

3.4.2　有機光電奈米材料的優勢

與傳統的無機奈米材料相比，有機光電奈米材料具有以下優勢。

a. 有機光電奈米材料具有多元化的組織結構，通過改變其組分或結構，可以實現光學性質的有效精準調控。

b. 有機光電奈米材料具有易加工的特性，可以通過簡單方法實現材料的大規模合成和光電裝置的構築。

c. 有機光電奈米材料具有密度小、成本低的特點，有助於減輕裝置重量，控製裝置成本，從而實現光電裝置的大規模裝備。

d. 有機光電奈米材料可以基於柔性基底構築光電裝置，實現柔性或可穿戴裝置的構築。

3.4.3　有機光電奈米材料的應用

有機光電奈米材料主要應用於以下幾個方面。

① 有機發光二極管（OLED）　與傳統的發光與顯示技術相比，OLED 具有量子效率高、發光效率高、高亮度以及高對比度等優點；另外，OLED 還具有體積小、重量輕、可製備柔性裝置以及材料種類豐富等特點。由於 OLED 的種種優點，目前市場上許多電子設備的螢幕使用 OLED，並且可以預見的是，OLED 顯示面板會越來越多地進入市場。

② 有機半導體晶體材料與裝置　有機半導體晶體材料由於具有長程有序、缺陷較少、載流子遷移率高等優點而受到重視。隨著技術的發展，現有的單晶晶體管的載流子遷移率已經可以做到優於傳統多晶矽的程度。例如 Briseno 成功製備出紅熒烯單晶，以此為基礎製備出晶體管裝置，具有非常好的性能[55]。

③ 有機太陽能電池　有機太陽能電池以光敏性有機物質作為半導體材料實現太陽能發電的目的。相比矽基太陽能電池，有機太陽能電池最大的缺點就是光電轉換效率低。有機太陽能電池研究的主要關注點就是提高光電轉換效率。隨著研究人員的不懈努力，有機太陽能電池的光電轉換效率正在穩步提升，目前已經實現有機太陽能電池光電轉換效率超過 11%[56]。

④ 有機晶體感測器　有機晶體感測器具有體積小、價格便宜和便於測試等優點，因此越來越受到人們的青睞。有機晶體感測器已廣泛地應用於化學與生物檢測領域，具有很高的靈敏度。另外，有機晶體感測器可以測定氣體和液體兩種形態的物質，具有比較大的適用範圍。隨著技術的發展，有機晶體感測器有望實現多種成分的即時分析。

3.5　新型奈米材料

進入 21 世紀以來，資訊、生物技術、能源、環境、先進製造技術和國防領域的高速發展必然對材料提出新的需要，元件的小型化、智慧化、高集成、高密度儲存和超快傳輸等對材料的尺寸要求越來越小；航空航太、新型軍事裝備及先進製造技術等對材料功能要求越來越高。新型奈米材料的奈米尺寸賦予材料非凡的物理、化學和光電特性，在電子、生物醫藥、環保、光學等領域具有巨大的開發潛能。例如，新型碳奈米材料、量子點材料和新型二維奈米材料由於特殊的結構和優秀的物理性質，已經成為材料科學領域的熱門研究對象。

3.5.1　碳基奈米材料

由於碳元素和碳材料具有形式和性質的多樣性，隨著科學的進步，人們不斷發現和利用碳，對碳元素的開發具有無限的可能性。碳元素具有多樣的電子軌道特性（sp、sp^2、sp^3 雜化），再加之 sp^2 的異向性而導致晶體的各向異性和其排列的各向異性，因此以碳元素為唯一構成元素的碳材料具有各式各樣的性質[56~58]。自 1989 年著名的科學雜誌 *Science* 設置每年的「明星分子」以來，碳的兩種同素異構體「金剛石」和「C_{60}」相繼於 1990 年和 1991 年連續兩年獲此殊榮。1991 年另一種碳結構——奈米碳管被日本電子公司（NEC）的飯島澄男博士使用高分辨透射電子顯微鏡從電弧法生產的碳纖維中發現。1996 年諾貝爾化學獎授予發現 C_{60} 的三位科學家 Harold Kroto、Robert Curl 和 Richard Smalley[59]。2004 年另一種神奇的碳奈米材料——石墨烯被英國曼徹斯特大學的兩位科學家 Andre Geim 和 Konstantin Novoselov 發現，兩人獲得 2010 年諾貝爾物理學獎[60]。進入 21 世紀以來，富勒烯、奈米碳管、石墨烯、介孔奈米碳材料等新型奈米碳材料（圖 3-29）的迅速發展引起了全世界的廣泛關注，隨著這幾種新型奈米碳材料的研究逐漸深入及其製備工藝的不斷完善，目前逐步走向產業化階段。儘管與傳統的碳材料產業化程度還有一定差距，但由於新型奈米碳材料獨有的優異性能，在各個領域中展現出了良好的應用前景。

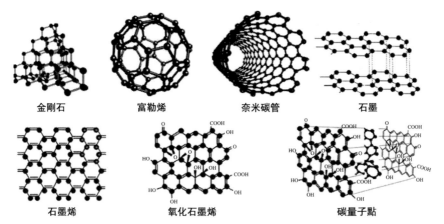

金剛石　　　　富勒烯　　　　奈米碳管　　　　石墨

石墨烯　　　　氧化石墨烯　　　　　碳量子點

圖 3-29　新型奈米碳材料結構示意圖[61]

（1）新型奈米碳材料的種類

　　新型奈米碳材料的發展始於 1990 年，指分散相尺度至少有一維小於 100nm 的結構性碳材料，主要包含富勒烯、奈米碳管和石墨烯等。新型奈米碳材料具有穩定性好、強度高、比表面積高和來源豐富等特點，是最具發展潛力的新型奈米材料之一，現已應用於複合材料、超級電容器、儲氫材料、催化劑等能源化工及生物應用領域。

　　① 富勒烯及其複合材料　富勒烯是由碳原子形成的一系列籠型單質分子的總稱，形狀呈球形、橢球形、柱形或管形，是碳單質除石墨、金剛石外第三種穩定的存在形式，而 C_{60} 是富勒烯系列全碳分子的代表。1985 年英國科學家 Harold Kroto 博士和美國科學家 Robert Curl、Richard Smalley 博士在萊斯大學製備出第一種富勒烯，即 C_{60} 分子。因為 C_{60} 分子與建築學家 Buckminster Fuller 的建築作品很相似，將其命名為「巴克明斯特・富勒烯」（巴克球）。自然界中也存在富勒烯分子，2010 年科學家通過 Spitzer 望遠鏡發現在外太空中也存在富勒烯。C_{60} 是最常見的富勒烯，60 個相同的碳原子構成完全對稱的中空球形結構，具有 32 個面和 60 個碳原子頂點，每個頂點都是兩個正六邊形和一個正五邊形的聚合點，酷似一個直徑在 0.7nm 左右的小足球。雜化電子在碳球外圍和內腔形成非平面離域大 Ⅱ 鍵，因此 C_{60} 具有缺電子烯烴的性質，碳球內外表面都能反應，如金屬、Ti、N、S 等嵌入碳籠內或對碳籠外表面修飾的富勒烯衍生物。隨著 C_{70}、C_{76}、C_{84} 等富勒烯的發現，富勒烯及其衍生物顯示出巨大的應用前景。

　　大量低成本地製備高純度的富勒烯是富勒烯研究的基礎，1990 年物理學家 W. Krätschmer 等[62]用電弧法首次合成克量級的富勒烯。目前較為成熟的富勒

烯製備方法有電弧法、熱蒸發法、燃燒法和化學氣相沉積法等，其形成是由於在高溫下氣相中碳網自由基碎片傾向於形成封閉結構，使這種碳結構單元趨向於位能最低，處於最穩定的狀態。

富勒烯在大部分常見的有機溶劑中溶解性很差，通常用芳香性溶劑（如甲苯、氯苯）或非芳香性溶劑（如二硫化碳）溶解。純富勒烯的溶液通常呈紫色，濃度大則呈紫紅色。富勒烯 C_{60} 具有良好的非線性光學性質，這是因為 C_{60} 分子中電子共軛的籠形結構存在著三維高度非定域，大量的共軛 Π 電子雲分佈在其內外表面上。在光激發後會發生光電子的轉移，形成電子-空穴對，因此 C_{60} 是很好的光電導材料。

C_{60} 具有缺電子化合物的性質，傾向於得到電子，易與親核試劑（如金屬）反應。C_{60} 的碳籠內能夠包入各種不同的金屬或金屬原子簇，形成一類具有特殊結構和性質的化合物，通常被稱為內嵌金屬富勒烯（EMFs），常用 $M@C_{2n}$ 形式來形象地表示內嵌金屬富勒烯的結構[63]。目前金屬原子如 K、Na、Cs、La、Ba、U、Y、S 等鹼金屬、鹼土金屬和絕大多數稀土金屬都已經成功地包籠到 C_{60} 碳籠內，形成了單原子、雙原子、三原子金屬包合物。

由於 C_{60} 獨特的籠形結構，碳原子之間以不飽和化學鍵連接，在適當條件下很容易被打開，與其他化學基團組成富勒烯衍生物。化學修飾一直是 C_{60} 研究的主要領域之一。C_{60} 具有不飽和性，加成反應主要有 C_{60} 親核加成反應和 C_{60} 親電加成反應。C_{60} 可以和胺類、磷酸鹽、磷化物等發生親核加成反應，還可以與 CH_3I 在格氏試劑作用下反應生成烷基化合物。

② 奈米碳管及其複合材料　奈米碳管屬於一維奈米材料，是碳原子 sp^2 雜化連接的單層或多層的同軸中空管狀碳，p 電子形成離域 Π 鍵，共軛效應顯著。奈米碳管結構獨特，比表面積高，導熱性強，化學穩定，且互動纏繞易於形成奈米級網路結構，已成為奈米碳材料研究的熱點。奈米碳管可以看成是由單層或者多層石墨片繞中心軸按照一定角度旋轉一週、兩端呈閉合或打開結構的奈米級管狀材料。根據層數的多少，可以分為單壁奈米碳管和多壁奈米碳管。奈米碳管的內徑一般在幾奈米到幾十奈米之間，長度範圍在幾十奈米到微米級甚至公分級之間。奈米碳管中大量交替存在的 $C=C$ 雙鍵和 $C-C$ 單鍵使得相互之間形成共軛效應，化學鍵很難斷裂或者破壞掉，因此奈米碳管具有極高的機械強度和理想的彈性，其楊氏模量與金剛石相當（約為 1TPa，是鋼的 5 倍左右），其彈性應變最高可達 12％。在奈米碳管中，由於電子的量子限域所致，電子只能在石墨片中沿著奈米碳管的軸向運動，因此奈米碳管表現出獨特的電學性能。根據直徑和螺旋度的不同，奈米碳管既可以表現出金屬性，又可以表現出半導體性。

奈米碳管的製備方法主要有電弧放電法、雷射蒸發法、化學氣相沉積法、固相熱解法等，其中化學氣相沉積法由於具有反應過程易於控制、適應性強的優

點，被廣泛應用於製備奈米碳管。奈米碳管生長機理一般認為是在催化劑上的「基底生長」，而非「頂端生長」[64,65]。清華大學的魏飛教授團隊在水平陣列狀奈米碳管的生長機理、結構可控製備、性能表徵以及應用探索等方面開展了大量的研究，並取得了一系列重要突破。目前，該團隊已經製備出單根長度達到 50cm 以上的奈米碳管。

③ 石墨烯及其複合材料　石墨烯是一種由碳原子 sp^2 雜化連接而成的六方蜂巢狀二維結構，電子可以自由移動，碳原子之間鍵接柔韌，可隨外部施力而彎曲，具有良好的電子傳輸性和柔韌性。2004 年，英國曼切斯特大學的 Novoselov 等[60]首次使用機械剝離方法獲得了獨立存在的高品質石墨烯，並提出了表徵石墨烯的光學方法，對其電學性能進行了系統研究，發現石墨烯具有很高的載流子濃度、遷移率和亞微米尺度的彈道輸運特性，從而掀起了石墨烯研究的熱潮。石墨烯發展迅速的一個原因在於，研究人員能夠在實驗室通過相對簡單而低成本的方法獲得高品質的石墨烯。通過石墨烯樣品實驗測出的一些性能甚至達到了理論預測極限[66]，如室溫電子遷移率為 $2.5 \times 10^5 \, cm^2/(V \cdot s)$ [理論值為 $2 \times 10^5 \, cm^2/(V \cdot s)$]，楊氏模量為 1TPa，固有強度為 130GPa（十分接近理論值），很高的熱導率（高於 $3000 W \cdot M/K$），光學吸收率為 $\pi \alpha \approx 2.3\%$（α 為常數），不透氣，能保持極高的電流（比銅高出許多倍）。然而這些優異的性能都是建立在高品質樣品的基礎上，並且需要將石墨烯放置在特殊的基底上，如六方氮化硼。

石墨烯的主要製備方法包括機械剝離法（膠帶剝離法）、液相和熱剝離法、化學氣相沉積法、碳化矽外延生長法等（圖 3-30）[66]。機械剝離法利用膠帶的黏合力，通過多次黏貼將鱗片石墨等層層剝離，然後將帶有石墨烯薄片的膠帶黏貼到矽片等目標基底上，最後用丙酮等溶劑去除膠帶，從而在矽片等基底上得到單層和少層的石墨烯。該方法具有過程簡單和產物質量高的優點，所以被廣泛用於石墨烯本征物性的研究；但該方法產量低，難以實現石墨烯的大面積和規模化製備。液相剝離的石墨烯是利用溶劑的表面張力增加石墨烯的結晶面積的方法製得的。氧化石墨烯的合成路線與此方法相關。首先氧化石墨烯粒料，然後在水溶液中超音剝離。剝離氧化石墨烯之後，懸浮液經離心分散進一步加工，還原後得到石墨烯。這種生產方法已經用於大量生產，石墨烯油墨和顏料被用於電子、電磁封鎖等產業中。化學氣相沉積法是利用甲烷等含碳化合物作為碳源，通過其在基底表面的高溫分解生長石墨烯，目前已經可以通過化學氣相沉積法在銅箔上生產平方米級的石墨烯。碳化矽外延生長法指利用矽的高蒸氣壓，在高溫下（通常＞1400℃）和超高真空（通常＜10^{-6} Pa）條件下使矽原子揮發，剩餘的碳原子通過結構重排在 SiC 表面形成石墨烯。該法可以獲得大面積的高品質單層石墨烯，但單晶 SiC 價格昂貴，且生長出的石墨烯難於轉移。

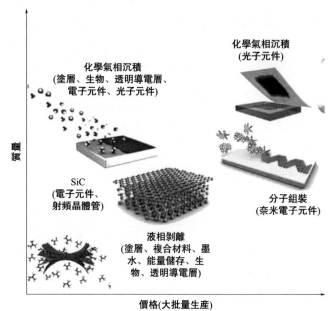

圖 3-30　石墨烯量產的一些方法[66]

(2) 新型奈米碳材料的應用

　　新型奈米碳材料具有超高的機械強度、電導率、熱導率和抗滲性等諸多優異性能，這使得其在許多領域中有誘人的應用前景，如生物醫學、電子裝置、光電、能源及環境保護等領域。

　　碳材料具有特殊的結構、特有的物理化學性質以及細胞生物學行為，如較高的化學惰性及機械穩定性、優異的導電性能以及良好的生物相容性等[67]。富勒烯、奈米碳管以及石墨烯已經被證明在生物醫學方面有良好的應用前景，如用於藥物傳遞、基因轉移、光熱治療、光動力治療、生物感測甚至是組織工程中。

　　隨著電子裝置的便攜化發展，柔性電子裝置越來越引起人們的關注。奈米碳材料因同時具有高的電子傳輸率、透光率以及良好的機械柔性，可以滿足目前柔性電子裝置的應用需要[68,69]。目前，用奈米碳材料製備柔性透明導電膜以及相關應用的研究工作主要集中在奈米碳管（包括單壁奈米碳管和多壁奈米碳管）以及石墨烯上。科學研究人員從材料製備、制膜方式、摻雜改性、圖案化以及裝置應用等方面開展了系統研究。

　　吸波材料（EAM）在電磁防護、微波暗室以及隱身設備等民用和軍用領域具有廣泛的應用。目前吸波材料的主要吸波機理是通過電損耗、磁損耗

以及多反射干涉相消使電磁波在材料內部以熱能的形式消耗掉，其吸波性能取決於材料的介電性能、磁性能和介面間的極化程度[70]。近年來，新型碳奈米材料如奈米碳管和石墨烯，具有特殊的奈米結構、較高的導電性及介電常數，更重要的是其輕質特性符合「薄、輕、寬、強」的發展趨勢，通常將其與金屬及聚合物基體複合以獲得具有優異吸波性能的複合材料[71]。

隨著能源與環境問題的日益突出，開發更為高效與環境友好的能源設備越來越得到人們的強烈關注。碳奈米材料因具有優異的導電能力、良好的力學性能以及獨特的形貌與結構特徵，在儲能電池技術領域中的應用越來越普遍[72]。奈米碳材料常用於鋰離子電池的複合電極材料、負極活性材料、導電添加劑、新型鋰硫電池用複合導電載體以及超級電容器電極材料等領域[73]。大量研究成果表明，新型奈米碳材料可在不同的應用模式下顯著提高儲能電池的容量性能、倍率性能以及循環壽命。通過不同材料間的協同作用來構築更完善的導電結構，不斷完善與探索新的製備工藝來有效降低材料的應用成本，可以使新型奈米碳材料取得更加廣泛的商業化應用。

3.5.2　量子點材料

（1）量子點概述

量子點，是指三維尺度都在兩倍的波爾半徑範圍之內。其電子結構從體相的連續結構轉變為類似於分子的準分裂能級，具有特別顯著的量子限域效應特性，表現出與體材料完全不同的性質，基於尺寸限域將引起尺寸效應、量子限域效應、宏觀量子隧道效應和表面效應等[74]。其電子結構從體相的連續結構變成類似於分子的準分裂能級，表現出眾多獨特的發光特性，如光譜可調、高量子效率、高色純度等。量子點材料主要包括IV（Si 量子點）、II-VI 族（CdS、CdSe、ZnSe 等）、III-V 族（InP、InAs 等）以及近年來發展較快的 I-III-VI 族（CuInS$_2$、ZnInS$_2$等）、C 量子點和鈣鈦礦量子點材料。量子點材料主要製備方法有高溫熱注入法以及水相合成法。

（2）量子點能帶工程

半導體奈米晶的性質與其電子能級結構密切相關。採用傳統方法改變奈米晶尺寸，從而調控奈米晶電子能級以滿足日益發展的光電裝置應用。近年來，以能帶工程為手段的奈米晶新型合成方法逐漸進入人們的視野。這些合成方法包括基於能帶工程如核殼包覆[75]、奈米晶合金化[76]、過渡金屬離子摻雜[77]等的新途徑，調控奈米晶的電子能級結構，從而有效改變其光學性能、電學性能、磁學性能。下面簡要介紹新型能帶調控方法。

① 核殼結構量子點　所謂核殼結構，即在原有奈米晶的表面包覆另一種半

導體材料。由於不同的半導體材料的真空能級位置不同，根據排布方式形成的核殼結構可分為Ⅰ型核殼結構、Ⅱ型核殼結構和反Ⅰ型核殼結構三種（圖 3-31）。

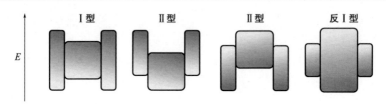

圖 3-31　三種核殼結構量子點能級構造示意圖[76]

Ⅰ型核殼結構材料往往採用 ZnS、ZnSe 等寬帶隙壁層材料鈍化表面缺陷，將內核奈米晶的電子和空穴限域於內核中，有效地提高內核材料的螢光量子效率。

反Ⅰ型核殼結構材料的電子能級排布則剛好和Ⅰ型核殼結構材料的電子能級排布相反，呈小包大形式。反Ⅰ型核殼結構材料量子點吸收峰和螢光峰會出現明顯紅移，成為調節奈米材料帶隙一種非常好的方法。

在Ⅱ型核殼結構中，殼層材料的導帶和價帶要均低於或高於內核材料的導帶和價帶，呈交錯排布形式。相對於原內核量子點材料，吸收峰具有更大的 Stokes 位移（斯托克斯位移），從而有效避免材料自吸現象的發生，且材料具有更長的螢光壽命。

② 多元合金量子點　多元合金量子點可以通過改變組分實現帶隙的調控。鍾新華課題組報導了螢光波長在 450～81nm 範圍的藍-近紅外組分調控 ZnS 包覆 Cu 摻雜：Zn-In-S 三元金量子點，量子效率達到了 85％（圖 3-32）。

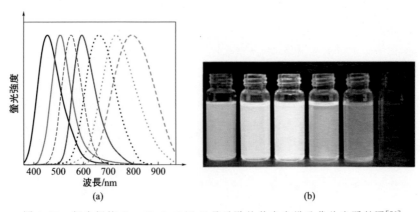

圖 3-32　組分調控 Cu：Zn-In-S/ZnS 量子點的螢光光譜及紫外光照射圖[76]

③ 掺雜量子點　掺雜即為有目的地將某些雜質原子掺入量子點，調控奈米晶能級結構以及空穴或電子的濃度，從而改變半導體奈米晶的電學性能、光學性能、磁學性能。奈米晶由於尺寸太小，存在「自清潔」、「自淬滅」、「自補償」效應，使得奈米晶掺雜過程難以控制。關於掺雜機制的理解，目前主要有三種模型，如圖3-33所示。第一種模型是 Turnbull 模型，該模型認為雜質元素在奈米晶中的濃度由統計規律決定，並且溶解度與體材料相同的雜質也會大幅度減少。第二種模型是自清潔（Self-Purification）模型，該模型認為某些雜質在奈米晶中的濃度比塊體濃度低是因為體系處於熱平衡狀態，因而雜質會被「排擠」出奈米晶。第三種模型是雜質捕獲（Trapped Dopant）模型，該模型認為掺雜主要由奈米晶生長動力學決定，掺雜的程度取決於雜質原子在奈米晶表面停留的時間。影響奈米晶掺雜效果的因素主要包括奈米晶表面活性物質、奈米晶的形貌與結構、表面能。

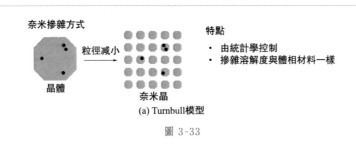

圖 3-33

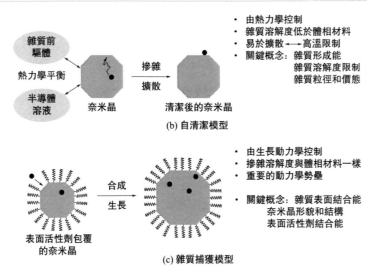

圖 3-33　奈米晶的三種主要掺雜機制示意圖[78]

　　近年來，摻雜奈米晶常用的液相合成方法有熱注入方法和離子交換方法。Norris 等採用高溫熱注入方法，設計了生長摻雜和成核摻雜兩種摻雜方式[78]，如圖 3-34 所示。

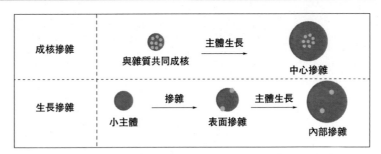

圖 3-34　奈米晶的成核摻雜與生長摻雜示意圖[80]

　　北京理工大學的張加濤課題組採用陽離子交換方法製備 Ag+、Cu+ 取代深度摻雜的 Ⅱ～Ⅵ 族半導體奈米晶，實現了 N 型（CdS：Ag）、P 型（CdS：Cu）的導電調控[79]（圖 3-35）。

　　量子點材料由於具有化學溶液法製備、容易分散加工、發射光譜可調、發光效率高等特點，在太陽能太陽能電池、發光二極管與顯示裝置、生物醫藥、環境檢測以及光催化等領域有著極其重要的應用前景。

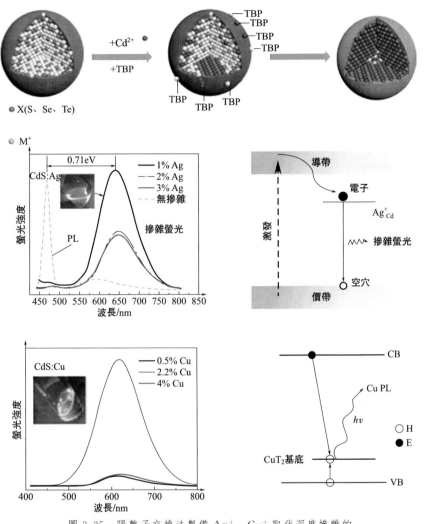

圖 3-35 陽離子交換法製備 Ag^+、Cu^+ 取代深度摻雜的
Ⅱ～Ⅵ族半導體奈米晶，實現 N 型、P 型導電調控[79]

3.5.3 新型二維奈米材料

二維奈米材料是一種具有片狀結構、厚度為奈米量級而水平尺寸可以無限延展的材料。自從 2004 年 Novoselov 等成功地使用膠帶從石墨上剝離出了石墨烯後，二維奈米材料的研究就進入了高速發展時期。新型二維奈米材料的奈米尺寸的厚度賦予材料非凡的物理特性、化學特性、電子特性和光學特性。例如，由於

電子被限定在二維平面，使二維奈米材料在凝聚態物理學和電子/光電設備上成為理想材料；大的平面尺寸使其具有極大的比表面積，有利於暴露表面原子，提供更多的活性位點。二維奈米材料的這些獨特性能，使其在能源儲存與轉化、電子裝置、催化反應、感測器、生物醫藥等領域具有重要的潛在應用價值[80]。

(1) 新型二維奈米材料的分類

迄今為止，二維奈米材料從最初的石墨烯發展到現在將近 20 多種。根據材料組成和結構可以將現有的二維奈米材料分為 5 大類[81]（圖 3-36）。

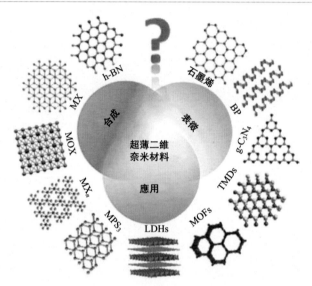

圖 3-36　二維奈米材料結構示意圖[82]

a. 單質類，包括石墨烯、石墨炔、黑磷（BP）、金屬（如 Au、Ag、Pt、Pd、Rh、Ir、Ru）以及新出現的硼烯、砷烯、鍺烯、矽烯、鉍烯等；

b. 無機化合物類，包括六方氮化硼（h-BN）、石墨相碳化氮（g-C$_3$N$_4$）、硼碳氮以及各種石墨烯衍生物；

c. 金屬化合物類，包括過渡金屬硫化物（TMDs）、二維過渡金屬碳化物/氮化物/碳氮化物（MXenes）、層狀雙金屬氫氧化物（LDHs）、過渡金屬氧化物（TMOs）、Ⅲ-Ⅳ族半導體（MX$_4$）；

d. 鹽類，包括無機鈣鈦礦型化合物（AMX$_3$）、黏土礦物（含水的層狀鋁矽酸鹽）；

e. 有機框架類，包括層狀金屬有機骨架化合物（MOFs）、層狀共價有機骨架化合物（COFs）和聚合物等。

① 單質類二維奈米材料　石墨烯是單原子厚度的石墨，是以二維結構存在

的碳的同素異形體。它由六邊形的封閉的碳的網路構成，其中每一個原子通過 σ 鍵和周圍的三個原子共價鍵鍵合（圖 3-37）。在一個單片中，兩個碳原子間的距離約為 1.42Å（1Å＝0.1nm）。每一層通過范德華力堆堆形成石墨，相鄰兩層間距約為 3.35Å。

塊體的黑磷是一種層狀的正交晶體結構，相鄰層間距為 5.4Å，層間同樣通過范德華力連接。單獨的一層黑磷由褶皺的蜂窩狀結構組成，其中磷原子與其他三個原子相連。在四個磷原子之間，其中三個原子在同一平面內，第四個原子在相鄰的平行層中。

② 無機化合物類二維奈米材料 塊體的 h-BN 和石墨一樣，也是層狀晶體結構。它由相同數量的硼和氮在六方結構內排列組成。在每一層中，硼和氮原子通過共價鍵鍵合，每一層通過范德華力堆堆形成塊狀晶體。氮化硼二維奈米材料作為類石墨烯二維奈米材料的一種，在某些方面具有與石墨烯互補的性質，如較寬的帶隙（5～6eV）、更優異的化學穩定性、熱穩定性（2000℃）、獨特的紫外發光性能等，是製備電子裝置絕緣膜、高溫功率裝置、紫外發光元件等元件的理想材料[83]。

石墨相碳化氮（g-C_3N_4）是另一個具有范德華層狀結構的石墨類材料，其結構可以視為通過碳和氮原子的 sp^2 雜化形成氮替換的石墨框架。石墨相碳化氮有兩種結構模型（圖 3-37）：一種是由具有單個碳空位週期陣列的壓縮均三嗪單元構成；另一種是壓縮的三均三嗪亞單元通過晶格中具有更大週期性空位的平面叔胺基基團相連接。

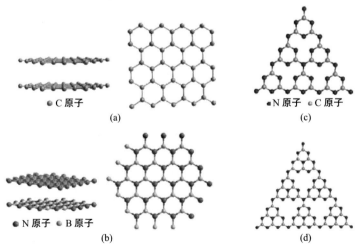

圖 3-37　（a）石墨烯；（b）六方氮化硼；（c）石墨相碳化氮的均三嗪；（d）石墨相碳化氮的三均三嗪結構單元[81]

③ 金屬化合物類二維奈米材料　過渡金屬硫化物（TMDs）是一種具有化學通式為 MX_2 的層狀化合物，其中 M 代表過渡金屬原子，X 代表硫族原子。過渡金屬二硫化物具有層狀結構，每一層可通過范德華力連接。每一個 TMDs 單層由三原子層組成，其中過渡金屬層在兩個硫族原子層之間形成三明治結構，因此 TMDs 能形成不同的晶體多型[84]，如圖 3-38 所示。這類材料又可以分為以 MoS_2 為代表的半導體性材料和以 $TiSe_2$ 為代表的金屬性材料兩類。半導體性材料多樣化的能帶結構及化學組成極大地彌補了石墨烯零能帶間隙的不足，迅速成為微納電子裝置領域的新寵。而金屬性材料由於具有超導或電荷密度波相轉變行為，為凝聚態材料和物理領域注入了新鮮的血液。

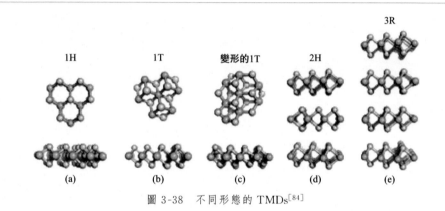

圖 3-38　不同形態的 TMDs[84]

二維過渡金屬碳化物/氮化物/碳氮化物（MXenes）是一類選擇性刻蝕原始 MAX 相得到的二維層狀過渡碳化物或氮化物、碳氮化物[85]，這些原始 MAX 相具有通式 $M_{n+1}AX_n (n=1,2,3)$，其中 M 為過渡金屬，A 為 ⅢA 或 ⅣA 族的另一種元素，X 為碳或氮。MAX 相具有層狀的、P63/mmc 對稱的六方結構，M 層幾乎是六邊形封閉聚集的，同時 X 原子填充在八面體的位置。A 元素與 M 元素金屬鍵合在一起，並交叉在 $M_{n+1}X_n$ 層中。用氫氟酸類較強的刻蝕溶劑選擇性刻蝕 MAX 相得到 MXenes，通常具有三種不同的結構，分別是 M_2X、M_3X_2 或 M_4X_3（圖 3-39）。

層狀雙金屬氫氧化物（LDHs）的通式：$[M_{1-x}^{i+} M_x^{3+} (OH)_2]^{m+} [A^{n-}]_{m/n} \cdot yH_2O$，是一種具有正電荷層的層狀材料，同時存在較弱的邊界電荷平衡陰離子或溶劑化分子和層間的水分子。在 LDHs 的典型結構中，金屬陽離子占據頂點八面體的中心，並包含氫氧根離子，它們相互連接組成二維層狀結構。由於陽離子、層間陰離子的多樣性以及 x 值的變化，因此 LDHs 是一大類同構材料。

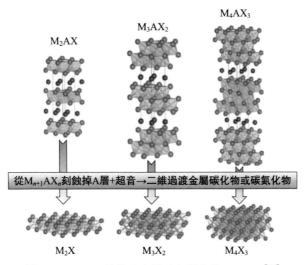

圖 3-39　MAX 結構示意圖及相對應的 MXenes[85]

　　過渡金屬氧化物（TMOs）是具有通式 MO_3 的一類層狀材料。例如 MoO_3 具有層狀結構，並且每一層都主要由正交晶體中扭曲的 MoO_6 八面體組成，這些八面體與相鄰的八面體共邊，並形成二維層狀結構（圖 3-40）。V_2O_5 是氧化釩家族中最穩定的相，也是一種重要的層狀金屬氧化物。

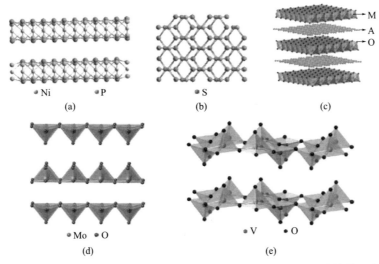

圖 3-40　（a）、（b）$NiPS_3$，（c）LDHs，（d）MoO_3，（e）α-V_2O_5 的結構示意圖[82]

④ 鹽類二維奈米材料　鹽類二維奈米材料包括無機鈣鈦礦型化合物和黏土礦物。無機鈣鈦礦型化合物的化學通式為 AMX_3，其中 A 一般為 Cs^+，M 為 Pb、Sn，X 為 Br、Cl、I。鈣鈦礦的正八面體 $[BX_6]^{4-}$ 結構的堆積方式決定了鈣鈦礦材料很容易實現二維形貌[86]。其發光性能可以通過層數和組分進行調節，最高量子產率超過 85%，且具有偏振發光特性，有望成為一類新型發光材料[87]。

黏土礦物的層狀結構是通過作為四面體的 SiO_4 和/或作為八面體的 AlO_4 相互連接構成的。每一個 SiO_2 四面體提供三個氧原子作為頂點與其他四面體相連，形成延伸的二維層狀結構。

⑤ 有機骨架類二維奈米材料　近些年來，作為二維奈米材料的新成員，二維金屬有機骨架（Metal-organic Frameworks，MOFs）奈米片和共價有機骨架（Covalent Organic Frameworks，COFs）奈米片被成功開發出來[88]。MOFs 是一種多孔的晶體化合物，由通過配位連接的金屬離子或團簇形成塊狀晶體構成。依賴於配位劑和金屬中心不同的配位類型，MOFs 可以形成具有不同空間群的晶體結構。COFs 是一種多孔的晶體材料，它由輕元素組成的有機單元通過共價鍵連接形成。有機單元之間共價連接組成有序的結構並形成週期性的多孔 COFs 框架。與其他的中孔和微孔的奈米材料相比，MOFs 和 COFs 材料提供了均一的奈米孔，並且可以通過預期性的設計條件組裝功能化的結構單元來獲得更多的功能化，從而擴展其性能和應用領域。MOFs 和 COFs 奈米材料除了具有 MOFs 和 COFs 基本性質外，其二維層狀結構賦予了更大的比表面積和更多的活性位點。另外，相較於石墨烯，二維有機骨架材料可以根據需要將一些功能基團如羧基、胺基、羥基等通過多樣的化學反應人為可控地接枝到骨架上。

（2）新型二維奈米材料的應用

基於二維結構特徵，超薄二維奈米材料具有獨特的物理性質、電子性質、化學和光學性質，廣泛應用於電子裝置、能源儲存與轉化、催化反應、感測器、生物醫藥等領域。

新興的二維半導體奈米材料，如 TMDs 和 BP 奈米片，由於其優異的機械和電子性質而成為奈米電子材料研究的焦點。超薄特性使其可以抵抗短溝道效應，同時具有高度的靈活性。此外，層狀二維奈米材料的表面沒有懸掛鍵，減輕了表面散射效應。由於這些獨特的性質，包括 MoS_2、$MoSe_2$、WS_2、WSe_2、GaTe 和 BP 在內的許多二維半導體奈米材料，已經在不同的電子和光電子應用中得到探索與發展（圖 3-41）。

二維奈米材料具有超高比表面積、結構可調以及電子特性，使其在電催化領域具有廣闊的應用前景，已被廣泛用作幾種重要電化學催化體系中的電催化劑，

例如析氫反應（HER）、析氧反應（OER）、氧化還原反應（ORR）以及其他重要的電催化反應中。電催化析氫由於具有起始原料水資源豐富且可再生、電解技術清潔及產生的氫氣純度高等優點，成為備受研究人員關注的技術。目前，電解水制氫最有效的電催化劑是鉑基金屬，然而鉑儲量少且價格昂貴，極大地限制了它在析氫反應中的實際應用。在非貴金屬基的電催化劑中，原子層厚度的二維奈米材料能夠暴露更多的活性位點，因而廣泛應用在析氫反應研究中。TMDs 中MoS$_2$由於具有和鉑基金屬相近的氫鍵能且價格低廉，成為析氫反應中研究最熱的材料[89]。

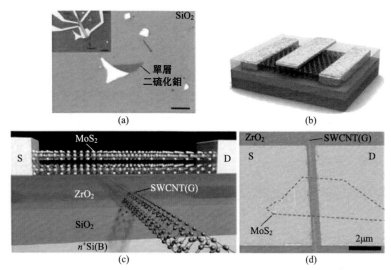

圖 3-41　　（a）　在 SiO$_2$/Si 襯底上的機械剝離單層 MoS$_2$ 的光學顯微圖像；
　　　　　（b）　MoS$_2$ 晶體管示意圖；（c）　以 MoS$_2$ 為溝道和 SWCNT 為柵極的
　　　　　超短 FET 示意圖；（d）　SEM 圖像[82]

　　在奈米材料化學領域，科學家提供了多種奈米結構用以開發高性能的能源儲存和轉換設備，如超級電容器、太陽能電池以及鋰電池等。二維奈米材料的原子層厚度和大比表面積使其擁有更多的電化學活性位點，更有利於電化學反應和電子傳遞；同時二維奈米材料兼具獨特的機械穩定性、伸展性、柔性和透明性等，能滿足便攜式和可穿戴式超級電容器的需要。作為典型的二維奈米材料，石墨烯的理論雙電層電容能達到 550F/g。然而由於石墨烯片層間強的范德華力和 π-π 堆疊作用，使其很容易聚集而降低有效比表面積，因此實際容量遠遠低於理論值。提高石墨烯電容常用的方法有片層活化、組裝三維結構、基團功能化、雜原子摻雜或添加層間間隔物（如金屬氧化物、導電聚合物、碳材料和一些有機分

子）等，可以增加石墨烯材料的有效比表面積或引入贗電容反應。鋰離子電池具有高能量密度、高功率密度、高工作電壓和低自放電速率，隨著鋰離子電池的需要日益增加，開發具有更高比容量、更高功率密度的正負極材料是當務之急。二維奈米材料具有豐富的吸附位點和較短的 Li^+ 擴散路徑，在鋰離子電池中有廣闊的應用前景[90]。

　　光催化反應由於能直接將太陽能轉化為化學能，降解汙染，成為最有前途的光轉換技術之一。二維奈米材料由於具有獨特的晶體結構和電子結構，在光催化領域呈現出巨大的應用前景。中國科學技術大學謝毅課題組[91]在二維奈米光催化材料領域取得很大進展，如他們考察了缺陷結構對具有強激子效應的半導體材料光激發過程的影響，通過缺陷工程促進體系激子解離，實現了材料載流子相關光催化性能的優化。

　　光熱治療作為腫瘤治療的一種新型療法（圖 3-42），由於具有侵入性小、作用時間短和高效選擇性（僅在激發光下的腫瘤部位發生作用）等特點，吸引了廣大研究人員的研究興趣。新興的二維奈米材料如二硫化鉬、黑磷、石墨烯和銻烯等[92,93]由於具有獨特的物理性能、化學性能和光學性能（尤其是優異的近紅外光學性能），在腫瘤光熱治療方面具有巨大的應用潛力。

強化的放射治療及光熱療法

圖 3-42　二維奈米材料用於光熱治療示意圖[93]

（3）新型二維奈米材料的發展趨勢

　　隨著對石墨烯二維奈米材料的不斷深入和拓展研究，其他二維奈米材料（如 TMDs、MXenes、LDHs、TMOs、MOFs、COFs 奈米材料）也得到了飛速的發展，其製備方法和功能化應用逐漸被開發和拓寬。然而，對這類材料的研究還有以下問題需要解決。

　　a. 儘管二維奈米材料的製備技術已發展多年，但是多以結構與形貌不可控的普通合成方法為主，需要發展簡易有效的製備方法，尤其是採用液相方法製備單晶

二維奈米片等，促進二維奈米材料規模化製備和應用。

　　b. 深入理解二維奈米材料在各種應用中的反應機理需要結合更多的原位表徵技術。

　　c. 單一的二維奈米材料性能受限，需要合理設計異質結構來促進其性能的起。

本章小結

　　本章主要對半導體奈米材料、奈米光電轉換材料、奈米資訊儲存材料、有機光電奈米材料以及新型半導體奈米材料，如碳基奈米材料、量子點材料（包括Ⅱ～Ⅵ量子點、異價摻雜量子點、金屬/半導體核殼量子點等）進行了闡述和研究進展的討論。但並不能概括近幾十年來在奈米資訊材料研究方面的所有進展，主要介紹了國際尖端熱點領域的部分面向奈米裝置性能的半導體奈米材料調控合成、性能表徵及裝置應用。

　　面向光電、資訊等裝置應用的半導體奈米材料的合成發展到今天，已從尺寸、形貌的單分散合成發展到面向功能應用的組分（摻雜）、異質介面的精準合成，從而實現功能的耦合、集成與傳遞。從Ⅱ～Ⅵ量子點的有機前驅體熱注入法單分散合成，到當前的穩定異價摻雜Ⅱ～Ⅵ量子點、奈米晶的精準合成，摻雜發光、摻雜能級、電子摻雜態（P型和N型）的精準調控，尤其是現在已可以利用配位的過渡金屬離子與半導體奈米晶的離子交換反應實現摻雜調控合成[94～100]。當前的單晶二維奈米片（準單原子層）由於具有類石墨烯的一些高導電性、高載流子濃度、遷移率等獨特的物理性質、電子性質、化學性質和光學性質，成為奈米半導體資訊材料及裝置的新寵[101]（圖 3-43）。

　　半導體奈米材料若要實現裝置規模化應用，很重要的一步是如何自下而上地實現半導體奈米結構的精準組裝、跨尺度的異質介面調控，實現載流子在異質介面的遷移及性能提高。因此，基於以上討論，未來半導體奈米材料在資訊等裝置領域實現其高效應用，還需要解決以下科學問題。

　　a. 半導體奈米晶等奈米結構在尺寸、形貌、單晶性調控的基礎上，考慮其在奈米尺寸下的「自清潔效應（或稱為自排斥效應）」，因為陰離子空位引起的「自補償效應」，以及激子複合發光引起的吸收峰與螢光峰之間的「自吸收效應」[74]，在實現穩定的摻雜能級基礎上實現導電性（載流子類型及濃度等）的調控，進而實現光學、電學等方面的調控，仍是當前要解決的關鍵問題[77,94～98]。

　　b. 在大晶格失配下，半導體奈米結構與金屬奈米結構基元形成異質結構，如核殼奈米結構、異質二聚體結構[99～110]，以及二維奈米片與不同零維、一維、二維以及三維奈米結構之間的異質結構（圖 3-44），實現單晶性的調控和原子精

度的異質介面調控合成以及性能的耦合、功能傳遞，是當前需要解決的科學問題和研究熱點[112~115]。

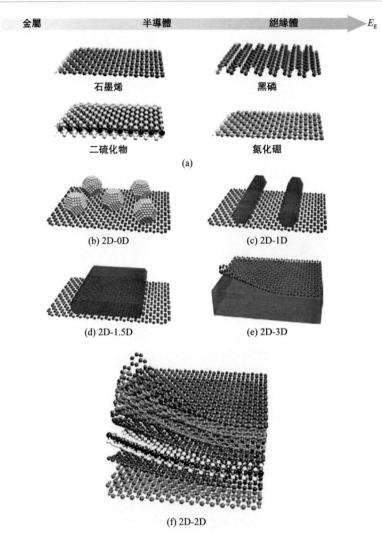

(a)

(b) 2D-0D   (c) 2D-1D

(d) 2D-1.5D   (e) 2D-3D

(f) 2D-2D

圖 3-43　不同二維單晶奈米材料與其他零維（0D）、 一維（1D）、二維（2D）、 三維（3D） 奈米材料形成的異質奈米介面類型[111]

　　c. 利用自下而上的奈米合成過程，將這些精準合成的奈米結構基元利用組裝（模板法）以及范德華力等非共價鍵作用下的自組裝，形成微米級甚至宏觀尺寸的超晶格結構、薄膜結構[116-123]，然後在表面處理、微納加工、3D 列印（增材製造）的基礎上，形成二維、三維的宏觀組裝是實現資訊、光電等裝置應用的

關鍵步驟和科學問題[124～126]。

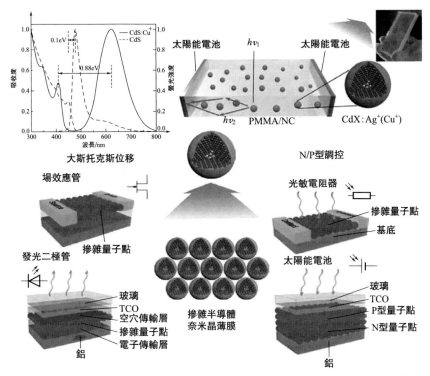

圖 3-44　異價摻雜奈米晶、量子點因為大斯托克斯位移及 N 型、P 型摻雜調控的優勢，在大面積組裝形成薄膜結構的基礎上在未來場效應晶體管、發光二極管、太陽能電池以及光電探測器方面具有的應用前景[77]

參考文獻

[1]　Iijima S. Nature. 1991, 354 (6348)：56.

[2]　林志東. 納米材料基礎與應用. 北京：北京大學出版社, 2010.

[3]　Murray C B, Norris D J, Bawendi M G. J. Am. Chem. Soc., 1993, 115 (19)：8706.

[4]　Zhang J T, Tang Y, Lee K, et al. Science. 2010, 327 (5973)：1634.

[5]　Zhang J T, Tang Y, Lee K, et al. Nature. 2010, 466 (7302)：91.

[6]　紀穆為. 離子交換反應法調控製備金屬/半

導體異質納米晶及性能應用研究［學位論文］. 北京: 北京理工大學, 2016.

[7] Peng X, Manna L, Yang W, et al. Nature, 2000, 404 (6773): 59.

[8] Manna L, Scher E C, Alivisatos A P. J. Am. Chem. Soc., 2000, 122 (51): 12700.

[9] 王聰, 代蓓蓓, 于佳玉. 矽酸鹽學報, 2017, 45 (11): 1555.

[10] 錢紅梅. 半導體納米片的調控合成、組裝及光電轉換性能研究［學位論文］. 北京: 北京理工大學, 2015.

[11] 梁梅莉. 納米複合結構光電特性的優化設計與實驗研究［學位論文］. 黑龍江: 哈爾濱工業大學, 2014.

[12] Hua B, Wang B M, Yu M, et al. Nano Energy, 2013, 2 (5): 951.

[13] Choi H, Radich J G, Kamat P V. J. Phys. Chem. C, 2014, 118 (1): 206.

[14] 羅晟. 矽鍺核殼納米線的帶隙漂移和光吸收性質的應變調製［學位論文］. 湖南: 湖南師範大學, 2015.

[15] Zhu J, Yu Z F, Burkhard G F, et al. Nano Lett., 2009, 9 (1): 279.

[16] Brongersma M L, Cui Y, Fan S H. Nat. Mater, 2014, 13 (5): 451.

[17] Jeong S, Garnett E C, Wang S, et al. Nano Lett., 2012, 12 (6): 2971.

[18] 張收. 表面等離激元納米結構調控光的傳播及吸收特性研究［學位論文］. 山西: 太原理工大學, 2015.

[19] Min C, Li J, Veronis G, et al. Appl. Phys. Lett., 2010, 96 (13): 56.

[20] Li X, Choy W C, Huo L, et al. Adv. Mater. 2012, 24 (22): 3046.

[21] Kim S K, Zhang X, Hill D J, et al. Nano Lett., 2015, 15 (1): 753.

[22] Zhang A, Zhu Z M, He Y, et al. Appl. Phys. Lett., 2012, 100 (17): 171912.

[23] Zhu Z M, Ouyang G, Yang G W. Phys. Chem. Chem. Phys., 2013, 15 (15): 5472.

[24] Brus L. J. Chem. Phys., 1986, 90 (12): 2555.

[25] He J, Gao P Q, Liao M D, et al. ACS Nano, 2015, 9 (6): 6522.

[26] Tsai S H, Chang H C, Wang H H, et al. ACS Nano, 2011, 5 (12): 9501.

[27] 翟莉花. 納米碳管負載半導體納米晶的光催化聚合與光電轉換裝置的製備研究［學位論文］. 上海: 復旦大學, 2009.

[28] 冉秦翠. 石墨烯光電探測器件的製備及性能研究［學位論文］. 重慶: 重慶理工大學, 2016.

[29] 祝文豪. TiO_2納米複合材料製備及其光催化性能研究［學位論文］. 浙江: 浙江理工大學, 2017.

[30] 申倩倩. CdS納米材料的可控製備及其光電化學性能研究［學位論文］. 山西: 太原理工大學, 2014.

[31] 郭健勇. 三元系 $CuInS_2$ 納米光伏材料的液相方法合成與研究［學位論文］. 湖北: 湖北大學, 2016.

[32] 肖娟. 有機-無機雜化鈣鈦礦材料的製備及在光伏電池和光檢測器中的應用［學位論文］. 甘肅: 蘭州大學, 2016.

[33] 程輝. 染料敏化太陽能電池光陽極的製備、性質和光電轉換機理研究［學位論文］. 天津: 南開大學, 2012.

[34] 劉平. 電化學光電轉換與儲存的新構思與新技術研究［學位論文］. 湖北: 武漢大學, 2012.

[35] 車玉萍, 翟錦. 中國科學: 化學. 2015, 45 (3): 262.

[36] Li J C, Xue Z Q, Li X L, et al. Appl. Phy. Lett., 2000, 76 (18): 2532.

[37] Yuan W, Sun L, Tang H, et al. Adv. Mater, 2005, 17 (2): 156.

[38] Itkis M E, Chi X, Coedes A W, et al. Science, 2002, 296 (5572): 1443.

[39] Cozzoli P D, Pellegrino T, Manna L. Chem. Soc. Rev., 2006, 35 (11): 1195.

[40] Rim Y S, Bae S, Chen H, et al. Adv.

Mater, 2016, 28 (22)：4415.

[41] Tian B, Kempa T J, Lieber C M. Chem. Soc. Rev., 2009, 38 (1)：16.

[42] Zhao Y, Yao J, Xu L. Nano Lett., 2016, 16 (4)：2644.

[43] Dai X, Hong G, Gao T. Accounts Chem. Res., 2018, 51 (2)：309.

[44] Choi J, Wang H, Oh S J. Science, 2016, 352 (6282)：205.

[45] Cheng Y J, Yang S H, Hsu C S. Chem. Rev., 2009, 109 (11)：5868.

[46] Cheng Y J, Wang C L, Wu J S, et al. chem., 2015, 145：360.

[47] Park S H, Roy A, Beaupré S, et al. Nat. Photonics, 2009, 3 (5)：297.

[48] And M D H, Schlegel H B. Chem. Mater, 2001, 13 (8)：2632.

[49] Huai-Kun L I, Zhang F H, Cheng J, et al. Chin. J. Lumin, 2016, 37 (1)：38.

[50] Beaujuge P M, Reynolds J R. Chem. Rev., 2010, 110 (1)：268.

[51] Wang D, Niu L, Qiao Z Y, et al. ACS Nano. 2018, 12 (4)：3796.

[52] Wang J, Zhong Y, Wang L, et al. Nano Lett., 2016, 16 (10)：6523.

[53] Zhang N, Wang L, Wang H, et al. Nano Lett., 2018, 18 (1)：560.

[54] Li L L. Adv. Mater. 2016, 28 (2)：254.

[55] Briseno A L, Mannsfeld S C B, Ling M M, et al. Nature, 2006, 444 (7121)：913.

[56] Michael G. J. Photoch. Photobio. A, 2004, 168 (3)：235.

[57] 李賀軍, 張守陽. 新型工業化. 2016, 6 (1)：15.

[58] 成會明. 材料導報. 1998, 12 (1)：5.

[59] Kroto H W, Heath J R, Brien S C, et al. Nature, 1985, 318 (6042)：162.

[60] Novoselov K S, Geim A K, Morozov S V, et al. Science, 2004, 306 (5696)：666.

[61] Yan Q L, Gozin M, Zhao F Q, et al. Nanoscale, 2016, 8 (9)：4799.

[62] Krätschmer W, Lamb L D, Fostiropoulos K, et al. Nature., 1990, 347 (6291)：354.

[63] Zhang J, Bowles F L, Bearden D W, et al. Nature Chem., 2013, 5 (10)：880.

[64] Montellano A, Ros T D, Bianco A, et al. Nanoscale, 2011, 3 (10)：4035.

[65] Hofmann S, Sharma R, Ducati C, et al. Nano Lett., 2007, 7 (3)：602.

[66] Zhang R, Zhang Y, Zhang Q, et al. ACS Nano, 2013, 7 (7)：6156.

[67] Novoselov K S, Fal'ko V I, Colombo L, et al. Nature, 2012, 490 (7419)：192.

[68] Mendes R G, Bachmatiuk A, Büchner B, et al. J. Mater. Chem. B, 2013, 1 (4)：401.

[69] Xiang L, Zhang H, Hu Y, et al. J. Mater. Chem. C, 2018, 6 (29)：7714.

[70] Han T H, Kim H, Kwon S J, et al. Mater. Sci. Eng. R, 2017, 118：1.

[71] 姚斌, 程朝歌, 李敏, 吳琪琳. 材料導報 A. 2016, 30 (10)：77.

[72] Kong L, Wang C, Yin X, et al. J. Mater. Chem. C, 2017, 5 (30)：7479.

[73] 李健, 官亦標, 傅凱, 蘇岳峰, 包麗穎, 吳鋒. 化學進展. 2014, 26 (7)：1233.

[74] Liu Y, Zhou G, Liu K, et al. Acc. Chem. Res., 2017, 50 (12)：2895.

[75] 邱秋梅, 鄭姣姣, 白冰, 張加濤. 稀有金屬. 2017, 5：475.

[76] Reiss P, Protière M, Li L. Small, 2010, 5 (2)：154.

[77] Zhang W, Lou Q, Ji W, et al. Chem. Mater, 2014, 26 (2)：1204.

[78] Norris D J, Efros A L, Erwin S C. Science, 2008, 319 (5871)：1776.

[79] Zhang J T, Di Q, Liu J, et al. J. Phys. Chem. L, 2017, 8 (19)：4943.

[80] Pradhan N, Goorskey D, Thessing J, et al. J. Am. Chem. Soc., 2005, 127

(50)：17586.

[81]　Liu J, Zhao Q, Liu J L, et al. Adv. Material, 2015, 27 (17)：2753.

[82]　高利芳，宋忠干，孫中輝. 應用化學. 2018, 35 (3)：247.

[83]　Tan C, Wu X, He X J, et al. Chem. Rev., 2017, 117 (9)：6225.

[84]　劉闖，張力，李平. 材料工程. 2016, 44 (3)：122.

[85]　Voiry D, Mohite A, Chhowalla M. Chem. Soc. Rev., 2015, 44 (9)：2702.

[86]　Naguib M, Mochalin V N, Barsoum M W, et al. Adv. Mater, 2014, 26 (7)：992.

[87]　Dou L, Wong A B, Yu Y, et al. Science, 2015, 349 (6255)：1518.

[88]　孟競佳，張峰，任艷東. 應用化學. 2018, 35 (3)：342.

[89]　楊濤，崔亞男，陳懷銀. 化學學報. 2017, 75 (4)：339.

[90]　Jaramillo T F, Jørgensen K P, Bonde J, et al. Science, 2007, 317 (5834)：100.

[91]　Zhu Y, Peng L, Fang Z, et al. Adv. Material, 2018, 30 (15)：1706347.

[92]　Wang H, Zhang X, Xie Y. Mater. Sci. Eng. R, 2018, 130: 1.

[93]　Tao W, Ji X, Xu X, et al. Angew. Chem. Int. Ed., 2017, 56 (39)：11896.

[94]　Cheng L, Yuan C, Shen S, et al. ACS Nano, 2015, 9 (11)：11090.

[95]　Gui J, Ji M W, Liu J, et al. Angew. Chem. Int. Ed, 2015, 54 (12)：3683.

[96]　Pinchetti V, Di Q M, Lorenzon M, et al. Nat. Nanotech, 2018, 13 (2)：145.

[97]　Bai B, Xu M, Li N, et al. Angew. Chem. Int. Ed, 2019, 58 (15)：4852.

[98]　Liu J, Zhao Y H, Liu J L, et al. Science China Material, 2015, 58 (9)：693.

[99]　Shang H S, Di Q M, Ji M W, et al. Eur. J. Chem., 2018, 24 (51)：13676.

[100]　Zheng J J, Dai B S, Liu J, et al. ACS Appl. Mater. Interfaces, 2017, 8 (51)：35426.

[101]　Dai B S, Zhao Q, Gui J, et al. Cryst. Eng. Comm, 2014, 16 (40)：9441.

[102]　Ji M W, Xu M, Zhang J T, et al. Chem. Comm., 2016, 52 (16)：3426.

[103]　Liu J, Feng J W, Gui J, et al. Nano Energy, 2018, 48 (48)：44.

[104]　Zhao Q, Ji M W, Qian H M, et al. Adv. Mater, 2014, 26 (9)：1387.

[105]　Ji M W, Xu M, Zhang W, et al. Adv. Mater, 2016, 28 (16)：3094.

[106]　Ji M W, Li X Y, Wang H Z et al. Nano Res., 2017, 10 (9)：2977.

[107]　Feng J W, Liu J, Cheng X Y, et al. Adv. Sci., 2017, 5 (1)：1700376.

[108]　Cheng X Y, Liu J, Feng J W, et al. J. Mater. Chem. A, 2018, 6 (25)：11898.

[109]　Chen T, Xu M, Ji M W, et al. Cryst. Eng. Comm., 2016, 18 (29)：5418.

[110]　Wang L N, Liu J J, Xu M, et al. Part. Part. Syst. Charact., 2016, 33 (8)：512.

[111]　Ji M W, Liu J J, Xu M, et al. Adv. Catal. Mater, InTech Europe, ISBN: 978-953-51-4596-7, 2015.

[112]　Liu Y, Weiss N O, Duan X D, et al. Nat. Rev. Mater. 2016, 1 (9)：16042 .

[113]　劉佳，潘容容，張二歡. 應用化學. 2018, 35 (8)：890.

[114]　李欣遠，紀穆為，王虹智. 中國光學. 2017, 10 (5)：541.

[115]　Qian H M, Xu M, Li X Y, et al. Nano Res., 2016, 9 (3)：876.

[116]　Yu S, Zhang J T, Tang Y, et al. Nano Lett., 2015, 15 (9)：6282.

[117]　Qian H M, Zhao Q, Dai B S, et al. NPG Asia Mater, 2015, 7: e152.

[118]　Huang L, Zheng J J, Huang L L, et al. Chem. Mater, 2017, 29 (5)：2355.

[119]　Huang L, Wan X D, Rong H P, et al.

Small, 2018, 14 (1703501) : 1.

[120] Zheng J, Xu M, Liu J, et al. Eur. J. Chem. , 2018, 24 (12) : 2999.

[121] Huang W Y, Liu J J, Bai B, et al. Nano technology, 2018, 29 (12) : 125606.

[122] Wei Q L, Zhao Y H, Di Q M, et al. J. Phys. Chem. C, 2017, 121 (11) : 6152.

[123] Wang L N, Di Q M, Sun M M, et al. J.

Materiomics, 2017, 3 (1) : 63.

[124] Zhao Q, Zhang J T, Zhu H S. Prog. Nat. Sci-Mater, 2013, 23 (6) : 588.

[125] Wang Y, Fedin I, Zhang H. Science, 2017, 357 (6349) : 385.

[126] Kagan C R, Lifshitz E, Sargent E H. Science, 2016, 353 (6302) : 885.

奈米能源材料

4.1 奈米材料在能源領域的應用與優勢

二維奈米材料具有原子級厚度和高度各向異性，這種獨特的維度受限結構表現出的量子限域效應和表面效應使得二維材料呈現出與體相材料截然不同的電學性能、光學性能、磁學性能，進一步豐富了奈米固體化學，為探索新型電化學能源儲存材料帶來了新希望。例如，石墨烯作為經典的二維奈米材料之一，自2004 年被英國科學家首次用微機械剝離法單獨合成之後取得了長足高效的發展。相比塊材料來說，二維奈米片結構具有原子級別的厚度、清晰的二維原子結構和表面獨特的缺陷構造。二維奈米材料超高的比表面積和易於被修飾的表面結構，使得其電子結構更容易被調控，從而對其物理化學性能產生不可忽略的影響。人們利用二維奈米材料獨特的表面微觀結構在不同領域中獲得了性能的巨大優化，並且對不同二維奈米材料的表面缺陷的種類和構造進行了深入的了解，從而期望奈米材料在更多領域得到實際應用。

近年來，由於人類社會的快速發展帶來了傳統能源危機和環境汙染，因此清潔能源的轉化和儲存問題亟須解決。得益於奈米材料巨大的結構優勢，使其在能源儲存領域受到了人們廣泛的關注。大量研究顯示，奈米材料體系不僅表現出了優異的性能，也為解釋材料化學儲能性能與微觀結構、本征性質之間的關係提供了理想的材料模型，促進了奈米材料在實際生產、生活中的應用[1~4]。

4.2 氫能源奈米材料

隨著石油資源的日漸匱乏和生態環境的不斷惡化，尋找和發展新型能源為全世界所矚目。氫能被公認為人類未來的理想能源，主要有四個方面的原因：一是燃燒產物是水，無毒，不汙染環境，而且是自然循環，不破壞資源，是一種清潔的燃料；二是氫能具有較高的熱值，燃燒 1kg 氫氣可產生 1.25×10^6 kJ 的熱量，

相當於 3kg 汽油或 4.5kg 焦炭完全燃燒所產生的熱量；三是氫資源豐富，氫可以通過分解水製得。化工與煉油等領域副產大量氫氣尚未得到充分利用。因此，氫是一種高能量密度的綠色新能源。

在利用氫能的過程中，氫能的開發和利用涉及氫氣的製備、儲存、運輸和應用四大關鍵技術。氫的儲存是氫能應用的難題和關鍵技術之一。目前儲氫技術分為兩大類，即物理法和化學法。前者主要包括液化儲氫、壓縮儲氫、碳質材料吸附、玻璃微球儲氫等；後者主要包括金屬氫化物儲氫、無機物儲氫、有機液態氫化物儲氫等。傳統的高壓氣瓶或以液態、固態儲氫，既不經濟也不安全，而使用儲氫材料儲氫能很好地解決這些問題。目前所用的儲氫材料主要有活性炭儲氫材料、合金儲氫材料、配位氫化物儲氫材料及有機液體氫化物儲氫材料等。

4.2.1 活性炭儲氫材料

超級活性炭儲氫始於 1970 年代末，是在中低溫（77~273K）、中高壓（1~10MPa）下利用超高比表面積的活性炭作吸附劑的吸附儲氫技術。活性炭作為特種功能吸附材料，具有原料豐富、比表面積高、微孔孔容大、吸/脫附速度快、循環使用壽命長、容易實現規模化生產等優點，可顯著促進低成本、規模化儲氫技術的發展，對未來的能源、交通、環保而言具有非常重要的意義。

對吸附儲氫的基本要求，除儲氫密度高之外，還必須做到吸放氫條件溫和。目前大部分研究人員認為，氫氣在活性炭上的吸附是一種物理吸附過程，而基於物理吸附的活性炭儲氫，可以做到吸放條件溫和，氫氣的吸附與脫附只取決於壓力的變化。此外，吸附最重要的性質是表面吸附勢能的分佈特徵和比表面積的大小，表面官能團的種類及其分佈和表面曲率的大小決定活性炭的表面勢能。活性炭上有很多羥基、羧基等官能團，它們構成剩餘電荷中心，即所謂的「活性點」，使氫氣容易產生誘導偶極而優先吸附在表面位阱最深的「活性點」上；而比表面積越大其表面曲率越小，從而使相對表面的吸附勢場產生疊加作用，使得氫氣的吸附能力進一步增強；在活性炭表面上只能有一層吸附分子，這意味著飽和吸附量是溫度的函數（由於氣體分子的動能隨溫度降低而呈指數規律下降，造成飽和吸附量呈指數規律地上升）。因此在吸附儲氫中普遍採用低溫吸附。

活性炭是具有發達的孔隙結構、巨大的比表面積和優良的吸附性能的多孔碳材料，已在溶劑回收、空氣淨化器、除臭、氣體分離、淨水、焦糖脫色、電容器和催化劑載體等領域獲得廣泛的應用。儲存氫開闢了活性炭新的用途，其主要的製備途徑包括化學-物理聯合活化法（將化學活化與物理活化結合起來所採用的活化方法，通常都是先進行化學活化後再進行物理活化）和活性炭表

面改性法（負載過渡金屬有助於提高超高比表面積活性炭的吸氫性能，並能使其吸氫能力分別提高 2～4 倍）。

4.2.2 合金儲氫材料

金屬氫化物是氫和金屬的化合物。氫原子進入金屬價鍵結構形成金屬氫化物。金屬氫化物在較低的壓力（1×10^6 Pa）下具有較高的儲氫能力，可達到 100kg/m³ 以上；但由於金屬密度很大，導致氫的質量分數很低，只有 2％～7％。金屬氫化物的生成和氫的釋放過程可以用下式來描述：

$$M(s) + n/2 H_2(g) \longleftrightarrow MH_n(MH_x + MH_y)(s) + \Delta H^\theta$$

式中，MH_x 表示氫在金屬間隙中形成的固溶體相；MH_y 表示氫在 α 相中的溶解度達到飽和後生成的金屬氫化物（$y \geqslant x$）；ΔH^θ 表示生成焓或反應熱。一般對於工程應用的可逆儲氫金屬，吸氫過程總是放熱過程：即 $\Delta H^\theta < 0$；而其放氫過程則是吸熱反應，即 $\Delta H^\theta > 0$。用作金屬氫化物的金屬和金屬化合物的熱性能都比較穩定，能夠進行頻繁的充放循環，並且不易被二氧化碳、二氧化硫和水蒸氣腐蝕。此外，對氫的充放過程還要盡可能快。符合這些條件的金屬和金屬化合物主要有 Mg、Ti、Ti_2Ni、Mg_2Ni、MgN_2、NaAl 等。

（1）稀土系儲氫合金

以鑭（La）鎳（Ni）合金系中的 $LaNi_5$ 為典型代表，具有儲氫密度高、吸放氫的溫度和壓力適當、不易脆化和便於應用等特點。但它在吸氫後會發生晶格膨脹，合金易粉碎。在 25℃ 和 0.2MPa 壓力下，$LaNi_5$ 儲氫質量分數約為 1.4％。採用混合稀土 Mm（La、Ce、Nd、Pr 等）取代 $LaNi_5$ 中的 La，可降低稀土合金的成本，但使 $MmNi_5$ 合金的氫分解壓增大。為此，在 $MmNi_5$ 基礎上又開發出大量的多元合金 $Mm_{1-x}C_xNi_{5-y}D_y$，其中 C 有 Al、Cu、Mn、Si、Ca、Ti、Co；D 為 Al、Cu、Mn、Si、Ca、Ti、Co、Cr、Zr、V、Fe（$x = 0.05～0.20$，$y = 0.1～2.5$）。所有取代 Ni 的元素 D 都可使合金的氫分解壓降低，而置換 Mm 的元素 C 則使氫分解壓增大。為進一步改善合金吸放氫的平臺壓力、熱焓值、活化速度、吸放氫速度等熱力學性能和動力學性能，近年來對稀土系儲氫合金又發展了非化學計量比的儲氫合金。

（2）鈦系儲氫合金

鈦系儲氫合金最大的優點是放氫溫度低（-30℃）、價格適中，缺點是不易活化、易中毒、滯後現象比較嚴重。近年來對於 Ti-V-Mn 系儲氫合金的研究開發十分活躍，通過亞穩態分解形成的具有奈米結構的儲氫合金吸氫質量分數可達 2％ 以上。在 BCC 固溶體型 Ti 基儲氫合金方面，已開發了 Ti(-10％)、V(-55.4％) Cr

合金和 Ti（－35％）、V（－37％）、Cr（－5％）Mn 合金，都能吸收質量分數約 2.6％的氫。

（3）鎂系儲氫合金

鎂系儲氫合金具有較高的儲氫容量，而且吸放氫平臺好、資源豐富、價格低廉、應用前景廣闊。但鎂系儲氫合金具有吸放氫速度較慢、氫化物穩定導致釋氫溫度過高、表面容易形成一層緻密的氧化膜等缺點，使其實用化進程受到限制。鎂基儲氫合金的吸放氫動力學性能取決於兩方面因素：一是合金的表面特性，與合金表面氧化層的厚度、合金表面不同成分對氫分子分解為氫原子的影響程度以及氫原子穿過表面層進入合金基體的難易程度等因素有關；二是合金基體的特性，與合金中金屬原子和氫原子親和力的大小、氫原子在合金中的擴散速度，以及吸氫過程中產生微裂的難易等因素有關。

鎂具有吸氫量大（MgH_2 含氫的質量分數為 7.69％）、重量輕、價格低等優點，但吸放氫溫度高且吸放氫速度慢。通過合金化可改善鎂氫化物的熱力學特性和動力學特性，從而合成實用的鎂基儲氫合金。由於過渡族金屬元素 Ni、Cu 等對鎂氫化反應有很好的催化作用，為進一步改善鎂基儲氫合金的性能，人們開發了一系列多元鎂基合金：$Mg_2Ni_{1-x}Cu_x$（$x = 0 \sim 0.25$）、A-Mg-Ni（A 為 La、Zr、Ca）、$CeMg_{11}M$（M 為 V、Ti、Cr、Mn、Fe、Co、Ni、Cu、Zn）、$(Mg_{1-x}A_x)D_y$（A 主要是 Zr、Ti、Ni、La，D 為 Fe、Co、Ni、Ru、Rh、Pd、Ir 和 Pt 等）。有研究顯示，$La_5Mg_2Ni_{23}$ 合金比 $LaNi_5$ 基合金具有更佳的吸氫特性和放電特性，$La_5Mg_2Ni_{23}$ 的吸氫量要比後者多 38％，放電容量為 410mA·h/g，比 $LaNi_5$ 基合金高出 28％。目前，鎂系儲氫合金與其他儲氫合金複合化已經成為開發鎂基儲氫合金的重要方向。

4.2.3　配位氫化物儲氫材料

配位氫化物儲氫材料是現有儲氫材料中體積儲氫密度和質量儲氫密度最高的儲氫材料。它們一般是由鹼金屬（如 Li、Na、K）或鹼土金屬（如 Mg、Ca）與第ⅢA 元素（如 B、Al）或非金屬元素形成，如目前該體系研究最為充分的 $NaAlH_4$，Al 與 4 個 H 形成的是共價鍵，與 Na 形成的是離子鍵。表 4-1 列出了目前研究較多的配位氫化物的理論儲氫量。

表 4-1　配位氫化物及其理論儲氫量

配位氫化物	H_2/％（理論）	配位氫化物	H_2/％（理論）
LiH	13	$Mg(BH_4)_2$	14.9
$KAlH_4$	5.8	$Ca(AlH_4)_2$	7.9

配位氫化物	$H_2/\%$（理論）	配位氫化物	$H_2/\%$（理論）
$LiAlH_4$	10.6	$NaAlH_4$	7.4
$LiBH_4$	18.5	$NaBH_4$	10.6
$Al(BH_4)_3$	16.9	$Ti(BH_4)_3$	13.1
$LiAlH_2(BH_4)_2$	15.3	$Zr(BH_4)_3$	8.9
$Mg(AlH_4)_2$	9.3	Li_2NH	10.4

配位氫化物儲氫材料的缺點主要有以下幾個：

a. 配位氫化物主要採用有機液相反應和機械合金化反應來合成，合成的產物一般純度不高，最高只能達到 90％～95％。

b. 放氫動力學和可逆吸放氫性能差。

c. 配位氫化物放氫一般分兩步或多步進行，每步放氫條件不一樣，因此實際儲氫量和理論值有較大差別。

4.2.4　有機液體氫化物儲氫材料

有機液體氫化物儲氫技術是 1980 年代國外開發的一種儲氫技術，其原理是借助不飽和液體有機物與氫的一對可逆反應（即加氫反應和脫氫反應）實現的。加氫反應實現氫的儲存（化學鍵合），脫氫反應實現氫的釋放，不飽和有機液體化合物作為氫載體，可循環使用。從目前的研究來看，烯烴、炔烴和芳烴等不飽和有機物均可作為儲氫材料，但從儲氫過程的儲氫量、儲氫劑和物理性質以及能耗等方面考慮，以芳烴特別是單環芳烴為佳。研究顯示，含有苯、甲苯的加氫脫氫過程可逆，且儲氫量大，是比較理想的有機儲氫材料。

4.3　電化學能源奈米材料

電化學能源（如燃料電池、二次電池和超級電容器）廣泛應用於移動電器、電動車、軍事乃至航空航太等領域。隨著應用需要的成長，特別是作為解決能源和環境問題重要策略措施的電動車的快速成長，對電化學能源的能量密度、功率密度、運行壽命和安全性提出了越來越高的要求。開發高性能的「綠色」電化學能源裝置是有效解決人類目前所面臨的「能源危機」和「環境汙染」兩大難題的重要途徑，而電化學能源裝置的性能取決於電化學能源材料（如燃料電池催化劑、二次電池和超級電容器的電極材料）。因此，設計合成性能優異的電極材料將具有重要意義。

奈米材料以其特殊的物理化學性質，在電化學領域受到了人們廣泛的關注和研究。奈米材料具有的一系列優異的物理化學性能，能夠更好地改善電極性能，從而有效提高電化學儲能的能力。以奈米材料為基礎的電化學電極已成為現代電分析化學研究的主要內容之一。

4.3.1　鋰離子電池材料

鋰離子電池具有比能量高、自放電低、循環性能好、無記憶效應和綠色環保等優點，是目前最具發展前景的高效二次電池和發展最快的化學儲能電源。近年來，鋰離子電池在航空航太領域的應用逐漸加強，在火星登陸器、無人機、地球軌道飛行器、民航客機等航空航太器中，鋰離子電池隨處可見。隨著節能環保、資訊技術、新能源汽車及航空航太等策略性新興產業的發展，科學研究工作者亟須在材料創新的基礎上研發出具有更高能量密度、更高安全性的高效鋰離子二次電池。

鋰離子電池由正極、負極、隔膜和電解液構成，其正負極材料均能夠使離子脫嵌。它採用一種類似搖椅式的工作原理（圖 4-1），充放電過程中 Li^+ 在正負極間來回穿梭，從一邊「搖」到另一邊，往復循環，實現電池的充放電過程。以石墨作為負極、$LiCoO_2$ 為正極的電池為例，其充放電化學反應式為

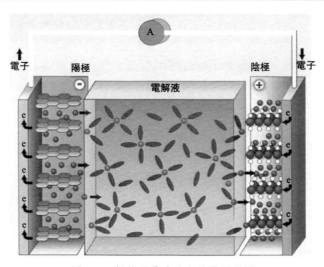

圖 4-1　鋰離子電池的充放電原理圖

正極反應：$LiCoO_2 \Longrightarrow Li_{1-x}CoO_2 + xLi^+ + xe^-$

負極反應：$nC + xLi^+ + xe^- \Longrightarrow Li_xC_n$

電池反應：$LiCoO_2 + nC \Longrightarrow Li_{1-x}CoO_2 + Li_xC_n$

電池是化學能轉化為電能的裝置，其電能來源於其中所進行的化學反應。電極是化學電池的核心組成部分，是發生電化學反應的場所和電子傳遞的介質。電極反應從本質上決定了電池的性能參數。而電極材料的能量密度、循環壽命等性能在很大程度上受到材料表面形態、尺寸、結晶程度等條件的影響。對於鋰電池通常使用的傳統塊體材料，短時間內反應物離子僅能在表層擴散，很難進入材料的核心部位，造成活性物質利用率低，且不利於離子的快速擴散，限制了電池的容量和高倍率放電性能。奈米材料具有更高的反應活性和較短的離子擴散路徑，通過奈米技術優化現有電極材料的物理化學性能、發展新的儲鋰概念，是鋰離子電池領域的重要研究方向。

在鋰離子二次電池負極材料中，奈米過渡金屬氧化物的研究非常具有代表性。2000 年 *Nature* 報導了奈米過渡金屬氧化物 MO（M 為 Co、Ni、Cu、Fe）可以作為鋰離子電池負極材料。這種材料的儲鋰過程不同於一般的鋰離子嵌入/脫出或鋰合金化機理，而是一個所謂的「轉化反應」：$M_mO_n + 2nLi^+ + 2ne^- \Longrightarrow nLi_2O + mM$，這種「轉化反應」允許每分子活性物質儲存超過 2 分子的鋰離子，使理論容量大大提高。同時，這種反應表現出一定的可逆性，然而一般認為 Li_2O 是電化學非活性的，即金屬氧化物被電子還原後，生成的分散在無定形 Li_2O 基質中的金屬奈米顆粒具有很高的反應活性，表面活潑原子的比例增大，在電化學驅動下使 Li_2O 表現出電化學活性，從而實現了 MO 的可逆吸放鋰。

奈米材料具有與體相塊體材料不同的結構特徵和表面特性，作為鋰離子電池電極材料表現出明顯的優勢，主要體現在以下幾方面。

a. 奈米材料相對於塊體材料表面和介面原子所占比例大，反應活性高，使很多從傳統觀點看來不能實現的反應得以發生。

b. 材料粒度微小，鋰離子在其中的嵌入深度淺、擴散路徑短，有利於鋰離子在其中的脫嵌，電極過程具有良好的動力學性質。

c. 比表面積大，材料的 1％～5％ 由各向異性的介面組成，電極在嵌、脫鋰時的介面反應位置多，在相同的外部電流下有利於降低真實電流密度，從而有助於減少電極電化學過程中的極化現象。

d. 奈米材料的高孔隙率為有機溶劑分子的遷移提供了自由空間，同時也給鋰離子的嵌入和脫出提供了大量的空間，進一步提高了嵌鋰容量及能量密度。

e. 奈米材料具有更強的結構柔韌性，可以經受電化學過程導致的形變和應力，有效緩解非碳基負極材料的體積膨脹，使反應的可逆性得以改善，提高了電極的循環性能。

4.3.2　超級電容器材料

　　超級電容器（也稱電化學電容器）是一種介於傳統電容器和電池之間的新型儲能裝置，具有傳統電容器的高功率、長壽命、無汙染等優點。按照儲能機理的不同，超級電容器又可分為雙電層電容器和法拉第電容器（也稱贗電容器）。雙電層電容器利用電極材料和電解質介面形成的電荷分離儲存電荷，充電時，外電源使電容器正負極分別帶正電和負電，而電解液中的正負離子分別移動到電極表面附近形成雙電層；放電時，電極上的電荷通過負載從負極移至正極，正負離子遷移到溶液中成電中性，這便是雙電層電容器的充放電原理。這類材料主要包括活性炭、石墨烯、奈米碳管、碳氣凝膠等。而法拉第電容器利用電化學活性物質表面或體相中的二維或準二維空間發生的吸脫附或電化學氧化還原反應來儲存電荷。對於實際的法拉第電容器，其儲存電荷的過程不僅包括電解液中離子在電極活性物質中發生氧化還原反應將電荷儲存於電極中，還包括在電極材料表面與電解質之間雙電層上的電荷儲存。充電時，電解液中的離子（一般為 H^+ 或 OH^-）在外加電場的作用下由溶液中擴散到電極/溶液介面，而後通過介面電化學反應進入到電極表面活性氧化物的體相中；放電時，進入到氧化物中的離子重新返回到電解液中，同時所儲存的電荷通過外電路而釋放出來，這就是法拉第電容器的反應機理。這類材料主要包括過渡金屬氧化物、氮化物、硫化物及導電聚合物等。正是因為兩者儲能機理的差異，通常法拉第電容器要比雙電層電容器的性能優越。

　　電極材料是決定超級電容器性能的關鍵性因素。奈米尺寸的電極材料依靠其獨特的表面效應、小尺寸效應以及量子尺寸效應產生強大的電荷儲存能力，可顯著提高電化學反應的效率及活性材料的利用率，進而提高其能量密度和功率密度，因此受到了人們廣泛的關注。實現電極材料的形貌、尺寸、結構、組成的設計（尤其是尺寸和結構的有效設計和可控合成）是提高超級電容器儲能性能的關鍵因素。目前奈米電極材料的設計集中在兩個方面：單一物質奈米材料電極和複合物奈米材料電極。

　　（1）單一物質奈米材料電極

　　① 金屬氧化物/氫氧化物奈米材料　由於金屬（氫）氧化物不僅依靠雙電層來儲存電荷，而且它們能在電極/溶液介面發生可逆的氧化還原反應，因此它們產生的電容遠大於碳材料的雙電層電容。目前，科學家研究的重點主要集中在過渡金屬氧化物，包括氧化釕/銥、氧化錳、（氫）氧化鎳/鈷、氧化鐵、氧化鉬、氧化釩等。

　　② 導電聚合物　導電聚合物於 1976 年被發現，具有高的理論比電容、良好的導電性、易合成且價格低廉等優點，如今已成為超級電容器電極材料的重要類

型。常見的導電聚合物主要包括聚苯胺（1284F/g）、聚吡咯（480F/g）、聚乙烯二氧噻吩（210F/g）及其衍生物，它們通常是在溶液中通過化學或者電化學的方法氧化製得的。

③ 金屬氮化物奈米材料　金屬氮化物主要包括ⅥB～ⅧB族過渡金屬氮化物。在它們的晶體結構中，氮原子占據立方或六方密堆積金屬晶格的間隙，傾向於形成可在一定範圍內變動的非計量間隙化合物。研究顯示，過渡金屬氮化物 $M_x N_y$（M 為 Mo、Ti、V、Ni 或 Cr）具有法拉第準電容特性，在水溶液中不易分解且廉價易得。此外，金屬氮化物良好的化學穩定性和導電性使之成為超級電容器發展的另一個重要方向。

（2）複合物奈米材料電極

複合物奈米材料是由兩種或兩種以上物理性質和化學性質不同的材料在奈米尺寸上複合雜化而成的。雖然材料中的各個組分保持其相對獨立性，但是複合物奈米材料的性質卻不是各個組分性能的簡單疊加，而是在保持各個組分材料某些特點的基礎上，具有組分間協同作用所產生的綜合性能。由於複合物奈米材料各組分間「取長補短」，充分彌補了單一物質奈米材料的缺點，產生了單一物質奈米材料所不具備的新性能，開創了功能奈米材料在能源應用領域的新天地。複合物奈米材料在電化學能量儲存方面具有更加明顯的優勢，在奈米尺寸對具有儲電能力的活性材料與高導電性材料進行複合，以獲得高電容量、高能量密度和高功率密度的儲能材料，是目前人們研究的熱點方向。

碳元素是自然界中最常見、最豐富的元素之一，碳材料更是電極材料的重要成員。在商業化的超級電容器電極中，80％以上的電極材料都是碳基材料。尤其是石墨烯的發現更是引發了新一輪的研究熱潮。碳基材料主要包括活性炭、奈米碳管、碳纖維、石墨烯等。由於具有資源豐富、種類繁多、比表面積大、導電性高等優點，碳基材料在能量儲存方面展現出巨大的應用前景。但碳材料本身的電容性能較低，因此難以滿足商業化高能量密度的要求。而金屬化合物主要包括金屬氧化物、氫氧化物、金屬氮化物、金屬硫化物，它們主要用於法拉第電容器電極材料，一般具有資源豐富、價格便宜、理論比電容高等優點，但是它們往往具有自身難以克服的缺點。其中，導電性差是這類材料的通病，嚴重制約了其在超級電容器領域的廣泛使用和商業化生產。因此，利用高導電性的碳材料、金屬單質、導電高分子等與高比電容的金屬化合物進行複合，由此開發出的新型複合奈米材料（如碳/MnO_2、ZnO/MnO_2、TiO_2/PPy 等）在超級電容器應用方面具有顯著的優勢。

4.4 太陽能電池奈米材料

太陽能是所有可再生能源的基本，可以說所有能源都來自太陽光，太陽每年投射到地面上的輻射能高達 1.05×10^{18} kW・h（3.78×10^{24} J），相當於 1.29×10^6 億噸標準煤。據猜想，按目前太陽的消耗速度，太陽能可維持 6×10^{10} 年，可以說太陽能是「取之不盡，用之不竭」的能源。1839 年，法國科學家 Becquerel 在實驗中無意間首次發現了光電效應，自此人類對太陽能的研究經過了 100 多年的發展。尤其是 1950 年代以來，太陽能電池的研究和應用進入了高速發展階段。然而，太陽能電池的效率低下始終阻礙著人類利用這種「清潔能源」。研究提高太陽能電池效率的方法，成為各國發展太陽能電池的重中之重。

太陽能電池是指在太陽光的照射下，直接由光能轉化為電能的半導體材料裝置。太陽能電池的主要工作原理是利用半導體 P-N 結的太陽能效應：在一塊 N 型（或 P 型）半導體上再製一層 P 型（或 N 型）半導體，在 P 型半導體和 N 型半導體的介面形成一個 P-N 異質結。由於 P 型半導體的空穴濃度高、電子濃度低（是空穴導電），而 N 型半導體的電子濃度高、空穴濃度低（是電子導電），所以介面兩側的載流子濃度不同。當一個光子照射在 P-N 結上時，如果光子的能量大於 P-N 結的帶隙，則在 P-N 結處產生一個電子-空穴對。由於半導體存在內建電場，產生的電子-空穴對將向兩端漂移，產生光生電勢（即電子-空穴對分離），破壞了原來的電平衡。如果在電池兩端接上負載，負載中就將產生「光生電流」，這就是太陽能電池的基本發電原理。如果把成千上萬個單太陽能電池片串並聯組成大型的太陽能電池組件，經過太陽光照射，便可實現大規模的太陽能發電，併網提供給千家萬戶[5,6]。

4.4.1 奈米減反射薄膜

因為有著成熟的製造技術和相對高的電池效率，目前市場上的太陽能電池主要被晶體矽電池占據。但矽的高折射率意味著超過 40% 的入射光將被反射回大氣中，從而大大降低了光電裝置的轉換效率。因此，降低矽片表面的光反射已成為提高晶體矽太陽能電池效率的一個重要方面。另外，太陽能電池封裝所用玻璃的兩側表面共有大約 8% 的光被反射掉，這進一步降低了太陽能電池的效率。所以，提高太陽能電池封裝玻璃蓋板的光通過率成為提高太陽能電池效率的另一個方面。目前，用於降低矽片反射的技術有兩種：減反射薄膜和表面鈍化結構。減反射薄膜可減少或消除光在兩個不同折射率組成的介面上所產生的反射，從而增

強光的通過率，如液晶顯示器、相機鏡頭表面均鍍有單層或多層減反射薄膜，以消除不必要的反射光和眩光，提高圖像的清晰度。太陽能電池表面的減反射薄膜可以提高光能轉化率，因此減反射薄膜在光學和材料領域均有重要的應用價值和發展前景。

常用的石英、玻璃和一些透明性聚合物基材的折射率為 1.45～1.53。根據光的干涉原理，減反射薄膜的折射率應在 1.23 左右，而一些具有漸變折射率的寬波段減反射薄膜的折射率往往要達到 1.10，常用作膜材料的物質中氟化鎂的折射率（1.38）最小，不能達到零反射的目標。近年來，具有空心結構的奈米粒子開始被應用於製備減反射薄膜材料。由於空心結構的存在可以降低膜材料的折射率，當奈米粒子的空心結構小於入射光波長時不會引起光的散射，通過調整奈米空心粒子的粒徑和空腔體積分數，可以精確調控減反射薄膜的厚度和折射率，在特定波長內可消除或有效降低光反射。因此，中空奈米粒子不僅可以用來製備折射率單一的單層減反射薄膜，也可以製備具有漸變折射率的寬波段多層減反射薄膜。此外，由於金屬奈米粒子表面具有離子體共振屬性，當有光照射激發時，金屬奈米粒子之間由於強烈的相互作用產生電子共振。表面等離子體共振頻率可以通過調節金屬奈米粒子的大小、形狀、結構、聚集形態、表面化學和周圍介質的折射率來改變，為增加太陽能電池對光的吸收率提供了新方法[7,8]。

4.4.2　奈米矽薄膜太陽能電池材料

矽基光電材料一直是整個半導體裝置製造行業的支柱和基礎。太陽能發電技術的革新就是太陽能材料的革新，太陽能電池的發展過程中先後經歷了三代技術。

第一代太陽能電池是晶矽太陽能電池。傳統的晶矽太陽能電池材料包括單晶矽和多晶矽，其應用和技術是目前最為成熟的。但是，材料的製造過程會帶來大量的副產物和高耗能。於材料本身來說，由於晶體矽的間接帶隙屬性、材料生產過程中消耗大量能源，使得晶體矽材料的發展遇到瓶頸[9～13]。

第二代太陽能電池是薄膜電池。隨著技術的發展，薄膜電池有取代傳統晶矽太陽能電池的趨勢。由於轉化效率偏低，相對晶矽太陽能電池沒有絕對優勢，目前還處於研發階段。薄膜電池由於具有製造成本低廉、兼容性好、易於大面積太陽能一體化等呈現多樣化發展的特點，目前已經形成包括非晶矽（a-Si）、碲化鎘（CdTe）、銅銦鎵硒（CuInGaSe）等在內的多種形式薄膜電池。但由於薄膜電池本身存在效率較低且壽命較短、材料穩定性差等缺點，制約著薄膜電池的大規模商業化生產。

第三代太陽能電池是奈米薄膜電池。這種電池採用日趨成熟的奈米調控技

術，製造成本低廉、工藝簡單，結合了晶體矽材料的穩定性和有序性，從而克服了薄膜電池光致衰減的問題。綜合來看，奈米矽薄膜電池性能優於第二代薄膜電池。

奈米矽材料中奈米尺寸的單晶矽量子點使得材料存在特殊的量子尺寸限制效應，這種效應可以容許電子在晶矽量子點之間發生隧穿，提高電子的遷移率；另外，這種量子尺度的量子點尺寸的變化可以調控材料的光學帶隙，從而實現對材料不同波段光譜響應的調控，以獲得更高的光吸收率。研究顯示，氫化奈米矽薄膜的非均一性結構特徵能夠在能帶中形成局域態。缺陷和邊界在載流子的輸運中提供了重要的通道，而這種性能對於提高薄膜太陽能電池和薄膜晶體管等光電子裝置的性能極其重要。此外，當氫化奈米矽薄膜用作太陽能電池的窗口層或者隧道結時，材料中併入的氧雜質能夠降低光學吸收。氫化奈米矽材料比氫化非晶矽材料對氧雜質更加敏感，因為氧雜質在材料中能夠形成弱給體，它能夠將能帶中的費米能級移向導帶。製造高度集成化裝置中的難題之一就是薄膜材料表面形成的氧化層。

本章小結

伴隨奈米材料與奈米技術的進步，奈米材料在能源領域有廣闊的應用前景。本章詳細闡述了氫能源奈米材料、電化學能源奈米材料和太陽能電池奈米材料的應用和製備技術，對活性炭儲氫材料、合金儲氫材料、氰化物儲氫材料、鋰離子電池材料、超級電容器材料、太陽能電池表面的奈米減反射薄膜、奈米矽薄膜太陽能電池材料的功能、特性以及最新的研究和應用情況進行了深入介紹。

參考文獻

[1] 蔣淵華．科技信息．2007, 33: 62.

[2] 朱世東，徐自強，白真權等．熱處理技術與裝備．2010, 31 (4)：1.

[3] 閆金定．航空學報．2014, 35 (10)：2767.

[4] 牛浩，吳文果．生物工程學報．2016, 32 (3)：271.

[5] 葉楓．納米矽薄膜太陽能電池的製備和性能研究［學位論文］．江蘇：常州大學，2011.

[6] 盧雪峰，李奇，馮錦先等．中國科學：化學．2014, 44 (8)：1255.

[7] 吳宇平 Rahm Elke, Holze Rudolf. 電池，2002, 32 (6)：350.

[8] 徐浩．氫化納米矽薄膜缺陷結構及材料後

氧化機制研究［學位論文］. 上海: 上海交通大學, 2013.

[9]　付淑英, 柳碧清, 李榮 . 新余高專學報。2009, 14 (3) : 92.

[10]　周建偉 . 化學教育 . 2008, 1: 5.

[11]　鄧安強, 樊靜池, 趙瑞紅等 . 化工新型材料 . 2009, 37 (12) : 8.

[12]　孫志娟, 陳雪蓮, 蔣春躍 . 無機材料學報. 2014, 29 (9) : 947.

[13]　陳雪蓮 . 中空二氧化矽納米粒子製備減反射薄膜的研究［學位論文］. 浙江: 浙江工業大學, 2014

第5章

奈米能源器件

5.1　奈米能源裝置概述

　　為應對全球範圍的溫室效應、環境汙染、能源危機等問題，新興能源材料和奈米技術的研究開發日新月異，逐步呈現全球化、多元化、多尺度、多學科的特點。奈米能源材料以其新奇的奈米效應與動力學優勢，在能源的轉化與儲存、綠色減排、安全利用等領域有良好的應用前景，為發展高效能量轉換與儲存材料及裝置提供了新的機遇。

　　在更小的尺度範圍，植入式生物感測器、超靈敏的化學和生物分子感測器、奈米機器人、微機電系統、遠程移動環境感測器乃至便攜式或可穿戴個人電子設備等供能裝置的獨立、持久、長時間免維護連續運行等都對能源技術提出了非常迫切的需要。例如，奈米機器人將是一種可以感知環境、適應環境、操縱物體、採取行動並且完成一些複雜功能的智慧機器，但是其中一項關鍵的挑戰是如何找到一種電源，在不增加太多重量的前提下驅動奈米機器人。又如，植入式無線生物感測器所需要的電源是可以通過直接或間接地向電池充電來提供的。通常來說，電池的尺寸遠大於奈米裝置自身的尺寸，它決定了整個系統的大小，未來的研究將集中於如何把多功能奈米裝置集成為一個奈米系統，使其像生物一樣具有感知、控制、通訊以及激勵、響應功能。這種奈米系統不僅由奈米裝置組成，還包括奈米電源（或奈米電池）。但是奈米電池小的尺寸極大地限制了其使用壽命。無需電池的自驅動技術對於無線裝置來說是非常值得期待的技術，對於植入式生物醫學系統來說甚至是必需的技術，它不僅可以極大地提高裝置的適應性，而且可以大幅度地減小系統的尺寸和重量。因此，開發一種可以從周圍環境中收集能量來驅動奈米裝置的自驅動奈米技術成為當務之急。自驅動奈米技術的目標是建立一個自驅動的奈米系統，它具有超小的尺寸、超高的靈敏度、卓越的多功能性以及極低的功耗，因而從周圍環境中收集的能量足以為這一系統提供電源所需的能量。自驅動感測器系統及其潛在應用如圖 5-1 所示[1~5]。

　　因此，奈米能源（作為一個全新的研究領域）是指利用新技術和微奈米材料來高效收集和儲存環境中的能量，實現微納系統的可持續運轉。在過去的 10 多

年裡，王中林團隊研發了奈米發電機，並用其構建自驅動系統和主動式感測器。2006 年他們首先提出了自驅動奈米技術，並且為自驅動系統先後研發了壓電奈米發電機、摩擦奈米發電機，構建了自充電能源包等。

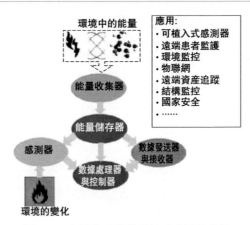

圖 5-1　自驅動感測器系統及其潛在應用

　　奈米系統是多功能奈米裝置的集成系統，像生物一樣具有感知、控制、通訊以及激勵、響應等功能。一個完整的奈米能源系統包括能量收集裝置、能量儲存裝置、感測器以及相關的能源管理電路和訊號發送與接收器。奈米系統的低功耗決定了可以從外界環境中收集能量來驅動奈米系統。對於那些獨立的、可持續工作、無需維護的植入式生物感測器、遠程移動環境感測器、奈米機器人、微機電系統乃至便攜式、可穿戴個人電子裝置來說，通常需要微瓦量級的功耗。各種奈米能源裝置如圖 5-2 所示[6~10]。

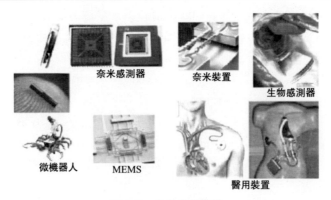

圖 5-2　奈米能源裝置

5.2　奈米發電機

奈米發電機的發明可以被視為從科學現象到實際應用發展過程中的一個重大里程碑，可取代傳統的蓄電池技術作為多種便攜電子裝置和微納裝置的自驅動電源設備。比起目前的蓄電池技術，奈米發電機有以下多項優點。

a. 奈米發電機不需要使用重金屬，它非常環保，不易造成環境汙染。

b. 奈米發電機可以由與生物體兼容的材料製備而成，嵌入到人體內不會對人體健康造成傷害，可作為未來奈米生物裝置的組成部分。

c. 奈米發電機加工能耗非常低，預計在三五年內就可以將奈米發電機真正應用在保健設備、個人電子產品以及環境監測設備方面，進而應用於生活的各個方面[11]。

因為重要科技意義及實用價值，自問世以來，奈米發電機技術一直獲得人們的廣泛關注和高度評價。奈米發電機的發明，曾被中國科學院評為 2006 年度世界十大科技進展之一；2008 年，基於纖維的奈米發電機被英國「Physics world」評選為物理領域重大進展之一；英國「New Scientist」期刊把奈米發電機評為在未來十到三十年可以和移動電話發明具有同等重要性和影響力的十大重要技術之一；2009 年，奈米壓電電子學被「MIT Technology Review」評選為十大創新技術之一；2011 年，奈米發電機被歐盟委員會評為六大未來新興技術在下一個 10 年裡進行資助。

5.2.1　奈米發電機簡介

2006 年，當王中林團隊在開展 ZnO 奈米線的楊氏模量的研究時，發現導電 AFM 針尖劃過 ZnO 奈米線頂端時，除了有一個形貌峰，還會出現一個滯後於形貌峰的電訊號脈衝峰。通過深入研究顯示，是 ZnO 奈米線將機械能轉化為電能。從此開創了壓電奈米發電機的研究，發展了自驅動系統的概念。

2012 年，王中林團隊又發明了摩擦奈米發電機（TENG），其目的是利用摩擦起電效應和靜電感應效應的耦合將微小的機械能轉換為電能。這是一種顛覆性的技術，並具有史無前例的輸出性能和優點。它既不用磁鐵也不用線圈，在製作中用到的是質輕、低密度並且價廉的高分子材料。摩擦奈米發電機的發明是機械能發電和自驅動系統領域的一個里程碑式的發現，這為有效收集機械能提供了一個全新的模式。重要的是，與經典電磁發電機相比，摩擦奈米發電機在低頻下（＜5～10Hz）的高效能是同類技術無法比擬的。摩擦奈米發電機可以用來收集

生活中原本浪費掉的各種形式的機械能，同時還可以用作自驅動感測器來檢測機械訊號。這種機械感測器在觸屏和電子皮膚等領域具有潛在應用。另外，如果把多個摩擦奈米發電機單元集成到網路結構中，可以用來收集海洋中的水能，可以為大尺度的「藍色能源」提供一種全新的技術方案，這有可能為整個世界的能源可持續發展做出重大貢獻。

5.2.2　壓電奈米發電機

2006 年，王中林團隊首先在原子力顯微鏡下研製出將機械能轉化為電能的奈米發電機。氧化鋅具有纖鋅礦結構，其中 Zn^{2+} 與 O^{2-} 形成四面體配位。中心對稱性的喪失導致了壓電效應，利用這個效應可以實現機械應力-應變與電壓之間的相互轉化，而這是由晶體中陰離子和陽離子間的相對位移所導致的。極化面上的電荷是離子電荷，是不能傳輸且不可移動的，電荷間相互作用能依賴於電荷分佈。因此，晶體結構中這種離子電荷的排布形式是一種靜電能最低的形式。這是極化面所決定的奈米結構生長的主要驅動力（圖 5-3）。

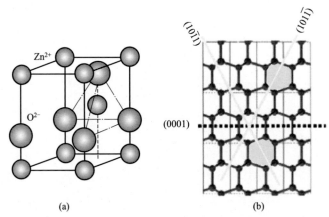

圖 5-3　（a）　氧化鋅纖鋅礦結構模型（具有非中心對稱性和壓電效應）；（b）　氧化鋅奈米結構的三種晶面

作為一種重要的半導體材料，氧化鋅在光學、光電子學、感測器、執行器、能源、生物醫學以及自旋電子學等領域有著廣泛的應用。氧化鋅奈米線的合成方法很多，有水熱法、氣-液-固和氣-固-固生長法來合成一致取向排列的奈米線陣列。作為壓電奈米發電機的基礎，這裡作簡單介紹。首次成功地在大範圍內完美垂直生長一致取向氧化鋅奈米線是在單晶氧化鋁（藍寶石）基底的 a 面實現的。實驗中，催化劑是金奈米顆粒〔圖 5-4(a)〕，它激發並引導了奈米線的生長。同

時，氧化鋅和氧化鋁之間的晶特別延關係使得奈米線取向生長〔圖 5-4(b)〕。在這一包含催化劑的氣-液-固生長過程中，催化劑的存在決定了奈米線的生長點。如果使用均勻的一薄層金，則得到的奈米線隨機分佈。如果利用圖案化的金層作為催化層，就可以在基底上原位生長垂直取向的奈米線。這些奈米線表現出與金層相同的蜂窩狀分佈。從圖 5-4(c) 中可以看出，生長的所有奈米線都與基底表面垂直，而每根奈米線頂端的暗點是催化劑金。

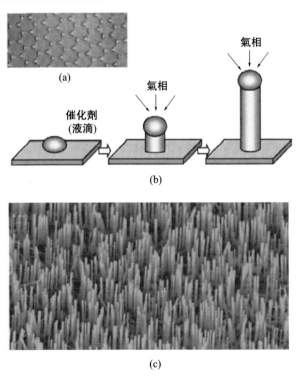

圖 5-4　（a）　利用一薄層金作為催化劑，在藍寶石基底上生長的一致取向氧化鋅
　　奈米線 SEM 圖像；（b）　利用聚苯乙烯球形成的單層膜作為掩膜製備的金催化劑
　　圖案的 SEM 圖像；（c）　利用蜂窩狀圖案生長的一致取向氧化鋅奈米棒 SEM 圖像

　　水熱法是常見的氧化鋅奈米線及其圖案化陣列的製備方法，最常用的化學試劑是六水硝酸鋅和六亞甲基四胺。六水硝酸鋅提供氧化鋅奈米線生長所需的二價鋅離子，溶液中的水分子提供二價氧離子。六亞甲基四胺在奈米線生長中起類似弱鹼的作用，在水溶液中緩慢水解並逐漸釋放氫氧根離子。使用化學方法在圖案化的基底上直接生長氧化鋅奈米線，生長的位置由圖案限定，奈米線的生長方向則取決於奈米線和氮化鎵基底的外延關係。基於微加工圖形化曝光技術和低溫水熱法，王中林團隊在低於 100℃ 並且無催化劑的情況下，在包括矽、c 面氮化鎵

在內的各種無機基底上製備出高度取向的圖案化氧化鋅奈米線（圖 5-5）。

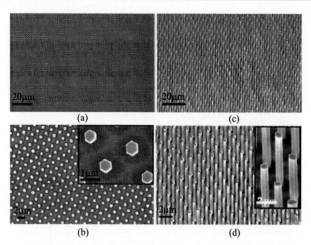

圖 5-5　通過 LIL 方法在氮化鎵基底上生長垂直、一致取向氧化鋅奈米線陣列：
（a）、（b）　是不同放大倍數下氮化鎵基底上生長的垂直、一致取向大規模均勻
氧化鋅奈米線陣列的頂視圖；（c）、（d）　是在不同放大倍數下氮化鎵基底上
生長的垂直、一致取向大規模均勻氧化鋅奈米線陣列的 45° 傾角 SEM 圖像

　　2005 年，在用原子力顯微鏡（AFM）測量 ZnO 奈米線的壓電性質時，第一次提出了奈米發電機的概念。在這一工作中，利用垂直生長的氧化鋅奈米線的壓電效應，將 AFM 輸入的機械能轉化為電能，同時利用 AFM 的導電探針向外界輸電，完美地實現了奈米尺度的發電功能。研究中，當 AFM 探針掃過一致取向的奈米線陣列時〔圖 5-6(a)、(b)〕，可以同時記錄拓撲圖（掃描器的回饋訊號）和相應的負載兩端輸出電壓圖〔圖 5-6(c)〕。通過檢查單根奈米線的拓撲圖及其相應的輸出電壓，可以觀測到電壓輸出訊號存在延遲〔圖 5-6(d)〕。單根 ZnO 奈米線每次能夠發出電壓為大約 7mV、幾皮安的電流。

　　圖 5-7 描述了單根 ZnO 奈米線中電荷的產生、分離、積累和釋放過程。對於一根垂直的 ZnO 奈米線〔圖 5-7(a)〕來說，原子力顯微鏡探針引起的這根奈米線的偏移產生了一個應變場，使外表面拉伸而內表面壓縮〔圖 5-7(b)〕。結果產生一個橫跨這根奈米線截面的壓電勢，如果這根奈米線底部電極接地，這根奈米線的拉伸面具有正電勢，而壓縮面具有負電勢〔圖 5-7(c)〕。在具有壓電效應的纖鋅礦結構晶體中，電勢是由於 Zn^{2+} 與 O^{2-} 相對位移而產生的，因此在不釋放應變的情況下這些離子電荷既不能自由移動，也不能複合〔圖 5-7(d)〕。在奈米線摻雜濃度很低的情況下，只要形變還存在，並且沒有外部電荷（例如來自金屬接觸）的注入，電勢差就有可能保持住，這是電荷的產生和分離過程。

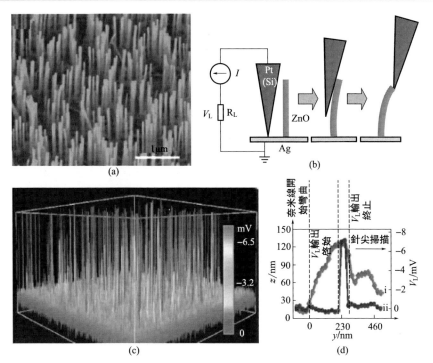

圖 5-6 （a） GaN／藍寶石基底上生長的排列整齊 ZnO 奈米線的 SEM 圖像；
（b） 實驗裝置和用 AFM 導電探針彎曲壓電奈米線產生電能的過程， AFM 在
接觸模型下掃過奈米線陣列；（c） 當 AFM 探針掃過奈米線陣列時的輸出壓電
圖；（d） 只掃描單根奈米線時 AFM 的拓撲圖像 （ii） 及相應的輸出電壓圖
（i） 的疊加圖 （電訊號輸出延遲很明顯）

　　現在考慮電荷的積累與釋放過程，第一步是電荷的積累過程，它發生在產生
形變的原子力顯微鏡導電探針與具有正電勢 V_T 奈米線拉伸面接觸時 ［圖 5-7(c) 和
(d)］，金屬探針的電勢幾乎為零，即 $V_m＝0$。因此金屬探針-氧化鋅介面處於反向
偏置，這是因為 $\Delta V＝V_m－V_T＜0$。考慮到所合成 ZnO 奈米線的 N 型特性，在這
種情況下 Pt 金屬探針-ZnO 半導體介面是一個反向偏置的肖特基二極管 ［圖 5-7
(d)］，並且會有小電流流過介面。第二步是電荷的釋放過程，當原子力顯微鏡探針
與這根奈米線的壓縮面接觸時 ［圖 5-7(e)］，金屬探針-半導體介面處於正向偏置，
這是因為 $\Delta V＝V_L＝V_m－V_C＞0$。在這種情況下金屬探針-半導體介面是一個正向
偏置的肖特基二極管，它產生一個突然增加的輸出電流 （電流是 ΔV 驅動電子從半
導體 ZnO 奈米線流向金屬探針的結果）。通過奈米線在回路中流動達到探針的自由
電子會中和奈米線中分佈的離子電荷，並因此降低 V_C 和 V_T 的幅值。這意味著當探

針剛接觸到這根奈米線時沒有電能輸出，當探針快要和這根奈米線分離時產生了一個尖銳的電壓峰，這個延遲是電能輸出過程的一個重要特徵。

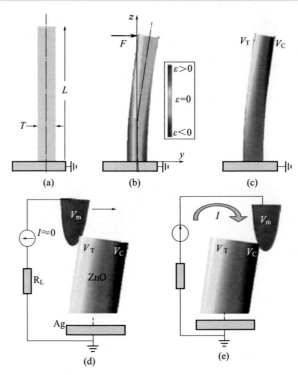

圖 5-7　壓電 ZnO 奈米線/帶發電過程的工作原理

　　其後，在 ZnO 奈米線、ZnO 奈米纖維、N 型 ZnO 奈米線材料、P 型 ZnO 奈米線材料、GaN 奈米材料、InN 奈米材料、CdS 奈米材料等多個體系裡都觀察到了這一結果。由於奈米發電機的各向異性、小的輸出訊號以及測量系統和周圍環境的影響，對奈米發電機輸出訊號真實性的判定至關重要。王中林團隊還給出了「正反接」、「電流並聯疊加」、「電壓串聯疊加」等 3 類判據共 11 項判斷準則，以檢驗所得訊號的真偽。這些判據準則適用於所有類型的奈米發電機，可以作為判斷發電機輸出訊號真假的標準。

　　雖然上述工作開創了奈米能源領域的研究，但是單根壓電奈米線的輸出功率非常小，為了通過規模化方法來大幅度地提高輸出功率，需要開發新方法。在此基礎上，2007 年王中林團隊首次成功研發出基於垂直奈米線陣列的、由超音波驅動的、可獨立工作的、能連續不斷輸出直流電的奈米發電機[2]，為技術轉化和應用奠定了原理性的基礎，並邁出了關鍵性的一步。

　　首先，王中林團隊根據單根 ZnO 奈米線奈米發電機的工作原理，引入鋸齒

形電極，取代原來單個 AFM 針尖頭，來收集數百萬根奈米線產生的電能。鋸齒形電極的作用就像一系列相互平行的 AFM 針尖一樣，電極被放置在奈米線陣列上方一定距離處，彎曲或振動引起的奈米線與電極之間的相對彎曲，位移有望產生連續不斷的電能輸出。輸出電流是所有起作用的奈米線輸出電流之和，而由於所有的奈米線是並聯的，因此奈米發電機的輸出電壓只由單根奈米線的輸出電壓決定。其後，將該法製備的陣列型 ZnO 奈米發電機封裝好置於水中，以 50Hz 的超音波進行驅動。圖 5-8 給出了超音波被打開和關閉時的短路電流，測量結果清楚地表明，輸出電流來源於超音波激發下的奈米發電機，因為電流輸出與超音波的工作週期完全一致。類似的情況在開路電壓的測量中也可以觀察到［圖 5-8 (f)］。這種類型的奈米發電機表現出約 500nA 的高電流輸出和約 10mV 的高電壓輸出，考慮到奈米發電機的有效區域為 6mm²，這相當於輸出的電流密度約為 8.3μA/cm²，功率密度約為 83nW/cm²。

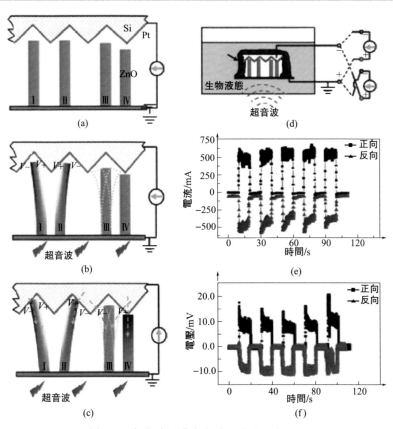

圖 5-8　超音波驅動奈米發電機的工作原理

如前所述，鋸齒形電極可以作為集成化的平行針尖陣列，從所有有效的奈米線同時產生、收集並輸出電能。然而，在這一設計中，奈米線的不均勻高度以及在基底上的隨機分佈可能會使得很大一部分奈米線對能量轉換不起作用，另外，由於這種鋸齒形電極製備過程中涉及微加工等工藝，過程複雜、成本較高。其後王中林團隊提出一個新的奈米發電機製備方法，它由集成化的成對奈米刷組成，而這些奈米刷是由覆蓋金屬鍍層的錐形 ZnO 奈米線陣列和六方柱狀 ZnO 奈米線陣列構成。它們可以在低於 100°C 的條件下利用水熱化學方法分別在普通基底的兩面生長，把一片這種結構的基底緊密地放置在另外一片上形成一層一層的刷狀結構，就可以在超音波的激發下產生直流電，集成四層構成的奈米發電機（圖 5-9）可以輸出電壓為 62mV、功率密度為 110mW/cm² 的直流電。

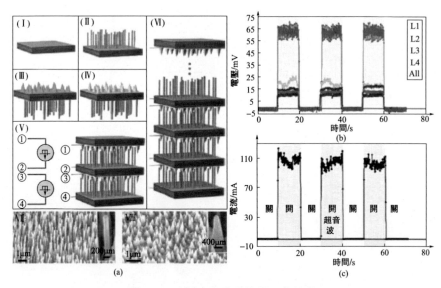

圖 5-9　多層奈米發電機的工作原理

2008 年，因為 ZnO 材料可以在任意基底（如聚合物、半導體、金屬）上進行水熱生長，所以王中林團隊以織物纖維取代上述工作中的硬基底，製備出纖維狀奈米發電機。利用水熱法，ZnO 奈米線沿徑向生長在 Kevlar 129 纖維的表面，然後利用正矽酸乙酯使得奈米線之間、奈米線與纖維之間相互化學鍵合。把一根表面生長 ZnO 奈米線的纖維和另一根表面先生長奈米線再鍍金的纖維相互纏繞在一起，就組裝出一個雙纖維奈米發電機。固定一根纖維的兩端，讓另一根纖維來回運動，由於壓電、半導體耦合作用，兩根纖維之間的相對擦拭運動就導致輸出電流的產生。在這一設計中，鍍金的 ZnO 奈米線像一排掃描的金屬針尖一樣彎曲植根於另一根纖維上的 ZnO 奈米線，ZnO 耦合的壓電性能和半導體性能導

致了電荷的產生、積累和釋放過程。通過測試表明，所有鍍金的纖維是可運動的（圖 5-10）。在運動頻率為 80r/min 時，可以獲得平均大小約為 0.2nA 的電流、1mV 左右的開路電壓。進一步研發出可以利用衣料纖維來實現發電的「發電衣」的原型發電機，真正實現了「只要能動，就能發電」的願望。該研究為將來開發柔軟、可摺疊的電源系統打下基礎。

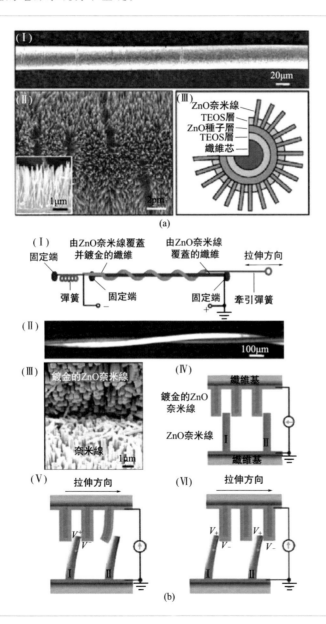

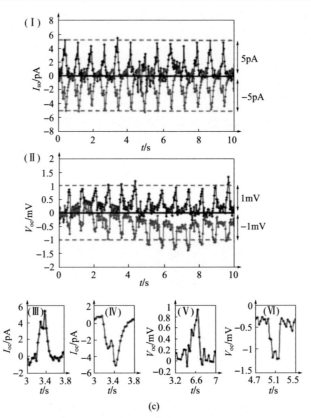

圖 5-10　氧化鋅奈米線包裹的 Kevlar 纖維和由低頻、外界
振動/摩擦/拉動力驅動基於纖維的奈米發電機的設計原理

　　C 軸取向的 ZnO 奈米線除了彎曲時其內部會產生壓電勢，單軸拉伸時也會產生壓電勢。基於這一原理，王中林教授團隊製備出一種基於對壓電細線做週期性拉伸-釋放的交流發電機。壓電細線牢牢地和兩端的金屬電極接觸，橫向黏結並且被封裝在一個彈性基底上。當壓電細線被彎曲的基底拉伸時，沿著壓電細線會產生一個壓電電勢降。至少在壓電細線的一端做成一個肖特基勢壘，以此作為阻擋外電路電子流過壓電細線的「門」，因此壓電電勢可得以保存。當壓電細線分別被拉伸和釋放時，這個壓電細線可作為一個「電容器」和「電荷泵」，用來驅動外電路中電子的來回流動而形成一個充放電過程。在 $0.05\%\sim0.1\%$ 範圍的形變下重複地拉伸和釋放單根壓電細線，可以產生一個達 50mV 的交流輸出電壓，壓電細線的能量轉換效率可以達到 6.8%。

　　柔性基底上壓電細線發電機的設計原理如圖 5-11 所示。其中圖 5-11(a) 為壓電細線放在 Kapton 膜基底上，它的兩端與基底和連接導線緊密相連。為了封

裝，把整個壓電細線和介面覆蓋一層絕緣柔性聚合物或者石蠟。圖 5-11(b) 中基底的機械形變產生拉伸應變，並且在壓電細線產生相應的壓電勢，以此驅動外部負載中電子的流動。

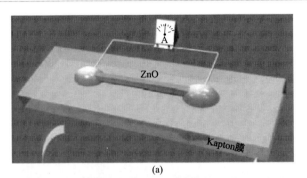

(a)

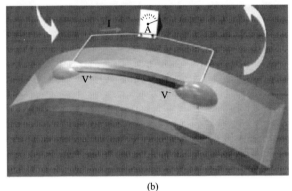

(b)

圖 5-11　柔性基底上壓電細線發電機的設計原理

　　然而，基於單根奈米線的奈米發電機輸出功率相當有限。在實際應用中，必須對交流奈米發電機進行規模化的設計，將上百萬根奈米線的輸出集成起來，從而提高輸出功率。2009 年，王中林團隊通過種子層設計和定向生長，得到 C 軸一致的 ZnO 奈米線陣列。極性一致取向的奈米線可以產生宏觀的壓電勢。基於這一平行的 ZnO 奈米線陣列，製備出大面積橫向集成奈米發電機（LING）陣列。對於提高橫向集成奈米發電機的輸出電壓和輸出電流來說，集成更多的 ZnO 奈米線、改進電極與 ZnO 奈米線的接觸、增加應變以及應變速率都是非常重要的。圖 5-12 給出了橫向集成奈米發電機的輸出電壓和輸出電流，在應變速率為 2.13％/s、應變為 0.19％ 的情況下，該橫向集成奈米發電機可以輸出約 1.2V 的平均電壓。這個橫向集成奈米發電機由 700 行奈米線構成，每行含有約 20000 根奈米線，當 Kapton 膜機械變形時，可以測得 1.2V 的正向電壓脈衝和

26nA 的脈衝電流。這一輸出接近並達到傳統電池的輸出電壓，這一突破為奈米發電機在傳統電子元件中的應用提供了可行性方案[4]，將極大地推動奈米發電機在便攜式電子產品中的實際應用。

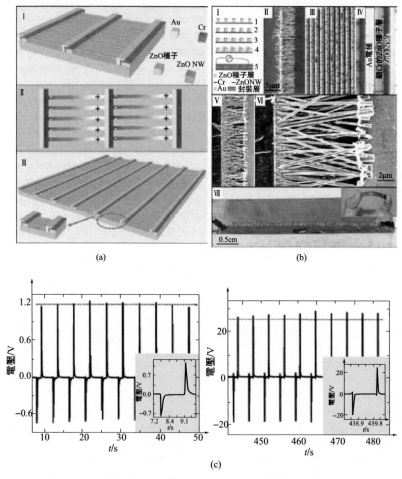

圖 5-12　橫向集成奈米發電機（LING）　陣列的設計原理

利用上述方法得到了大面積集成的奈米線發電機陣列，但是其製備工藝較為複雜。2010 年，王中林團隊利用可擴展的刮掃式印刷方法製備出柔性高輸出奈米發電機（HONG），如圖 5-13 和圖 5-14 所示。該發電機可以有效地收集機械能來驅動一個小型商用電子元件。在該工作中，奈米發電機的輸出通過集成成百上千根水平一致取向的奈米線而與奈米線數量成比例的提高，這種集成是利用一種簡單、廉價而且高效的刮掃式印刷方法實現的。

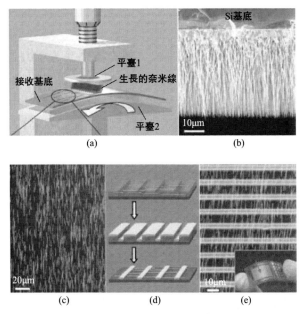

圖 5-13　HONG 的製備過程和結構表徵

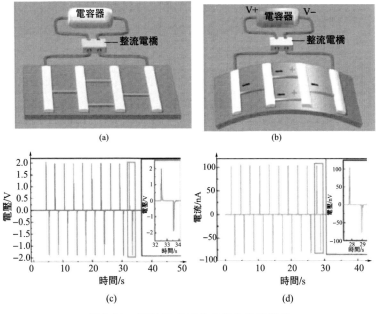

圖 5-14　HONG 的工作原理和輸出測量

　　對於奈米發電機的實際應用來說，儲存其所發電量和驅動功能裝置是至關重要的步驟。在該工作中，通過使用一個充電-放電電路，經過連續的兩步實現了這些目標（圖 5-15）。開關的狀態決定了電路的功能[圖 5-15(a)]。開關打在位置 A 時，通過向電容器充電來儲存電量。充電完成後開關打在位置 B，通過釋放電量驅動一個功能裝置，如發光二極管。

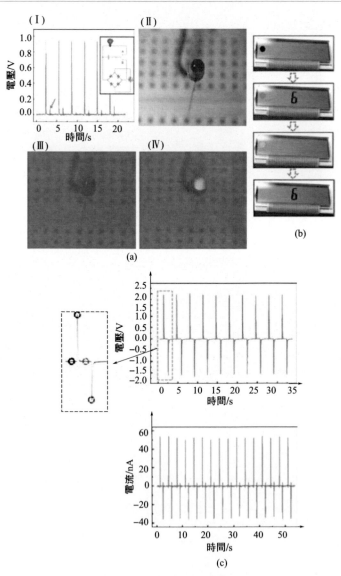

圖 5-15　應用 HONG 產生的電能驅動商用發光二極管

5.2.3 摩擦奈米發電機

5.2.3.1 摩擦起電的起源

　　摩擦起電（接觸起電）發現於古希臘時代，雖然距今已有 2600 多年歷史，但是有關摩擦起電的原理仍存有很多爭論。多數教科書中認為：當兩種不同的材料接觸摩擦時，在接觸位置會形成化學鍵[3]。於是電荷會從其中的一種材料被吸附到另一種材料表面使兩者的電勢相等；而當這兩種不同的材料分離時，其中一種材料會吸收電子而帶負電荷，而另一種材料則損失電子而帶正電荷，這樣兩者碰觸的介面就形成摩擦電荷。摩擦起電現像在多數不導電的材料上比較常見，同時因摩擦而產生的電荷也能在其表面保持比較長的時間。但是最核心、最重要的問題是，在起電過程中，電荷轉移是通過電子轉移還是離子轉移來實現的。金屬與金屬之間或金屬與半導體之間的摩擦起電，通常認為是電子轉移，並可以通過功函或接觸電勢的不同來解釋。而通過引入表面態的概念，電子轉移理論可以在一定程度上解釋金屬與絕緣體之間的摩擦起電。但是，離子轉移也可以用來解釋摩擦起電，並且更適用於含有聚合物的起電體系，例如其中的離子或官能團主導了起電現象的產生。迄今為止，仍未有一種令人信服的理論能夠用來揭示摩擦起電的主導機制究竟源於電子轉移還是離子轉移。

　　2012 年，王中林團隊利用摩擦起電和靜電感應的原理，成功研製出柔性摩擦奈米發電機（TENG）。該技術可以精確地表徵不同溫度下的表面電荷密度，為解決摩擦起電中的難題提供了一種新思路。通過設計可以工作在高溫下的 TENG，實現了表面電荷密度/電荷量的即時與定量測量，從而揭示了摩擦起電過程中的電荷特性與根本機制，發現了兩種不同固體材料間的摩擦起電主要源於電子轉移。此外，該研究還揭示了不同材料的表面有著不同的勢壘高度，正是由於該勢壘的存在，使得摩擦起電產生的電荷能夠儲存於表面而不致逃逸。基於上述的電子轉移主導的摩擦起電機制，該研究進一步提出了一種普適的電子雲-勢阱模型，首次實現了任何兩種傳統材料間摩擦起電原理的統一解釋（圖 5-16）。

5.2.3.2 摩擦奈米發電機的起源

　　2012 年，王中林團隊利用摩擦起電和靜電感應的原理，成功研製出柔性摩擦電發電機以及基於該原理的透明摩擦電發電機兼高性能壓力感測器[8]。整個摩擦電發電機依靠摩擦電電勢的充電泵效應，將兩種鍍有金屬電極的高分子聚合物薄膜——聚酰亞胺（Kapton）膜和聚對苯二甲酸乙二醇酯（PET）膜貼合在一起組成裝置。在施加壓力的過程中，兩種薄膜接觸起電，分別在兩個薄膜表面聚集正電荷和負電荷，薄膜緊密接觸時不產生電勢差；當撤去壓力後兩個薄膜緩

慢分離，正電荷聚集的薄膜上電勢為正，負電荷聚集的薄膜上電勢為負，從而兩個薄膜之間形成電勢差，驅動外電路中電子在薄膜的電極之間流動，進而產生一個電流脈衝，轉移的電荷平衡了之前的電勢差；再次施加壓力時薄膜緊密接觸，電子流回並產生一個反方向的電流脈衝。整個過程將摩擦奈米發電機的機械能轉化為電能。對於僅 $3cm^2$ 大小的單層摩擦奈米發電機，其輸出電壓可以高達200～1000V，輸出電流為 $100mA$，可以瞬時帶動幾百個 LED 燈、無線探測和感測系統、手機電池充電等[9~14]。與之前提出的壓電奈米發電機相比，摩擦奈米發電機的輸出功率更高，而且裝置製備簡單、原材料價格低廉（圖 5-17）。

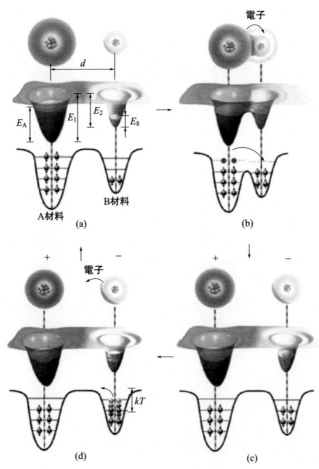

圖 5-16　（ａ）～（ｃ）　兩種不同材料的原子的電子雲和勢阱（三維和二維圖）　在接觸起電前、起電時和起電後的狀態；（ｄ）　在較高溫度下的放電狀態

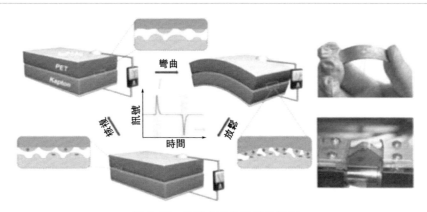

圖 5-17　摩擦奈米發電機的提出

5.2.3.3　摩擦奈米發電機的四種工作模式

　　自 2012 年 1 月「摩擦奈米發電機」的概念提出之後，在短短的 3 年時間內製作出各式各樣的奈米發電機，其輸出功率密度成長了數倍，且仍在成長，如圖 5-18所示。

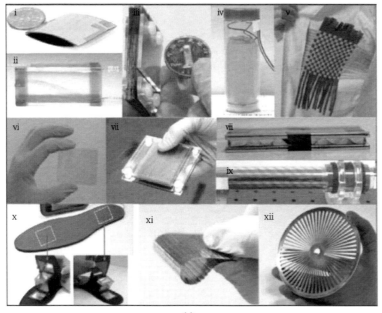

(a)

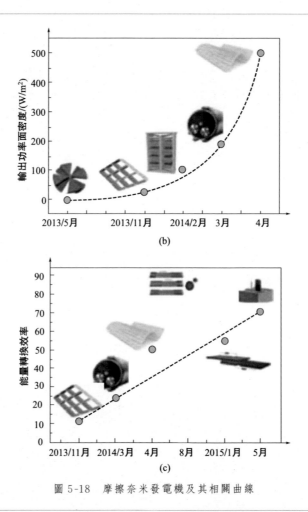

圖 5-18　摩擦奈米發電機及其相關曲線

　　摩擦奈米發電機的工作模式可分為四種：接觸式摩擦奈米發電機、滑動式摩擦奈米發電機、單電極式摩擦奈米發電機和自由運動式摩擦奈米發電機（圖 5-19）。不同的模式，可以用於收集不同形式的機械能，從而使摩擦奈米發電機能夠更加廣泛地應用於生活和生產中。下面詳細介紹各個工作模式中裝置的結構和工作原理。在每個工作模式中都有兩種材料形式可以選擇：絕緣-絕緣材料形式、絕緣-導體材料形式。在接觸-分離模式中，將分別對這兩種材料形式進行詳細介紹；其餘工作模式中，只介紹典型的絕緣-絕緣材料形式，絕緣-導體材料形式不再贅述。

（1）接觸式（接觸-分離模式）摩擦奈米發電機

　　接觸-分離模式是指摩擦奈米發電機在工作過程中，兩個薄膜不斷地以接觸-

分離的方式進行工作。在該模式中，兩種材料依靠接觸起電，使得摩擦材料的表面帶電。一次接觸-分離過程為裝置的一個工作週期。該模式有兩種材料選擇形式：絕緣-絕緣材料形式和絕緣-導體材料形式，下面詳細介紹兩種材料形式的裝置結構和工作原理。

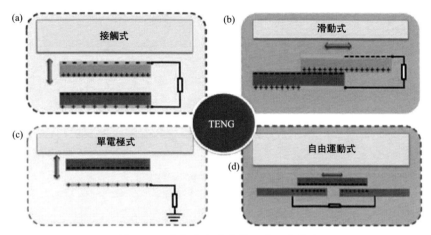

圖 5-19　摩擦奈米發電機四種工作模式

　　① 絕緣-絕緣材料形式　該形式的摩擦奈米發電機於 2012 年 1 月由王中林團隊提出（圖 5-20）[15]，其核心結構是外側鍍有電極的 A、B 兩片絕緣材質薄膜。設定 A 薄膜材料比 B 薄膜材料更容易得到電子，則在發生接觸起電的過程中，電子由 B 薄膜表面轉移到 A 薄膜表面。以 A、B 薄膜緊密接觸的狀態為起始狀態。當 A、B 薄膜接觸時，內電路中電子由 B 薄膜表面轉移至 A 薄膜表面；在 A、B 薄膜分離的過程中，B 薄膜表面的正電荷導致 B 薄膜具有較高的電勢，該電勢差驅動電子從外電路中由 A 薄膜的電極流向 B 薄膜的電極，從而平衡該電勢差；直到該電勢差全部被封鎖，此時 A、B 薄膜分別處於平衡狀態；同理，當 A、B 薄膜反方向運動接觸時，距離的接近再次打破 A、B 薄膜的平衡狀態，使得 A 薄膜具有較高的電勢，該電勢差驅動電子從外電路中由 B 薄膜的電極流回 A 薄膜的電極，直到 A、B 薄膜再次緊密接觸，恢復平衡狀態；至此完成摩擦奈米發電機的一個發電週期。在一個發電週期中，電子在 A、B 薄膜的電極之間往復運動一次，產生兩個方向相反的電流脈衝。

　　王中林團隊範鳳如、朱光等於 2012 年設計出絕緣-絕緣材料形式垂直直接接觸的摩擦奈米發電機。通過刻蝕方法將 Kapton 膜表面修飾有奈米線陣列，然後通過 Kapton 膜與 PMMA（聚甲基丙烯酸甲酯）進行摩擦。因為在兩個高分子膜中間加入了一個絕緣層框架，保證了兩者的接觸後順利地分離，從而產生 110V

的開路電壓。該工作詳細地解釋了這種垂直接觸式摩擦奈米發電機的發電原理，
為後續發電機的性能提升和改善奠定了重要的基礎（圖 5-21）[16]。

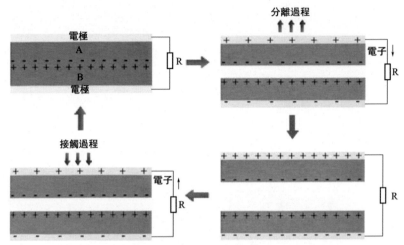

圖 5-20　絕緣-絕緣材料形式的摩擦奈米發電機
在接觸-分離模式下的工作原理

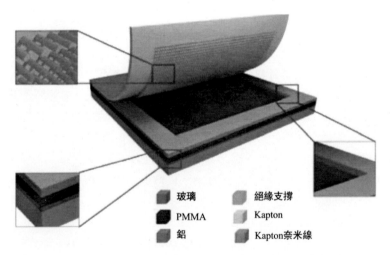

圖 5-21　朱光等設計的接觸式摩擦奈米發電機示意圖

②　絕緣-導體材料形式　該形式的摩擦奈米發電機於 2012 年 9 月提出
（圖 5-22）[17]，其核心結構是外側鍍有電極的 A 絕緣材質薄膜和金屬薄膜。與絕
緣-絕緣材料形式的主要區別是，在該模式中，金屬薄膜同時擔任摩擦材料和電
極的角色。金屬材料容易失去電子，故一般選定容易得電子的絕緣材料為 A 薄

膜，在發生接觸起電時，電子由金屬薄膜表面轉移到 A 薄膜表面。同樣以 A 薄膜和金屬薄膜緊密接觸的狀態為起始狀態。當 A 薄膜和金屬薄膜接觸時，內電路中電子由金屬薄膜表面轉移至 A 薄膜表面；在 A 薄膜和金屬薄膜分離的過程中，金屬薄膜表面的正電荷導致金屬薄膜具有較高的電勢，該電勢差驅動電子從外電路中由 A 薄膜的電極流向金屬薄膜的電極，從而平衡該電勢差；直到電勢差全部被封鎖，此時 A 薄膜和金屬薄膜分別處於平衡狀態；同理，當 A 薄膜和金屬薄膜反方向運動處於接觸過程時，距離的接近再次打破 A 薄膜和金屬薄膜的平衡狀態，使得 A 薄膜具有較高的電勢，該電勢差驅動電子從外電路中由金屬薄膜的電極流回 A 薄膜的電極，直到金屬薄膜和 A 薄膜再次緊密接觸，恢復平衡狀態；至此完成摩擦奈米發電機的一個發電週期。同樣在一個發電週期中，電子在 A 薄膜的電極和金屬薄膜的電極之間往復運動一次，產生兩個方向相反的電流脈衝。

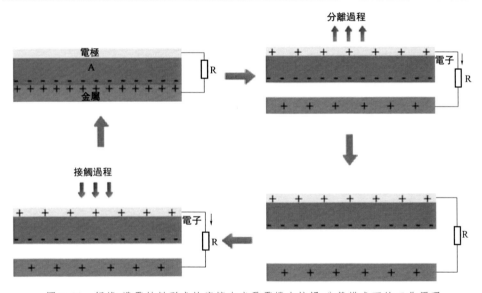

圖 5-22　絕緣-導電材料形式的摩擦奈米發電機在接觸-分離模式下的工作原理

王中林團隊也於 2012 年設計出以絕緣-導體材料形式為拱形結構的接觸式摩擦奈米發電機，如圖 5-23 所示。該團隊將 PDMS 和鋁兩個摩擦材料的表面都進行奈米結構修飾，從而提升其輸出性能。該拱形結構的接觸式摩擦奈米發電機的開路電壓能夠達到 230V，短路電流為 0.13mA，且其能夠有效地向手機充電。

這種接觸式摩擦奈米發電機能夠有效地將環境中振動、拍打和衝擊等形式的機械能直接轉化成電能，因此具有很大的應用前景。

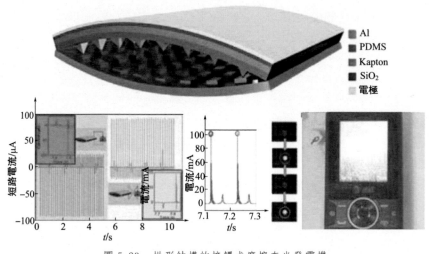

圖 5-23　拱形結構的接觸式摩擦奈米發電機

(2) 滑動式摩擦奈米發電機

　　摩擦奈米發電機在水平滑動模式下的工作原理如圖 5-24 所示，以絕緣-絕緣材料形式為例，其核心結構與接觸-分離模式相同，是外側鍍有電極的 A、B 兩片絕緣材質薄膜。同樣設定 A 薄膜材料比 B 薄膜材料更容易得到電子。以 A、B 薄膜完全重合的狀態為起始狀態。當 A、B 薄膜相對滑動時，內電路中電子由 B 薄膜表面轉移至 A 薄膜表面；外電路中，A、B 薄膜接觸的部分電勢仍然平衡，而已經分離的部分 A 薄膜的電勢因負電荷而降低、B 薄膜的電勢因正電荷而升高，該電勢差驅動電子從外電路中由 A 薄膜的電極流向 B 薄膜的電極，從而平衡該電勢差；直到相對滑動的過程結束，該電勢差全部被封鎖，電子轉移停止，A、B 薄膜分別處於平衡狀態；同理，當 A、B 薄膜反方向滑動的過程中，A、B 薄膜的重合再次打破 A、B 薄膜的平衡狀態，分離部分薄膜的電勢仍然平衡，而重合部分 A 薄膜的電勢因多餘的正電荷而升高、B 薄膜的電勢因多餘的負電荷而升高，使得 B 薄膜具有較高的電勢，該電勢差驅動電子從外電路中由 B 薄膜的電極流回 A 薄膜的電極，直到 A、B 薄膜完全重合，恢復平衡狀態；至此完成摩擦奈米發電機的一個發電週期。在一個發電週期中，電子在 A、B 薄膜之間往復運動一次，產生兩個方向相反的電流脈衝。

　　滑動模式與接觸-分離模式的主要區別是：接觸-分離模式中兩種材料通過接觸起電的方式使材料表面帶電，而滑動模式中材料通過摩擦起電的方式使材料表面帶電；接觸-分離模式在接觸和分離的瞬間驅動電子流動，電子轉移發生的過程非常短；而滑動模式的電子轉移過程發生在整個滑動過程中。

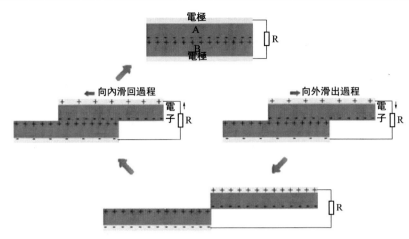

圖 5-24　摩擦奈米發電機在水平滑動模式下的工作原理

　　王中林團隊於 2013 年設計出滑動式摩擦奈米發電機。他們通過刻蝕方法將
PTFE 膜（聚四氟乙烯）表面進行奈米線陣列修飾，然後將表面修飾後的 PTFE
膜與尼龍高分子膜進行摩擦而分別帶有不同的電荷，如圖 5-25 所示。當兩個高
分子薄膜因滑動而分離時，其背後的電極因為電勢差的原因，會驅動電子在外電
路流動而產生電流。該裝置能夠產生大約 1300V 的高壓，並且其輸出功率密度
可達到 $5.3W/m^2$。

圖 5-25　滑動式摩擦奈米發電機的工作原理[15,16]

(3) 單電極式摩擦奈米發電機

　　摩擦奈米發電機在單電極模式下的工作原理如圖 5-26 所示，以絕緣-絕緣材料
形式為例，其核心結構是 A、B 兩片絕緣材質薄膜，一般選定容易得電子的絕緣材

料為 A 薄膜，B 薄膜外側鍍有電極並使電極接地。單電極模式的運動方式可以選擇接觸–分離模式，也可以選擇滑動模式。這裡以滑動模式為例，同樣設定 A 薄膜材料相比 B 薄膜材料更容易得到電子，以 A、B 薄膜緊密接觸的狀態為起始狀態。當 A、B 薄膜相對滑動時，內電路中電子由 B 薄膜表面轉移至 A 薄膜表面；外電路中，A、B 薄膜接觸的部分電勢仍然平衡，而已經分離的部分 B 薄膜的電勢因正電荷而升高，與大地之間的電勢差驅動電子從外電路中由大地流向 B 薄膜的電極，從而平衡該電勢差；直到相對滑動的過程結束，該電勢差全部被封鎖，電子轉移停止，B 薄膜處於平衡狀態；同理，當 A、B 薄膜反方向滑動的過程中，A、B 薄膜的重合再次打破 B 薄膜的平衡狀態，分離部分薄膜的電勢仍然平衡，而重合部分 B 薄膜的電勢因多餘負電荷而升高，使得 B 薄膜具有較高的電勢，與大地之間的電勢差驅動電子從外電路中由 B 薄膜的電極流回大地；直到 A、B 薄膜完全重合，恢復平衡狀態；至此完成摩擦奈米發電機的一個發電週期。在一個發電週期中，電子在 A 薄膜和 B 薄膜之間往復運動一次，產生兩個方向相反的電流脈衝。

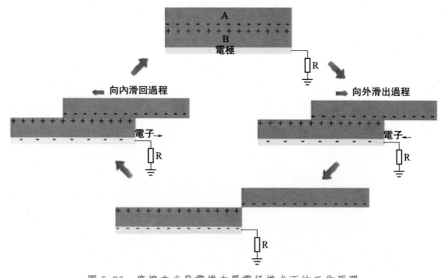

圖 5-26　摩擦奈米發電機在單電極模式下的工作原理

　　王中林團隊的 Yang Ya 等於 2014 年設計出單電極式摩擦奈米發電機，其工作原理如圖 5-27 所示。實驗時只需在 PDMS 高分子膜背面鍍上一層電極，然後將整個裝置接地。當其他物體與 PDMS 高分子膜相接觸時，因為兩種材料電負性的差異，其他物體與 PDMS 膜表面都會帶上相反的等量電荷。於是當其他物體離開 PDMS 膜時，因為 PDMS 膜背面的電極與地電極之間存在電勢差，於是驅動電子流經外電路而產生電流；同理，當兩種材料再次碰觸時，PDMS 膜背

面的電極與地電極之間電勢差又趨於相等,於是驅動電子經外電路流回原來的電極,即產生了一個反方向的電流。

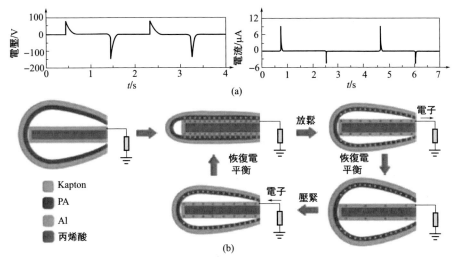

圖 5-27　單電極式摩擦奈米發電機的工作原理

　　對比接觸式和滑動式的裝置都設計有兩個電極,這種單電極式的裝置只需要一個電極就能發電,可以理解為該模式的摩擦奈米發電機因為把地當作一個電極,所以設計裝置時只需要設計一個電極即可。這種模式的裝置因為設計簡單、易於製備,所以極大地豐富了摩擦奈米發電機的類型,也促進了其在實際生活中的應用。

（4）自由運動式（獨立模式）摩擦奈米發電機

　　摩擦奈米發電機在獨立模式下的工作原理如圖 5-28 所示,以絕緣-絕緣材料形式為例,其核心結構與單電極模式的結構類似,主要區別是具有電極的一側,其電極是不連續的,外電路連接在這些分立的電極之間。獨立模式的運動方式為滑動模式,設定 A 薄膜材料相比 B 薄膜材料更容易得到電子,以 A 薄膜與 B 薄膜右側電極對齊的狀態為起始狀態。A 薄膜沿水平方向從右向左滑動過程中,內電路中電子由 B 薄膜表面轉移至 A 薄膜表面,使得整個 B 薄膜表面帶電;同時由於 A 薄膜處於 B 薄膜的左側,使得 B 薄膜的右側電勢高於左側電勢,從而驅動電子從外電路由左側電極流向右側電極,直至 B 薄膜上的電勢差被完全封鎖。A 薄膜沿水平方向從左向右滑動時,滑動的過程打破 B 薄膜兩端的平衡狀態,使得 B 薄膜左側具有較高的摩擦電勢,該電勢驅動電子從外電路由右側電極流回左側電極,直至 B 薄膜上的摩擦電勢差被完全封鎖。A 薄膜沿水平方向

再次從右向左滑動時，使得 B 薄膜的右側電勢高於左側電勢，從而驅動電子從外電路由左側電極流向右側電極，電子在 B 薄膜的兩個電極內往復運動[18]。

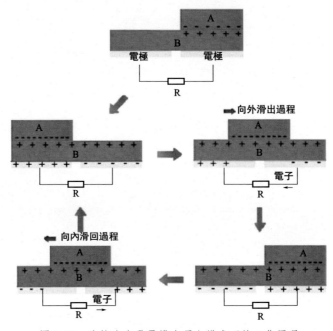

圖 5-28　摩擦奈米發電機在獨立模式下的工作原理

　　王中林團隊 Wang Sihong 等於 2012 年設計出自由運動式摩擦奈米發電機，如圖 5-29 所示。這種自由運動式的發電機是由一個可以自由運動的絕緣體（通常用絕緣體薄膜）和兩個電極組成的。然後通過絕緣體與兩個電極之間的摩擦，使絕緣體和電極均帶上摩擦電荷。因為兩個電極之間的電勢是隨著上端的絕緣體的往返運動不斷改變的，所以就形成方向不斷改變的電流，該裝置就是通過這種方式將其他能量轉換成電能的。

　　自由運動式摩擦奈米發電機具有獨特的優勢：當自由運動的絕緣體因摩擦而帶上電荷後，其之後與兩個電極之間的摩擦是允許存在一定間隙的。即只要一開始因摩擦而帶上電荷，之後的摩擦過程中該絕緣體沒有必要和兩個電極進行緊密接觸。由此帶來的技術優勢主要有以下幾點。

　　a. 因為可以不用緊密接觸摩擦，所以絕緣體表面修飾的奈米線陣列的壽命可以比之前提升好幾倍。

　　b. 因為可以不用緊密摩擦，所以在摩擦過程中該絕緣體受到的摩擦力大大降低，而輸出的電流、電壓等訊號僅僅比緊密摩擦下的電流、電壓等訊號稍微有所降低，這意味著其能量的轉換效率大大提升。

　　c. 該運動的絕緣體不需要導線連接，而連著兩個導線的電極都是固定不動的，這樣就能脫離導線和絕緣體帶來的範圍限制，同時大大增加了該模式的摩擦奈米發電機的實用性和便利性。因為脫離了絕緣體帶來的限制，只需要固定兩個電極即可，所以摩擦的物體可以擴展為人體、汽車等。

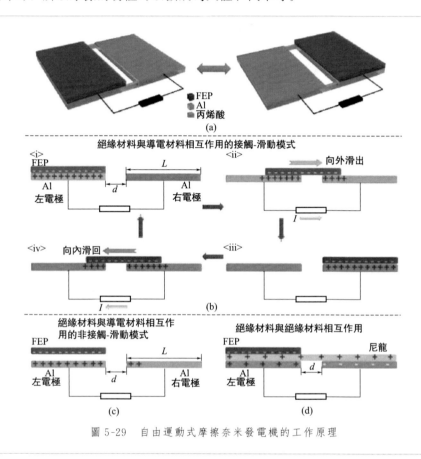

圖 5-29　自由運動式摩擦奈米發電機的工作原理

5.3　奈米儲能裝置

5.3.1　奈米儲能裝置簡介

　　作為奈米能源系統中一個重要的環節，能量儲存是一個非常關鍵的部分。當奈米發電機把環境中的振動能轉化成電能後，就可以驅動各種用電電器。但是在

實際工作中，各種感測器並非連續工作，而是間歇工作，隔幾秒、幾分鐘甚至幾小時採集一個數據，然後通過無線訊號發送出去。這就要求奈米能源系統內存在一個奈米儲能裝置，將平時收集到的能量儲存起來。常見的儲能裝置有鋰離子電池、超級電容器等，下面主要介紹鋰離子奈米材料電池與超級電容器兩類裝置。

5.3.2　奈米材料電池

鋰離子奈米材料電池是一種二次電池（充電電池），它主要依靠鋰離子在正負極之間移動而工作。鋰離子電池是以鋰離子嵌入化合物為正極材料的電池總稱。鋰離子電池的充放電過程，就是鋰離子的嵌入和脫嵌過程。在鋰離子的嵌入和脫嵌過程中，同時伴隨著與鋰離子等當量電子的嵌入和脫嵌（習慣上正極用嵌入或脫嵌表示，而負極用插入或脫插表示）。在充放電過程中，鋰離子在正負極之間往返嵌入/脫嵌和插入/脫插，被形象地稱為「搖椅電池」。

如圖 5-30 所示，當對電池進行充電時，電池的正極上有鋰離子生成，生成的鋰離子經過電解液運動到負極。而作為負極的碳呈層狀結構（有很多微孔），達到負極的鋰離子就嵌入到碳層的微孔中，嵌入的鋰離子越多，充電容量越高。同樣，當對電池進行放電時（即人們使用電池的過程），嵌在負極碳層中的鋰離子脫出，又運動回正極。回正極的鋰離子越多，放電容量越高。隨著奈米材料的研究和應用，鋰離子電池取得了長足的進展。

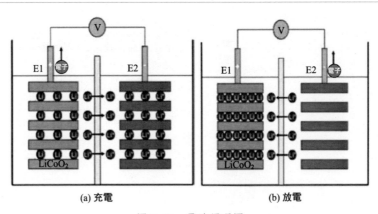

(a) 充電　　　　　　　　　　(b) 放電

圖 5-30　電池原理圖

（1）高容量矽碳負極

作為鋰離子電池的重要組成部分，負極材料直接影響著電池的能量密度、循環壽命和安全性能等關鍵指標。矽是目前已知比容量（4200mA·h/g）最高的鋰離子電池負極材料；但由於其超過 300% 的體積效應，矽電極材料在充放電過程

中會粉化而從集流體上剝落，使得活性物質與活性物質、活性物質與集流體之間失去電接觸，同時不斷形成新的固相電解質層（SEI），最終導致電化學性能的惡化。為了解決這一問題，研究人員進行了大量探索與嘗試，其中矽碳複合材料就是很有應用前景的材料。

碳材料作為鋰離子電池負極材料，在充放電過程中體積變化較小，具有良好的循環穩定性和優異的導電性，因此常被用來與矽進行複合。在碳矽複合負極材料中，根據碳材料的種類可以將其分為兩類：矽與傳統碳材料和矽與新型碳奈米材料的複合。其中傳統碳材料主要包括石墨、中間相微球、炭黑和無定形碳；新型碳材料主要包括奈米碳管、碳奈米線、碳凝膠和石墨烯等。採用矽碳複合時，利用碳材料的多孔作用，約束和緩衝矽活性中心的體積膨脹，阻止粒子的團聚、阻止電解液向中心的滲透，保持介面和 SEI 膜的穩定性。

現在很多企業已經開始致力於這種新型負極材料的研發。

（2）鋰硫電池

鋰硫電池是以硫元素作為電池正極、金屬鋰作為負極的一種鋰電池。與一般鋰離子電池最大的不同是，鋰硫電池的反應機理是電化學反應，而不是鋰離子脫嵌。鋰硫電池的工作原理是基於複雜的電化學反應，到目前為止，對硫電極在充放電過程中形成的中間產物還未能進行突破性的表徵。一般認為：放電時負極反應為鋰失去電子變為鋰離子，正極反應為硫與鋰離子及電子反應生成硫化物，正負極反應的電勢差即為鋰硫電池所提供的放電電壓。在外加電壓作用下，鋰硫電池的正負極反應逆向進行，即為充電過程。

鋰硫電池最大的優勢在於其理論比容量（1672mA・h/g）和比能量（2600W・h/kg）遠高於目前市場上廣泛使用的其他鋰離子電池；而且由於單質硫儲量豐富，這種電池價格低廉且環境友好。然而，鋰硫電池也有以下缺點：單質硫的電子導電性和離子導電性差；鋰硫電池的中間放電產物會溶解到有機電解液中，多硫離子能在正負極之間遷移，導致活性物質損失；金屬鋰負極在充放電過程中會發生體積變化，並容易形成枝晶；硫正極在充放電過程中有高達 79％的體積膨脹、收縮。

解決上述問題一般從電解液和正極材料兩個方面入手：電解液方面，主要用醚類的電解液作為電池的電解液，電解液中加入一些添加劑，可以非常有效地緩解鋰多硫化合物的溶解問題；正極材料方面，主要是把硫和碳材料複合或者把硫和有機物複合，可以解決硫的不導電和體積膨脹問題。

（3）鋰空氣電池

鋰空氣電池是一種新型的大容量鋰離子電池，由日本產業技術綜合研究所與日本學術振興會共同研製開發。電池以金屬鋰作為負極，空氣中的氧氣作為正

極，兩電極之間由固態電解質隔開；負極採用有機電解液，正極則使用水性電解液。

在放電時負極以鋰離子形式溶於有機電解液，然後穿過固態電解質遷移到正極的水性電解液中；電子通過導線傳輸到正極，空氣中的氧氣和水在微細化碳表面發生反應後生成氫氧根離子，在正極的水性電解液中與鋰離子結合生成水溶性的氫氧化鋰。在充電時電子通過導線傳輸到負極，鋰離子由正極的水性電解液穿過固態電解質到達負極表面，在負極表面發生反應生成金屬鋰；正極的氫氧根離子失去電子生成氧氣。

鋰空氣電池通過更換正極電解液和負極鋰可以無需充電，放電容量高達 $50000mA \cdot h/g$；能量密度高，理論上 30kg 金屬鋰與 40L 汽油釋放的能量相同；產物氫氧化鋰容易回收，環境友好。但是循環穩定性、轉換效率和倍率性能是其不足之處。

2015 年，劍橋大學格雷開發出高能量密度的鋰空氣電池，其充電次數超過 2000 次，能源使用效率在理論上超過 90％，使鋰空氣電池的實用化又向前邁進了一步。

5.3.3　超級電容器

超級電容器也稱為電化學電容器，基於其高功率密度（$5 \sim 30kW/kg$，高出鋰離子電池 $10 \sim 100$ 倍）、極短的充電時間（幾分鐘甚至幾十秒）和超長的循環壽命（$10^4 \sim 10^6$ 次），在能源儲存領域受到了人們廣泛的關注。

（1）超級電容器的分類

按照裝置結構及儲能機制，超級電容器整體可以分為三類：雙電層電容器（EDLCs，Electric Double Layer Capacitors）、贗電容器（Pseudocapacitors，又稱法拉第電容器）和非對稱超級電容器（Asymmetric Supercapacitors）。非對稱超級電容器涵蓋較廣，包括電容型非對稱超級電容器（Capacitive Asymmetric Supercapacitors）和混合電容器（Hybrid Capacitors）。混合電容器的能量密度與其他超級電容器相比有明顯提升，同時保留較高的功率密度和循環穩定性。

（2）超級電容器的能量儲存機制

超級電容器的能量儲存機制在整體上可以分為雙電層電容器與贗電容器兩類。在電化學體系內，雙電層電容器是依賴於電解液內的帶電離子在電極表面的淨電荷吸附產生的雙電層實現電荷儲存的。這是一個純淨電荷吸附/脫附的過程，沒有氧化還原過程參與，沒有電荷穿過雙電層。隨著近些年先進表徵技術和模擬計算的應用，人們對溶劑化帶電離子在微孔結構內或碳材料表面形成雙電層的過

程有了更深入的認知和理解，離子排斥和離子交換同樣也參與到電極材料表面淨電荷形成的過程。

贗電容根據反應過程的不同分成以下三類：

① 低電勢沉積電容　在較低外加電壓下，質子（H^+）和鉛離子（Pb^{2+}）吸附在貴金屬（Ag、Au）表面。由於貴金屬成本較高以及電壓窗口較窄，低電勢沉積很少應用到能量儲存中。

② 氧化還原贗電容器　它是最常見的一種贗電容形式。它基於過渡金屬氧化物（MnO_2、RuO_2等）和導電高分子（PANi、PPy 等）表面及近表面的氧化還原反應過程，進行電荷的儲存和釋放。

③ 離子嵌入型贗電容　它的反應過程與嵌入型金屬離子電池的過程十分類似，只不過基於電極材料晶格尺寸或奈米級的顆粒尺寸，離子嵌入型贗電容主要發生在電極材料的近表面。因此與嵌入型金屬離子電池過程相比，其倍率性能和循環穩定性都有很大程度的提升。

（3）超級電容器展望

近年來，隨著眾多化學家、材料學家、物理學家和表徵專家的不懈努力，電池和超級電容器得到了迅速的發展。隨著理論研究的不斷深入、計算模擬手段的發展以及先進表徵技術（特別是原位表徵技術）的應用，使人們對電化學能量儲存裝置有了更深入的了解。與此同時，超級電容器領域的發展也迎來了以下全新的機遇和挑戰。

a. 超級電容器的能量儲存機制，雙電層電容器及贗電容器需要進一步的深入研究。

b. 需要探索和開發新的電極材料，來輔助研究能量儲存機制以及提升裝置性能。

c. 電解液需要進一步的優化，來拓寬超級電容器的工作電壓及能量密度。

d. 探索更多種類的低成本金屬離子電容器，比如鈉離子電容器、鋁離子電容器等。

e. 更多先進的原位表徵技術需要用於研究雙電層電容器碳材料的結構、能量儲存過程中離子動力學過程以及贗電容器能量儲存、釋放過程中材料結構的變化，以便於理解超級電容器的能量儲存機制。

f. 限域孔隙內的能量儲存過程很難被原位觀察，因此需要借助於先進的計算手段來擬合材料結構，以及分析施加電壓下的動力學過程。

g. 基於其高功率密度以及高循環穩定性和安全性，超級電容器與太陽能電池等能量獲取裝置及電子裝置的集成可以實現柔性可穿戴裝置的自供電和多功能化等特性。

h. 嚴重的自放電是限制超級電容器廣泛應用的重要原因之一。在未來超級

電容器的研究中，減緩自放電過程將受到越來越多的重視。

5.4　奈米能源裝置集成與應用

5.4.1　奈米能源儲存與管理系統

　　除了獨立作為能源收集裝置以外，摩擦奈米發電機還可以與儲能元件構成能源包[19～28]。2013 年 9 月報導了一種將摩擦奈米發電機和鋰離子電池相結合的柔性能源包，如圖 5-31 所示。摩擦奈米發電機將施加的動能轉化為電能，儲存於鋰離子電池中，使得鋰離子電池可以源源不斷地向外電路輸出一個恆定的電壓。

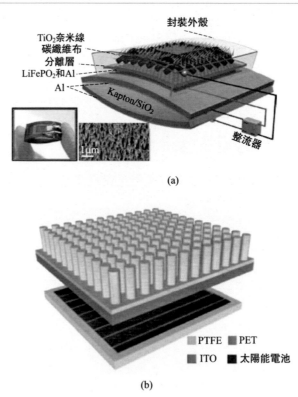

圖 5-31　摩擦奈米發電機與鋰離子電池[28]和太陽能電池的結合[29]

5.4.2　摩擦奈米發電機在自驅動系統中的應用

摩擦奈米發電機從概念提出到目前為止，已經在多個感測領域得到廣泛應用，如化學成分感測、壓力/觸覺感測、濕度感測、速度感測等。

（1）自驅動人機互動系統

2013 年 12 月提出的自驅動觸覺成像系統如圖 5-32(a) 所示，系統由摩擦奈米發電機陣列和發光二極管 （LED） 陣列組成。當觸摸基板時，摩擦奈米發電機將壓動的能量轉化為電能點亮對應位置的 LED，實現觸動位置的成像和運動軌跡的成像。

（2）自驅動振動和生物醫學感測

2014 年 5 月提出的自驅動心臟起搏器如圖 5-32(b) 所示。該系統包括可植入式摩擦奈米發電機和能量轉換儲存裝置兩部分。利用可植入式摩擦奈米發電機，收集呼吸運動部位產生的能量並儲存起來，用於驅動商用心臟起搏器工作，產生與醫用心臟起搏器一樣的電脈衝。根據理論計算，老鼠每呼吸 5 次，通過可植入式摩擦奈米發電機收集的能量可成功驅動心臟起搏器工作 1 次。如果應用到人體，僅通過呼吸就能夠連續驅動心臟起搏器正常工作。

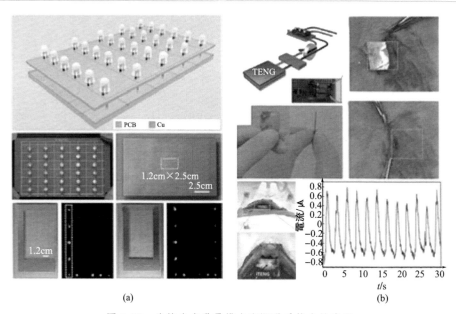

圖 5-32　摩擦奈米發電機在自驅動系統中的應用

(3) 移動物體自驅動感測

　　除了作為能源收集裝置以外，摩擦奈米發電機還可以應用於主動式感測器領域，利用運動過程中產生的電訊號，探測裝置的受力、位移和速度。在摩擦奈米發電機的摩擦材料表面修飾合適的分子或基團後，還可以探測環境中的有害物質或危險物質。

　　摩擦奈米發電機被製備成球形在主動式加速度感測器中的應用如圖 5-33(a) 所示，依據裝置的輸出電壓實現主動式加速度感測器的功能，其靈敏度可達 15.56V/g。將單電極式摩擦奈米發電機製備成叉指狀陣列，可用作主動式的位置和運動軌跡探測 [圖 5-33(b)]，實現主動式位置感測器的功能（採用編織金屬絲的方式），其最小的解析度可達到 200μm。另外，在摩擦奈米發電機的表面修飾微納結構後，可用於超靈敏的主動式應力感測器 [圖 5-33(c)]，其靈敏度可達 3.6Pa 左右。

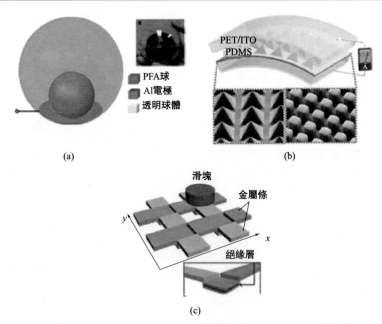

圖 5-33　摩擦奈米發電機在主動式加速度感測器中的應用[30,31]

(4) 自驅動化學/環境感測

　　王中林團隊於 2013 年設計出基於摩擦奈米發電機的化學成分感測器（圖 5-34），用於探測汞離子濃度。該工作主要利用金奈米顆粒和 PDMS 薄膜作為摩擦材料。當液體中存在汞離子時，它會吸附在金奈米顆粒上，從而使金奈米顆粒的失電子

能力增強，這樣發電機的輸出訊號（電流和電壓）也會增強。當溶液中汞離子濃度介於 100nmol/L～5μmol/L 之間時，其設計的摩擦奈米發電機都可有效地探測到。

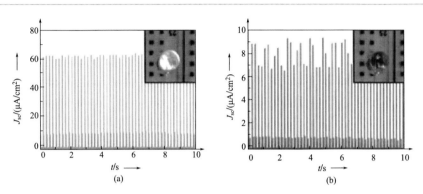

圖 5-34　基於摩擦奈米發電機的化學成分感測器

Zhang 等於 2013 年設計出一個基於摩擦奈米發電機的濕度感測器，能夠用於探測周圍環境空氣的濕度情況。該工作主要利用 PTFE 薄膜、銅和鋁等材料。因為空氣中的濕度不同（或者空氣中乙醇含量不同）時，摩擦層表面的吸附狀況也是不同的，所以不同濕度條件下摩擦奈米發電機的輸出訊號也是不同的。如圖 5-35所示，當空氣濕度在 40％RH～80％RH 或乙醇濃度在 0％～100％ 範圍改變時，該感測器的訊號輸出也是不斷改變的。

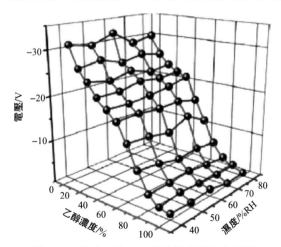

圖 5-35　基於摩擦奈米發電機的濕度感測器

　　Lin 等於 2014 年設計出基於摩擦奈米發電機的紫外感測器，能夠用來探測紫外線。該感測器主要由透明的 ITO 電極、PDMS 膜、TiO_2 奈米線陣列和鎳電極組成。因為 PDMS 膜電負性比 TiO_2 奈米線要高，所以摩擦時 PDMS 膜帶負電，而 TiO_2 奈米線帶正電。當外界有紫外線照射到 TiO_2 奈米線陣列或者紫外線的強度發生變化時，TiO_2 奈米線陣列的電阻就會產生改變，從而摩擦奈米發電機的輸出訊號也會相應改變。如圖 5-36 所示，該紫外感測器的輸出電流、電壓與紫外光的強度基本呈線性關係。當紫外光的強度從 $20\mu W/cm^2$ 增至 $7mW/cm^2$ 時，該紫外探測器可很靈敏地探測到。

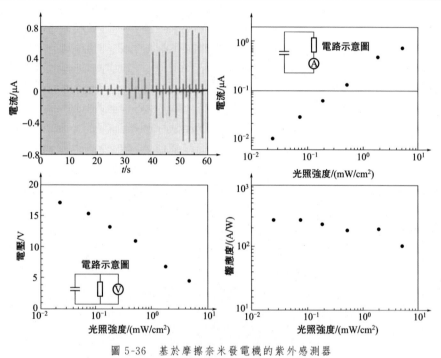

圖 5-36　基於摩擦奈米發電機的紫外感測器

5.4.3　摩擦奈米發電機與藍色能源

　　地球 70％ 多的表面被海洋所覆蓋，海洋能源取之不盡、用之不竭，人們稱之為「藍色能源」。與海底蘊藏的石油、煤炭、天然氣等化石能源不同，也與海水中溶解的鈾、鋰、鎂和重水等化學能源不同，海洋能源包括了多種不同形態的能量，如勢能（潮汐能）、動能（波浪能、洋流能）、熱能（海水溫差能）及物理化學能（鹽差能）等。它是一種新型的、綠色的、可再生的能源，既不容易枯

竭，也不會造成汙染。

　　人類自古就能利用海洋中的藍色能源，在幾百年前就出現了利用潮汐能的磨坊。中國是一個海洋能源豐富的國家，僅利用潮汐能發電就達上億千瓦時，尤其浙江的舟山群島及錢塘江等地區藍色能源極為豐厚，而且比較容易開發和利用。

　　雖然海洋中蘊含了豐富的能量，但是由於受技術和條件所限，人們還無法高效地對其充分收集和利用。雖然人們很早就利用潮汐能來發電，但是並不是每一個地方都適合建造大壩等設施。而且更重要的還是現今的發電技術不夠成熟，並不能非常有效地收集海洋中的藍色能源。因為當今的發電技術還是基於又大又重的電磁發電機，其由纏繞的金屬線圈、磁鐵和螺旋槳等結構構成，如圖 5-37 所示，該渦輪發電機高 18m，固定在 2500t 重的基座上。其發電原理是基於法拉第電磁感應定律，當波浪或者潮汐推動螺旋槳轉動時，螺旋槳會帶動金屬線圈在磁場中切割磁力線轉動而產生電流。但是海水或者波浪在大部分情況下都是緩慢流動的，而且其推動螺旋槳轉動的頻率要遠遠低於其正常的工作頻率，於是在此情況下電磁發電機收集能量的效率極其低下。此外，在海洋環境中，必須在海底建造平臺來支撐龐大笨重的電磁發電機，或者直接固定在海床上。這兩種固定電磁發電機的方式在技術上都存在一定的挑戰，而且施工成本昂貴。

圖 5-37　收集潮汐能的渦輪機

　　不同於現有的電磁發電收集海洋能的技術，可通過摩擦奈米發電機來高效地

直接從海洋中收集能量。這種摩擦奈米發電機輕便、簡單且成本低廉，能夠有效地收集海洋中低頻率的波浪等能量。

　　2013 年 8 月王中林團隊首次將摩擦奈米發電機應用於波浪發電，如圖 5-38(a) 所示，其結構採用封閉式的接觸-分離模式，把波浪起伏的能量轉化為電能；2013 年 12 月，一種類似於渦輪機的摩擦奈米發電機被提出〔圖 5-38(b)〕，其結構類似於影片形式的旋轉式摩擦奈米發電機，在水流流下的過程中，水流帶動一側扇葉狀影片旋轉，與另一側扇葉不斷地分離-重合，從而將水流的重力勢能轉化為電能；2014 年 3 月，獨立模式再次被應用於海浪發電〔圖 5-38(c)〕，其創新之處在於以水為一種摩擦材料，將具有分立電極的有機薄膜垂直插入水中，水波起伏的過程導致水面與有機薄膜之間的接觸面積發生變化，從而驅動電子通過外電路在分立電極之間流動，將水面波動的能量轉化為電能〔圖 5-38(d)〕。這種模式除了用於海浪發電以外，還可以用於雨水發電。以上幾種摩擦奈米發電機極大地拓展了水力發電的應用場合。

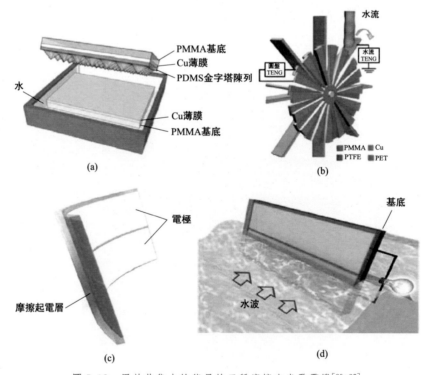

圖 5-38　用於收集水的能量的三種摩擦奈米發電機[25~27]

　　其後，王中林團隊又開發了一種「球中球」的結構，利用兩種不同材質的

小球在內部相對滑動收集海水波動能，如圖 5-39 所示。採用這種結構不用擔心海洋生物在外殼上附著，也不會對海洋造成汙染。據預測，通過將一個個奈米發電小球三維網狀連接，大約相當於山東省面積的海面能夠發出滿足全中國使用的能量。

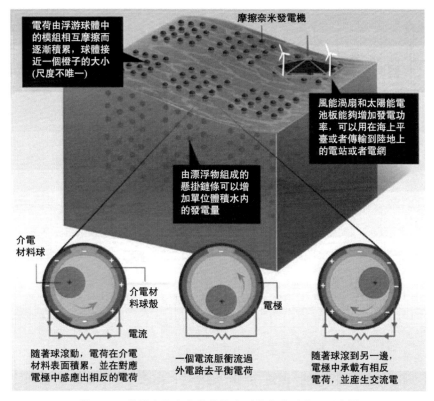

圖 5-39　利用摩擦奈米發電機陣列收集海洋能源示意圖

本章小結

奈米發電機無論在生物醫學、環境監測、無線通訊、無線感測甚至到個人攜帶式電子產品等方面都將有廣泛的應用。這一發明有可能收集機械能（例如人體運動、肌肉收縮、血液流動等所產生的能量）、震動能（例如聲波和超音波所產生的能量）、流體能量（例如體液流動、血液流動和動脈收縮所產生的能量），並將這些能量轉化為電能提供給奈米裝置，從而使奈米裝置或奈米機器人實現能量自供，並能持久地運轉。從大的方面看，奈米發電機所奠定的利用奈米結構實現

機械能轉換的科學原理甚至有可能應用於大範圍的能量收集，例如風能和海浪能等。

參考文獻

[1]　J. P. Holdren. Science. 2007, 315: 717.

[2]　Wang Z L, Scientific American , 2008, 1: 82.

[3]　Top 10 future technologies by New Scientist: http: //www. newscientist. com/article/me20126921. 800-ten-scifi-devices-that-could-soon-be-in-vour-hands.　html? full = true.

[4]　MIT Technology Review: Top 10 emerging technology in 2009: http: //www. technologyreview, com/video/?　vid = 257 = .

[5]　Digital Agenda: commission selects six future and emerging technologies（FET）projects to compete for research funding: http: //europa　eu/rapid/press-ReleasesAction　do?　reference　＝　IP/11/530&.format　＝　HTML&.aged　＝ 0&.language = en&.guilangu-age = en.

[6]　Winners of the 2018 Eni Awards announced: httpos: //www. eni. com/en-IT/media/press-release/2018/07/winners-of-the-2018-eni-a wards-announced. html.

[7]　Wang, Zhong Lin, and Jinhui Song. Piezoelectric nanogenerators based on zinc oxide nanowire arrays. Science, 2006, 312: 242-246.

[8]　Wang Z L. Catch wave power in floating nets. Nature, 2017, 542 (7640)：159-160.

[9]　Jagadish and S. J. Pearton（ed）. Elsevier. 2006.

[10]　M. H. Huang, S. Mao, H. Feick, et al. Science, 2001, 292: 1897.

[11]　Wei, Yaguang, et al. Wafer-scale high-throughput ordered growth of verti-cally aligned ZnO nanowire arrays. Nano Letters, 2010, 10 (9) 2010: 3414-3419.

[12]　X. D. Wang, J. H. Song and Z. L. Wang. J. Materials Chemistry, 2007, 17: 711.

[13]　Z, L. Wang, J. H. Song. Science, 2006, 312: 242

[14]　X. D. Wang, J. H. Song, J. Liu, et al. Science, 2007, 316: 102.

[15]　S. Xu, Y. G. Wei, J. Liu, et al. Nano Letters. , 2008, 8: 4027.

[16]　Qin, Yong, Xudong Wang, Wang Z L. Microfibre-nanowire hybrid structure for energy scavenging. Nature, 2008, 451 (7180)：809-813.

[17]　Yang, Rusen, et al. Converting biomechanical enerev into electricity by a muscle-movement-driven nanogenerator. Nano Letters, 2009, 9 (3)：1201-1205.

[18]　Xu, Sheng, et al. Self-powered nanowire devices. Nature nanotechnology, 2010, 5 (5)：366.

[19]　Zhu, Guang, et al. Flexible high-output nanogenerator based on lateral ZnO nanowire array. Nano Letters, 2010, 10 (8)：3151-3155.

[20]　Henniker. J. Triboelectricity in polymers. Nature, 1962, 196 (4853)：474-474.

[21]　Davies, D. K. Charge generation on dielectric surfaces. Journal of Physics D: Applied Physics, 1969, 2 (11)：1533.

[22]　Fan, Feng-Ru, et al. Transparent triboelectric nanogenerators and self-powered pressure sensors based on micropatterned

plastic films. Nano Letters, 2012, 12 (6) : 3109-3114.

[23] Wang, Zhong Lin, Aurelia Chi Wang. On the origin of contact-electrification. Materials Today, 2019, 351.

[24] Fan F-R, Tian Z-Q, Wang ZL. Flexible triboelectric generator. Nano Energy, 2012, 1 (2) : 328-334.

[25] Zhu G, Pan C F, Guo W X, et al. Triboelectric-generator-driven pulse electrodeposition for micropatterning. Nano Letters, 2012, 12: 4960-4965 .

[26] Wang SH, Lin L, Wang ZL. Nanoscale Triboelectric-Effect-Enabled Energy Conversion for Sustainably Powering Portable Electronics. Nano Letters, 2012, 12 (12) : 6339-6346 .

[27] Wang S H, Lin L, Wang Z L. Nanoscale triboelectric-effect-enabled energy conver-sion for sustainably powering portable electronics.

[28] Wane S H, Lin L, Xie YN, et al. Sliding-triboelectric nanogenerators based on in-plane charge-separation mechanism [J]. Nano Letters, 2013, 13: 2226-2232 .

[29] Zhu G, Chen J, Liu Y, et al. Linear-grating triboelectric generator based on sliding electrification. Nano Letters, 2013, 13: 2282-2289 .

[30] Yang Y. Zhou Y S, Zhang H L, et al. A single-electrode based triboelectric nanogenerator as self-powered tracking system. Advanced Materials, 2013, 25: 6594-6601 .

[31] Wang S H, Xie Y N, Niu S M, et al. Freestanding triboelectric-layer-based nanogenerators for harvesting energy from a moving object or human motion in contact and non-contact modes. Advanced Materials, 2014, 26: 2818-2824

Nano Letters, 2012, 12: 6339-6346 .

奈米生物醫用材料

6.1 生物醫用材料概述

隨著社會和經濟發展，人類健康問題被賦予了更多關注。隨著科學技術的不斷革新，生物醫用材料在多種疾病包括心腦血管、癌症等中得以應用，有效降低了死亡率，極大地提高了人類的健康水平和生命質量。生物醫用材料是當代科學技術中涉及學科最為廣泛的多學科交叉領域，涉及材料、生物和醫學等相關學科，是現代醫學兩大支柱——生物技術和生物醫學工程的重要基礎。

生物醫用材料（Biomedical Materials），是用來對生物體進行診斷、治療、修復或替換其病損組織、器官或增進其功能的材料。生物醫用材料可以是天然的，也可以是人工合成的，或者是兩者的複合。生物醫用材料作為研究和發展人工器官和醫療器械的材料基礎，已經發展為當代材料學科的十分重要的分支。生物醫用材料已經成為國外學者和醫生競相研究的熱點，為現代醫學和人類健康提供了最大可能。生物醫用材料不是藥物，其作用不必通過藥理學、免疫學或代謝手段實現，是保障人類健康的必需品，為藥物所不能替代，但可與藥物結合，促進其功能的實現。

生物醫用材料的研究與開發必須依託於應用目標，生物醫用材料科學與工程總是與其終端應用製品（一般指醫用植入體）密不可分。同一種原材料應用目標不同，那麼對材料的結構和性質要求便不同，製造工藝也會千差萬別。因此，通常談及生物醫用材料，既指材料自身，也指醫用植入器械[1]。

6.2 生物醫用材料的分類與應用

生物醫用材料有多種分類方法，按照臨床用途可分為骨科材料，心腦血管系統修復材料，皮膚掩膜、醫用導管、組織黏合劑、血液淨化及吸附等醫用耗材，軟組織修復及整形外科材料，牙科修復材料，植入式微電子有源器械，生物感測

器、生物及細胞晶片、分子影像劑等臨床診斷材料，藥物控釋載體及系統等；按照在生理環境中的生物化學反應水平，可分為惰性生物材料、活性生物材料、可降解和吸收生物材料等。在本章中，按材料的組成和結構，生物醫用材料可分為醫用高分子材料、醫用金屬材料、醫用無機非金屬材料、醫用複合材料、生物衍生材料、醫用 3D 列印材料、奈米生物醫用材料等，如圖 6-1 所示[2]。本章重點介紹奈米生物醫用材料。

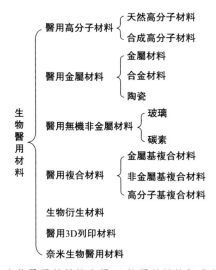

圖 6-1　生物醫用材料的分類（按照材料的組成和結構）

6.3　奈米生物醫用材料的分類與應用

6.3.1　奈米生物醫用材料的分類

　　奈米生物醫用材料具有很好的生物相容性和力學性能，可分為生物相容性介面奈米材料、組織再生修復奈米材料、基因和藥物傳遞奈米材料、生物診斷奈米材料等[3~6]。

6.3.2　奈米生物醫用材料的應用

（1）生物相容性介面奈米材料

奈米生物醫用材料的生物相容性和生物功能性是科學研究中的關鍵性問題。

將仿生學思想和微納技術結合，利用對生命體微納仿生結構的模擬，研究生物相容性行為和特定微納結構的內在連繫，這是生物相容性介面奈米材料的研究方向。

單分子自組裝技術和微奈圖案技術相結合可以構建各種模型表面，用來深入研究各種特定參數對細胞行為的影響。除此之外，層層組裝技術是一種基於相反電荷組裝體交替吸附的組裝技術。通過該技術，人們不僅實現了對天然生物材料結構的模擬，也實現了血液相容性、細胞相容性、藥物釋放等功能的調控。另外，可以製備具有抗菌、抗凝和基因藥物釋放等功能的複合型生物材料，這種材料有望在組織工程薄膜支架等醫用裝置中得到很好的應用[7~9]。

(2) 組織再生修復奈米材料

生物醫用材料開始於 18 世紀。在 1980 年代提出了「組織工程學」的概念，到了 1980 年代以後，奈米生物醫用材料應用於臨床治療並得到廣泛認同。在生物工程中，組織工程及再生作為一個重要分支，具有巨大的應用前景。其主要目的是研究出用於臨床治療的再生組織，其研究內容包括支架材料、種子細胞、組織器官三維構建及移植應用四個方面。從奈米角度出發，開發並研製出可以用於組織工程的奈米生物醫用材料將會極大地促進組織工程學的發展。下面簡單介紹幾種奈米生物醫用材料。

① 奈米羥基磷灰石　在自然骨的骨質中，羥基磷灰石[$Ca_{10}(PO_4)_6(OH)_2$，HAP]的含量大約為 69%，是一種針狀結晶（長 10~60nm，寬 2~6nm），並且其周圍規則地排列著骨膠原纖維。在硬組織修復材料研究中，研究人員盡可能地模擬天然的骨組織。目前研究最多的 HAP 奈米材料包括奈米 HAP 晶體、奈米 HAP/高聚物複合材料和奈米 HAP 塗層材料。

奈米 HAP 材料的合成方法有溶膠-凝膠法、化學氣相沉積法、水熱法、前驅體水解法、模板法、超音波法、微乳液法和機械化學法等，圖 6-2 為在透射電子顯微鏡下採用微乳液法製備棒狀和球狀奈米 HAP 的形貌圖。經研究顯示，奈米 HAP 材料具有比微米級 HAP 材料更好的生物活性、更強的骨融合性。當 HAP 的尺寸達到奈米級時會出現一系列的獨特性能，包括高的降解性和吸收性。相對於傳統的金屬（如不鏽鋼、鈦合金）和陶瓷（如氧化鋁、氧化矽）類的骨替代材料，HAP 具有抗腐蝕性強、骨誘導生成性強等優點。此外，經研究顯示，超細 HAP 顆粒對多種癌細胞的生長有抑制作用，而對正常細胞無影響。因此，奈米 HAP 的應用研究引起了人們廣泛關注[10,11]。

奈米 HAP 的應用主要集中在癌症治療、藥物載體、齒科材料和人工骨材料幾方面。例如對於癌症治療，由於奈米 HAP 材料表面存在大量的懸空鍵，提供較多的 Ca^{2+}，可以通過細胞膜使癌細胞過度攝入，產生細胞毒性，抑制癌細胞的生長。四川大學用螢光免疫法和 MTT 法研究發現：棒狀和橢球狀的奈米 HAP 顆粒會使黑色素腫瘤細胞的細胞核收縮、破裂，進而抑制細胞的增殖。

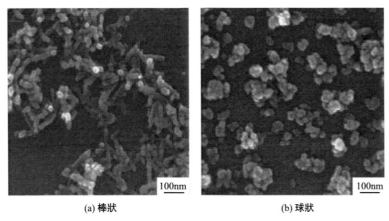

(a) 棒狀　　　　　　　　(b) 球狀

圖 6-2　採用微乳液法製備的棒狀和球狀奈米 HAP 的 TEM 圖像

　　奈米 HAP 材料作為一種新型的生物醫用材料，還有很多問題需要解決，例如如何能夠低成本地製備大批高品質的奈米粉體。另外，由於脆性大、強度低、力學性能差等問題嚴重制約著奈米 HAP 材料應用於臨床，因此需要開發新型奈米生物醫用材料予以替代。

　　② 奈米 β-TCP　磷酸三鈣（TCP）又稱磷酸鈣，化學式是 $Ca_3(PO_4)_2$，為白色晶體或無定形粉末。它存在多種晶型轉變，主要分為低溫 β 相（β-TCP）和高溫 α 相（α-TCP），不溶於水和乙醇。它在人體中普遍存在，是一種良好的骨修復材料，在醫學領域上受到廣泛關注（醫學領域上經常用的是 β-TCP）。

　　β-TCP 主要由鈣、磷組成，其成分與骨基質的無機成分相似，與骨組織的結合能力好。人體細胞可以在 β-TCP 上進行生長、增殖和分化。β-TCP 具有獨特的優勢，包括對骨髓造血功能無不良反應、無毒性、不致癌變、無過敏反應等。β-TCP 可廣泛應用在關節與脊柱融合、四肢創傷、口腔頜面外科、填補牙周的空洞等方面[12～15]。

　　奈米技術的出現給 β-TCP 的應用帶來了新的契機。利用奈米技術製備出的奈米 β-TCP，可以作為細胞骨架，加速骨細胞的形成。

　　③ 奈米複合材料　奈米複合材料與單一組分的奈米結晶材料和奈米相材料不同，它是由構成複合材料的兩相（或多相）微觀結構中至少有一相的一維尺度達到奈米級尺寸（1～100nm）的材料。由於奈米複合材料可以模擬出與人體組織相近的細胞基質微環境，所以奈米複合材料的應用廣泛。

　　奈米技術在 20 世紀 90 年代獲得了突破性進展，奈米生物醫用材料成為研究熱點之一。例如殼聚糖/羥基磷灰石複合材料，羥基磷灰石和殼聚糖都是生物相容性、生物功能性良好的材料，殼聚糖能促進細胞黏附、潤濕材料並包裹材料，

使材料表面含大量游離胺基，具有高密度的陽離子，通過靜電作用而黏附。因此該複合材料具有良好的生物相容性、生物活性、骨傳導性及與自然骨礦物相組分的相似性等。然而，奈米複合材料在組織工程中的研究應用尚處於初期階段，臨床應用還有很多問題有待解決，例如，如何構建理想的細胞-奈米材料介面，如何較長時間保持培養細胞的存活率並維持其功能等。我們應製備具有特定功能的奈米「仿生」基質材料，更好地調控細胞的特異性黏附、增殖、分化等行為，使其具有良好的生物活性和生物相容性並應用於臨床[16~20]。

(3) 基因和藥物傳遞奈米材料

1970 年代，醫學領域提出了「基因治療」這一概念。由於奈米生物醫用材料具有良好的生物安全性，可以有效地實現基因靶向性，通過奈米材料的篩選、奈米粒徑的控制及靶向物質的加載，可大大提高藥物載體的靶向性和降低藥物的毒副作用。奈米生物醫用材料成為製備高效、靶向的基因治療載體系統的良好介質。應用於奈米載藥體系的材料需要具備安全無毒、生物相容性良好、可降解性等特徵，而基於天然或人工合成高分子材料的有機奈米載藥體系具有良好的生物相容性和可降解性，因此應用廣泛[21~25]。

① 磷脂類材料　磷脂是生物體生命活動的基礎物質，是一類含有磷酸的複合脂。其主要是由磷酸相鄰的取代基團構成的親水端和脂肪鏈構成的疏水鏈構成的。而目前的磷脂主要通過天然產物提取獲得。為了改變磷脂的來源困難問題，近年來半合成或者全合成的方法得到了一定的發展。目前合成磷脂的主要有二棕櫚酰磷脂酰膽鹼（DPPC）、二棕櫚酰磷脂酰乙醇胺（DPPE）、二硬脂酰磷脂酰膽鹼（DSPC）以及聚乙二醇化磷脂等。其中 DPPC、DPPE、DSPC 等磷脂具有理化性質穩定、抗氧化性強、成品穩定等特點，是製備脂質體和微納乳劑等奈米製劑的首選輔料。

② 聚合物奈米材料　由於傳統的給藥方式使得藥物成分在體內迅速吸收，往往會引起不可接受的副作用，引起不充分的治療效果。因此，為了避免傳統常規製劑給藥頻繁所出現的「峰谷」現象，提高臨床用藥安全性與有效性，從而增加藥物治療的安全性、高效性和可靠性，一種良好的藥物緩釋輔料的應用在臨床上具有很好的實際意義。目前作為控制釋放體系的藥物載體材料大多是高分子聚合物材料。而高分子聚合物材料分為天然高分子和人工合成高分子，其中，天然高分子包括多糖和多肽，如澱粉及其衍生物、纖維素衍生物、甲殼素等；人工合成高分子包括脂肪族聚酯、聚胺基酸、聚氨酯等[26~28]。

對於聚氨酯，大量動物實驗和急慢性毒性實驗證實，醫用聚氨酯無毒、無致畸變作用，對局部無刺激性反應和過敏反應，聚氨酯在醫學領域上應用具有較好的生物相容性[29]。劉育紅[30]等以木質素、改性木質素為原料代替多元醇合成聚氨酯，以硝苯地平為模型藥物，利用懸浮縮聚法製備具有緩釋性能的載藥微

球。微球藥物釋放性能好，且對溫度濕度穩定，因此聚氨酯可以作為很好的藥物釋放載體材料。

（4）生物診斷奈米材料

現代生物學技術的迅速發展，對傳統的檢測和診斷方法提出了挑戰，要求建立即時、原位、動態的檢測方法。傳統的光、電生物化學感測器已經不能滿足需要，因此發展新型的、無創、即時、動態監測已經成為研究熱點。近年來，隨著奈米技術的不斷發展，以奈米粒子為基礎的新型感測技術不斷湧現。這些新型感測技術，不僅可以幫助解決生命中的重大問題，而且可以早期診斷和治療某種疾病。下面對某些用於診斷的奈米粒子（如半導體奈米量子點、磁性奈米粒子）作簡單介紹。

① 量子點　隨著奈米材料的不斷突破與創新，量子點逐漸進入研究人員的研究範圍。它是一種準零維的奈米材料，在發光領域內占有重要位置。自 1964 年量子點概念提出以來，人們接連合成了許多不同種類的量子點，它們由 ⅡB～ⅥA 族或 ⅢA～ⅤA 族元素組成。圖 6-3 為透射電子顯微鏡下碳奈米點的形態。半導體奈米顆粒的性質是由其量子尺寸決定的。這一類比較特殊的螢光奈米材料的激發譜帶寬、發射光譜窄而對稱、光穩定性好、亮度高，因此在生物檢測、活體成像及光電裝置開發等領域有著廣泛的應用。

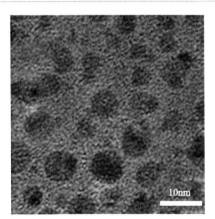
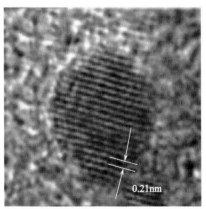

(a) TEM圖像透射電鏡圖　　　　　　(b) TEM圖像高分辨透射電鏡圖

圖 6-3　透射電子顯微鏡下碳奈米點的形態

由於有機染料在長時間下不能抵抗光漂白，量子點螢光探針的優勢就顯現出來了。到目前為止，許多近紅外量子點已被應用於成像技術，如細胞成像、組織成像和身體成像等。蘇州大學等使用牛血清白蛋白（BSA）模擬 Ag_2S 順磁量子點的礦化用於腫瘤成像。這種方法的優勢是具有模擬可控性，而且純化過程相對

簡單；其缺點是需要添加化學反應性前驅體。南開大學通過水熱法製備了 Cu 摻雜的 CdS 量子點，用於 Hela 細胞成像。由此看來，官能化的量子點將成為一種潛在的工具用於細胞成像。此外，量子點可以應用於生物標記，例如湖南大學開發了利用陽離子共軛聚合物共摻雜近紅外 CdTe/CdS 量子點螢光探針，成功用於 H_2O_2 和葡萄糖的新型酶測定。

　　② 磁性奈米材料　磁性奈米材料是一類能夠被外加磁場操控的奈米材料的統稱，通常由具有鐵磁性的鐵、鈷、鎳及其相應的化合物組成。其中，以鐵或鐵化合物組成的磁性奈米材料應用較多。圖 6-4 為透射電子顯微鏡下渦旋磁性 Fe_3O_4 奈米環的形態。磁性奈米材料由於其磁性的特點，在生物醫學領域都有著廣泛的應用，其中在磁共振成像、磁熱治療、磁生物分離、靶向載藥和模擬酶催化應用等方面的研究較為廣泛和充分。

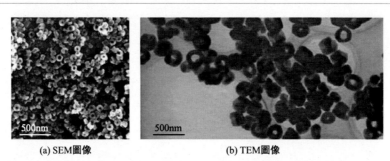

(a) SEM圖像　　　　　　　　　　(b) TEM圖像

圖 6-4　渦旋磁性 Fe_3O_4 奈米環的 SEM 圖像和 TEM 圖像

　　除了受磁性奈米材料本身的影響，奈米材料表面修飾的生物靶分子也會影響磁性奈米探針的性能。目前，磁性奈米材料表面一般修飾抗上皮細胞黏附因子（EpCAM）的抗體用於循環腫瘤細胞（CTCs）的特異性識別[31]；除此之外，功能性多肽修飾的磁性奈米材料亦可用於血液中檢測少量癌細胞。而採用功能奈米微球作為高性能體內顯影劑用於增強活體分子影像診斷，是高性能診斷奈米材料的重要方向。中國科學家也成功開發出應用超順磁氧化鐵脂質體奈米粒進行肝癌診斷的技術，可以發現直徑在 3mm 以下的肝腫瘤，還能發現更小的肝轉移癌病灶。

6.4　奈米生物醫用材料的發展趨勢

　　隨著奈米技術的迅速發展，奈米技術將滲透到生活的各個領域。奈米生物醫用材料作為一種新興的生物材料，能夠很好地解決傳統材料的許多弊端，在生物

醫用領域表現出了獨特的優勢，具有很好的應用前景。奈米技術的不斷發展，進一步提高了奈米生物相容性和奈米生物的安全性，使得奈米技術可以精準地實現目的基因靶向、智慧化傳遞和生物診斷等，未來應用奈米生物醫用材料來檢查和診斷身體的健康和疾病將變得更加廣泛，相信奈米生物技術可以更好地造福人類。

本章小結

本章按照材料的組成和結構進行分類，介紹了傳統的生物醫用材料（包括生物高分子、醫用金屬、醫用無機非金屬以及生物醫用複合材料）。這些材料在包括作為心腦血管介入材料、牙科材料、骨科修復材料和醫用導管以及生物相容性介面等方面得到了廣泛應用。研發人員根據材料的結構和功能特點並結合應用領域的需要等，設計並製備出各類生物醫用材料，以使材料充分起其作用，尤其是使這些材料更好地應用在醫療器械領域。另外，本章也介紹了生物衍生材料、3D 列印材料和奈米材料等新興材料，這些利用新興技術得到的材料在組織再生修復、基因和藥物傳遞、生物診斷等方面展現了極大的應用前景。總的來說，生物醫用材料的發展離不開我們對材料的結構和性能以及疾病研究中認知水平的不斷提升。同時，生物醫用材料為未來個性化的醫療提供了堅實的物質基礎，為生物體的機體修復提供了極大的便利。

參考文獻

[1] 張黎，于炎冰，徐曉利．殼聚糖材料在神經導引管橋接周圍神經缺損中的應用 [J]．生物醫學工程研究，2005，24 (3)：183-186.

[2] 鍾婧，何卓晶，陶薇，等．殼聚糖季銨鹽作為基因遞送載體的初步研究 [J]．中國組織工程研究，2009，13 (12)：2373-2377.

[3] 牛梅，戴晉明，侯文生，等．載銀殼聚糖複合物的結構及其抗菌性能研究 [J]．材料導報，2011，25 (10)：15-18.

[4] Xi M M, Zhang S Q, Wang X Y, et al. Study on the characteristics of pectin-keto-profen for colon targeting in rats [J]. International Journal of Pharmaceutics, 2005, 298 (1)：91-97.

[5] 謝寧寧，陳小娥，方旭波，等．柔魚皮明膠製備工藝及性質研究 [J]．食品科技，2010，35 (5)：129-132.

[6] 鄭學晶，李俊偉，劉捷，等．雙醛澱粉改性明膠膜的製備及性能研究 [J]．中國皮革，2011，40 (23)：28-31.

[7] Wang Y, Jie J, Jiang X, et al. Synthesis and antitumor activity evaluations of albuminbinding prodrugs of CC-1065 analoy

[J]. Bioorganic & Medicinal Chemistry, 2008, 16 (13): 6552-6559.

[8] 譚英杰, 梁玉蓉. 生物醫用高分子材料 [J]. 山西化工, 2005, 25 (4): 17-19.

[9] 于振濤, 周廉, 王克光, 等. 一種血管支架用 β 型鈦合金 [P]. 陝西: CN1490421. 2004-04-21.

[10] 楊銳, 郝玉琳. 高強度低模量醫用鈦合金 Ti2448 的研製與應用 [J]. 新材料產業, 2009, 6: 10-13.

[11] 于振濤, 張明華, 余森, 等. 中國醫療器械用鈦合金材料研發、生產與應用現狀分析 [J]. 中國醫療器械信息, 2012, 18 (7): 1-8.

[12] 余森, 于振濤, 韓建業, 等. Ti-6Al-4V 醫用鈦合金表面載銀塗層的製備和抗菌性能研究 [J]. 生物醫學工程與臨床. 2013, 6: 517-522.

[13] 王家琦, 尚劍, 孫曄, 等. 鈦合金表面抗菌塗層: 抗菌能力及生物相容性 [J]. 中國組織工程研究. 2015, 19 (25): 4069-4075.

[14] 任伊賓, 楊柯, 張炳春, 等. 一種醫用植入奧氏體不鏽鋼材料 [P]. 遼寧: CN1519387, 2004-08-11.

[15] 史勝鳳, 林軍, 周炳, 等. 醫用鈷基合金的組織結構及耐腐蝕性能 [J]. 稀有金屬材料與工程. 2007, 36 (1): 37-41.

[16] 任伊賓. 一種新型血管支架用無鎳鈷基合金 [J]. 稀有金屬材料與工程. 2014, 4 (S1): 101.

[17] 張廣道. AZ31B 生物可降解鎂合金植入兔下頜骨生物學行為的實驗研究 [D]. 瀋陽: 中國醫科大學, 2009.

[18] 崔福齋, 郭牧遙. 生物陶瓷材料的應用及其發展前景 [J]. 藥物分析雜誌. 2010, (7): 1343-1347.

[19] 李世普. 1985 年國家技術發明獎三等獎, 項目名稱: 純剛玉－金屬複合新型人工股骨頭假體, 1985.

[20] 楊為中, 周大利, 尹光福, 等. A-W 生物活性玻璃陶瓷的研究和發展 [J]. 生物醫學工程學雜誌, 2003, 20 (3): 541-545.

[21] 顧漢卿, 徐國風. 生物醫學材料學 [M]. 天津: 天津科技翻譯出版公司, 1993: 403-418.

[22] 黃傳勇, 孫淑珍, 張中太. 生物陶瓷複合材料的研究 [J]. 中國生物醫學工程學報, 2000, 19 (3): 281-287.

[23] 李瑞端, 張洪彬, 戴傳波, 等. 功能聚乳酸改性羥基磷灰石有機無機複合材料的製備 [J]. 科學技術與工程, 2017, 17 (19): 99-102.

[24] 劉濤. 絲素蛋白/介孔生物玻璃陶瓷骨修復複合材料的製備與性能研究 [D]. 杭州: 浙江大學, 2014.

[25] Lü W D, Zhang M, Wu Z S, et al. Decellularized and photooxidatively crosslinked bovine jugular veins as potential tissue engineering scaffolds [J]. Interactive cardiovascular and thoracic surgery, 2009, 8 (3): 301-305.

[26] 周悅婷, 項舟, 陽富春, 等. 生物衍生材料構建組織工程肌腱體內植入的實驗研究 [J]. 中國修復重建外科雜誌, 2003, 17 (2): 152-156.

[27] 沈家聰. 納米生物醫用材料 [J]. 中國醫學科學院學報, 2006, 28 (4): 472-474.

[28] 張勝男. 生物醫用納米複合材料的製備與性能評價 [D]. 天津: 天津大學, 2007.

[29] 郭錦棠, 劉冰. 熱塑性聚氨酯生物材料的合成及表面改性進展 [J]. 高分子通報, 2005 (6): 43-50.

[30] 劉育紅, 席丹. 聚氨酯緩釋微球的製備及其體外釋放性能的研究 [J]. 功能高分子學報, 2004, 17 (2): 207-213.

[31] 程世博, 謝敏. 磁性納米材料在循環腫瘤細胞檢測中的研究進展 [J]. 大學化學, 2016, 31 (11): 1-10

第7章

奈米加工技術與奈米裝置製備

7.1 奈米加工技術

7.1.1 光刻技術

光刻是一種精密的微細加工技術。它是將掩膜板上的圖形轉移到塗有光致抗蝕劑（或稱光刻膠）的襯底上，通過一系列生產步驟將襯底表面薄膜的特定部分除去的一種圖形轉移技術。光刻技術是晶片製造的核心工藝，是集成電路製造的最關鍵步驟[1~3]。

7.1.1.1 光刻工藝流程

光刻工藝的三個主要部分就是光刻膠、掩膜板以及光刻機。光刻膠[4,5]是由光敏化合物、基體樹脂和有機溶劑組成的膠狀液體；受特定波長光線作用，導致化學結構變化，使其溶解特性改變。掩膜板是光刻工藝加工的基準，其質量直接影響光刻質量，從而影響集成電路的性能和成品率。在矽平面裝置生產中，掩膜板製造是關鍵性工藝之一，掩膜板包含著預製造的集成電路特定層的圖形資訊，決定了組成集成電路晶片每一層圖形的橫向結構與尺寸。光刻工藝流程主要分為塗膠、前烘、曝光、顯影、堅膜、腐蝕和去膠等七個步驟，如圖 7-1 所示。

（1）氣相成底膜

光刻的第一步是清洗、脫水和矽片表面成底膜（六甲基二矽胺烷，HMDS）處理，目的是增強矽片和光刻膠的黏附性（圖 7-2）。

（2）旋轉烘膠

不同的光刻膠要求不同的旋轉塗膠條件（一般選擇速度為先慢後快），一些光刻膠應用的重要指標是時間、速度、厚度、均勻性、顆粒汙染以及缺陷（如針孔）。

（3）軟烘

軟烘即蒸發光刻膠中的溶劑。蒸發溶劑可以提高光刻膠的黏附性和均勻性。

過多的烘烤和過少的烘烤都會影響曝光效果。軟烘的目的就是將矽片上覆蓋的光刻膠溶劑去除以及增強光刻膠的黏附性，以便在顯影時光刻膠可以很好地黏附在矽片表面。軟烘的溫度和時間視具體光刻膠和工藝條件而定。

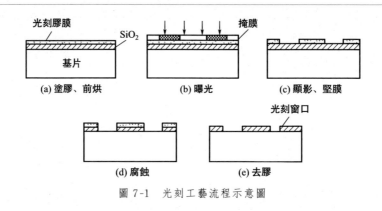

(a) 塗膠、前烘　　　(b) 曝光　　　(c) 顯影、堅膜

(d) 腐蝕　　　(e) 去膠

圖 7-1　光刻工藝流程示意圖

（4）對準和曝光

曝光技術[6]主要分為以下三種（圖 7-3）。

① 接觸式曝光　光的衍射效應較小，因而解析度高。但是易損壞掩膜圖形；由於塵埃和基片表面不平等，存在曝光縫隙而影響成品率。

② 接近式曝光　矽片和掩膜板的間距有 $5\sim25\mu m$，延長了掩膜板的使用壽命，但光的衍射效應嚴重，解析度為 $2\sim4\mu m$。

③ 投影式曝光　掩膜不受損傷，提高了對準精度，減弱了灰塵微粒的影響，已成為主要方法。缺點是投影系統光路複雜，對物鏡成像能力要求高，主要受限於衍射效應。

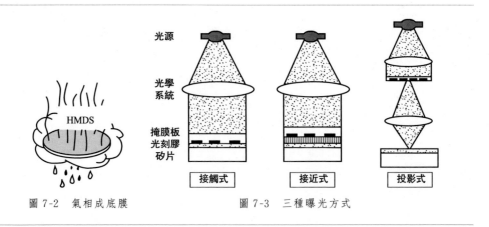

圖 7-2　氣相成底膜　　　　圖 7-3　三種曝光方式

（5）曝光後烘焙

曝光後烘烤（PEB）可以減小駐波效應，激發化學增強光刻膠的光致產酸劑（PAG）產生的酸與光刻膠上的保護基團發生反應，並移除基團，使之能溶解於顯影液。

（6）顯影

通過顯影液溶劑溶解掉光刻膠中軟化部分，將掩膜板圖形轉移到光刻膠上。

（7）堅膜烘焙

顯影後的熱烘焙稱為堅膜烘焙，目的是蒸發掉剩餘的溶劑使光刻膠變硬。此處理提高了光刻膠對襯底的黏附性，並提高了光刻膠的抗刻蝕能力。堅膜也去除了剩餘的顯影液和水。過高的堅膜溫度會造成光刻膠變軟和流動，從而造成圖形變形。

（8）顯影檢查

顯影檢查主要是通過光學顯微鏡、CD 測量以及電子顯微鏡樣片測量等手段檢查出不合格矽片，以進行及時返工處理。

7.1.1.2　光刻技術的分類

（1）紫外光刻、深紫外光刻[7]

紫外光刻技術主要以汞燈或氙燈所產生的紫外光為光源，深紫外光刻技術主要以 KrF 準分子雷射和 ArF 準分子雷射為曝光光源。深紫外光刻的原理是在物鏡的最後一個透鏡與抗蝕劑和矽片之間充滿高折射率液體，使數值孔徑能夠大於 1，從而實現了提高解析度、增大焦深的目的。

（2）極紫外光刻[8,9]

極紫外光刻技術（EUVL）作為實現 32～22nm 解析度的優選光刻技術之一，近 5 年取得了很大的進展。該技術在 20 世紀 80 年代提出並驗證，EUVL 利用波長 13.5nm 或 11.2nm 光源、非球面反射物鏡實現縮小投影曝光。近 20 年，業界一直認為 EUVL 是最有希望的下一代微晶片生產工藝。在 1997 年，Intel、AMD、摩托羅拉聯合成立了一家名為「EUV Limited Liability Corporation」的公司，想在 100nm 取代深紫外光刻，後者已在 45nm 上量產，並認為能延續到 22nm。著名的光刻設備開發商 ASML 表示，浸沒式顯影已經遇到技術瓶頸，EUVL 則是最具潛力的接棒者。若浸沒式顯影技術進一步突破，必須尋找其他的液體取代純水，而聚焦鏡頭材料也要重新研發，這兩種途徑都已經出現瓶頸。

（3）電子束光刻[10,11]

電子的波長小於 0.1nm，所以衍射效應及其加在光學光刻系統上的限制對於電子束系統來說都不是問題。電子束光刻系統主要分為直寫式電子束光刻系統

和投影式電子束光刻系統。直寫式電子束光刻（EBL）系統多用來製造掩膜板，也可用來在晶圓片上直寫產生圖形。大部分直寫系統使用小電子束斑，相對晶圓片進行移動，一次僅對圖形曝光一個像素。

（4）X 射線光刻[12]

在 X 射線光刻研究中，目前比較普遍應用的是同步輻射射線源，其造價昂貴是阻礙 X 射線光刻進入實用化的主要因素。另外，難以獲得具有良好機械物理特性的掩膜襯底也是影響 X 射線光刻應用的重要因素。雖然 X 射線光刻目前還很難動搖光學光刻的地位，但是由於 X 射線的強穿透能力，可用於大深寬比的微結構的製作，因而對製作微機械、微系統和特殊的微電子裝置具有廣闊的應用前景。

（5）干涉光刻[13,14]

光刻圖形利用雷射束的干涉來生成，經過雙光束、多光束一次曝光或多次曝光產生週期圖形。利用的是傅立葉頻譜綜合法。干涉光刻的優點是能綜合出大面積、高空頻的微細結構；缺點是相對光強和相對位相難以控制，綜合的形狀只是近似的，製作任意面型的微細結構相當困難。

7.1.2　直寫技術

（1）直寫技術的分類

直寫技術是一種不斷完善的微電子加工技術，它可直接根據計算機控制來構築結構和功能單元，而不需要複雜的中間製造步驟。直寫技術大大縮短了產品的準備時間，使製作複雜的幾何圖形成為可能。直寫技術包括墨水直寫、靜電紡絲直寫、雷射直寫等，根據不同的構型需要選取適當的直寫技術。

① 墨水直寫　墨水直寫從廣義上講，是基於油墨列印、基於擠出列印或基於油墨/擠出混合體列印，屬於一組層層製造的技術，它們大部分執行以下步驟。

a. 直接利用液體原料或通過熔化固體原料，在表面沉積液體或半固態液滴。

b. 通過溶劑蒸發、相變、結晶或聚合物交聯將液滴凝固。

c. 將沉積材料與現有層和先前層結合。

墨水可以一種形式或多種形式存在：膠體懸浮液、奈米粒子填充溶液、有機溶劑或無機溶劑中的溶膠。如墨水 3D 列印，利用移動油墨沉積噴嘴，創建預定義的三維模型的結構。這些油墨通過液體蒸發、凝膠化或溶劑引起的相變，在氣壓下擠壓時固化形成三維物體。Gratson[15]等用聚合物墨水通過一層一層地直接寫入組裝成類木樁結構中三維聚合物支架（圖 7-4）。

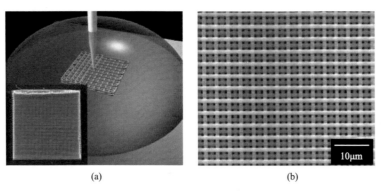

圖 7-4　墨水 3D 列印[15]

② 靜電紡絲直寫　靜電紡絲直寫技術植根於傳統的靜電紡絲技術，可在剛性或者柔性的平面或弧形基板上大規模沉積高度對準的奈米粒子，具有非接觸、即時調整和可控的特點，可用於製備直徑從微米級到奈米級的纖維。近年來，在高長寬比電紡奈米粒子的精確沉積方面有了很大的改進，具有可控的取向和位置。基於微/奈米結構的大尺度微結構可以很容易地直接旋轉。這種控制單個或排列的微/奈米材料的功能，使人們對其在製造柔性電子產品上的應用產生了極大的興趣。Chen[16]等用 In_2O_3 前驅體溶液在基底上靜電紡絲直寫二維陣列結構如圖 7-5 所示。

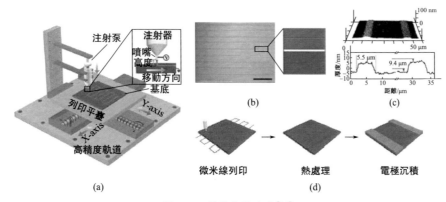

圖 7-5　靜電紡絲直寫[16]

③ 雷射直寫　雷射直寫是將雷射作用於材料的成型方法。基於聚焦雷射對基體上的其他材料進行聚合、還原、熔融、燒結等反應，這種微圖形化方法已經發展起來，並應用於各種電子設備的製造。雷射直寫可將氣態、液態、固態前驅

體材料沉積成為三維結構，也可通過雷射高能聚焦作用對原有材料改性。根據作用方式不同，雷射直寫可分為雷射直接切割、雷射誘導傳送、多光子聚合等。與其他方法相比，這些雷射直寫技術的優點是：低溫、反應時間短、環保、節能、絕緣基片上無催化劑生長、生產率高、重現性好、可擴展性好、對實驗參數的控制良好。Gao[17]等利用雷射直寫可在氧化石墨烯薄膜上合成還原石墨烯，並製作還原石墨烯圖案（圖 7-6）。

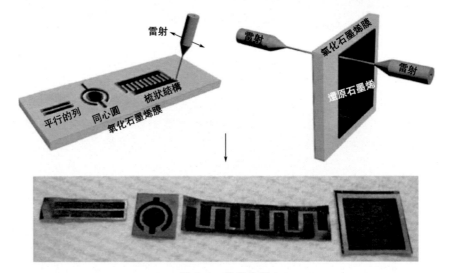

圖 7-6　雷射直寫

（2）直寫技術的應用

① 墨水直寫　墨水直寫作為一種新興的微電子裝置加工方法，已被廣泛應用於微電子領域。和傳統的微電子裝置製造技術相比，墨水直寫製作過程更加溫和便捷。墨水直寫一般可製備微電子電極和導電連接組件、其他功能元件，也可製備一體化微電子裝置。墨水 3D 直寫經過最近幾年的發展已不再是簡單層層堆疊製作三維支架的概念，其材料和方式不斷多元化，且最小構型尺寸降低至幾微米，已廣泛應用在微電子、太陽能、能源、組織工程等領域。

② 靜電紡絲直寫　靜電紡絲直寫在可控沉積和單個或排列的微/奈米粒子的集成方面具有獨特優勢。靜電紡絲直寫的優勢也來自於它直接製造精細的微/奈米結構的潛力，例如用於製作光探、氣敏感測裝置、薄膜晶體管等，可以應用在可彎曲的柔性基底上，這對於傳統的製造工藝來說是相當困難的。這種優勢使靜電紡絲直寫技術可應用於製造各種感測裝置以及電子元件。

③ 雷射直寫　雷射直寫技術可在氧化石墨烯或聚合物前驅體上雷射寫入，

產生所需的導電模板，使電路和電極的製作能夠一步完成。因此，這種雷射輔助改性是一種方便的方法，可以實現快速、大規模化製作石墨烯裝置，並且優化的雷射處理可以產生高品質的單層石墨烯圖案。雷射直寫輔助裝置的發展對微型超級電容器、氣體感測器、太陽能電池等都具有重要的應用價值。

（3）直寫技術存在的問題

直寫技術為微電子加工工藝提供了一個更好的方法，能夠更加方便快捷地製造具有特定功能的結構。這種技術簡化了微電子加工工藝，大大縮短了加工時間，是未來微電子加工的發展方向。直寫技術具有很強的結構設計性，但是墨水直寫技術和靜電紡絲直寫技術完成之後一般還需要額外的加工步驟（如乾燥、煅燒）進行後續處理。雷射直寫雖然能夠實現一步成型，但加工效率相對較低。由此可看出，雖然直寫技術在微電子裝置製造領域的應用不斷推進，但是仍然存在許多問題有待解決和改進。首先，直寫的精度和解析度有待提高，除了雷射直寫以外的直寫技術的解析度的精度不能達到很多加工工藝的精度要求，其中墨水直寫受限於墨水的流動特性，靜電紡絲直寫受限於前驅體溶液的流動性，並且對基底有一定的要求限制了其應用；其次，直寫技術還存在加工成本比較高、技術不夠成熟等問題，使得直寫技術無法成為最主要的微電子加工手段。

（4）直寫技術的發展趨勢

直寫技術在未來應向多樣化、高效率、低成本的微電子加工工藝的方向發展，以滿足大規模柔性電子製造業日益成長的需要。首先，需要更多種類的材料（如低成本材料、複合材料）應用於直寫技術的研究開發，這樣才能更好地適應電子技術的發展。其次，要使直寫技術適應多樣化的基體，如靜電紡絲直寫進一步擴展到非平面不規則平臺上列印 2D/3D 微電子裝置。最後，提高直寫效率，如雷射直寫用更短時間製作出精度高的微電子裝置。近年來，隨著材料化學、雷射技術、熱流體建模和控制系統等方面的重大進步，直寫技術在微米和奈米尺度上獲得了更高的解析度，成為微電子製造的一種可行技術。儘管還處於初級階段，但是微型直寫製造技術在成本、時間和培訓方面大大降低了門檻，從而能製造大規模、形狀更複雜的微電子零件。直寫技術的出現為微電子製造加工提供了更多選擇，為微電子裝置的發展開啟了一扇新的大門。直寫技術和微電子裝置的結合將有助於提升人類生活品質，促進科技的進步。

7.1.3 奈米壓印技術

奈米壓印是一種通用的奈米結構製造技術。在這種技術中，通過衝壓過程複製母模，通過物理接觸將液體材料塑造成印模的逆形狀，使材料凝固，並除去印模。從 1995 年普林斯頓大學 Stephen Y. Chou 教授首次演示熱壓印開始，這項

技術已經得到了迅速的發展[18]。各種創新的奈米壓印工藝的研究陸續開展，其實驗結果越來越令人滿意，目前大概可以歸納出三種代表技術：熱壓印技術、紫外固化壓印技術、微接觸壓印技術。奈米壓印技術為奈米製造提供了新的機遇，被譽為十大可改變世界的科技之一[19]。

　　熱壓印技術作為一種微成型技術，可追溯到 1970 年代[20]。其工作原理如圖 7-7 所示，首先利用電子束直寫技術製作一個具有奈米圖案的模板，然後將基板上的熱塑性材料（如 PMMA、PVDF 等）加熱到玻璃轉換溫度以上，利用機械力將模板壓入高溫軟化的熱塑性材料層內，並且維持高溫、高壓一段時間，使熱塑性高分子光刻膠填充到模板的奈米結構內。待冷卻成型之後撤去壓力，將模板與基板脫離，即可以復製出與模板等比例的圖案。

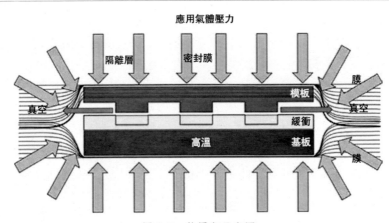

圖 7-7　熱壓印示意圖

　　然而，應用於熱壓印技術的熱塑性高分子材料必須經過高溫、高壓、冷卻的相變化過程，在脫模之後壓印的圖案經常會產生變形現象，因此使用熱壓印技術不易進行多次或三維結構的壓印，且熱壓印大大限制了轉印圖案的尺度。為了解決此問題，有人開始研發可以在室溫、低壓下使用的紫外壓印技術[21]。後來提出一種在室溫、低壓環境下利用紫外光硬化高分子的壓印光刻技術，其前處理與熱壓印類似：首先準備一個具有奈米圖案的模板，而紫外硬化壓印光刻技術的模板材料必須使用可讓紫外線穿透的透明材料（如石英），並且在矽基板塗布一層低黏度、對紫外感光的液態高分子光刻膠，將模板和基板對準完成後將模板壓入光刻膠層並且照射紫外光，使光刻膠發生聚合反應硬化成型；然後脫模並刻蝕基板上殘留的光刻膠便完成整個轉移流程，如圖 7-8 所示。紫外壓印相對於熱壓印來說，不需要高溫、高壓的條件，在奈米尺度得到高解析度的圖形，可用於發展奈米裝置。這種壓印技術工藝和工具成本較低，而且在

其他方面〔如工具壽命、模具壽命（不用掩膜板）、模具成本、產量和尺寸重現精度等〕也和光刻技術一樣好或更好。但其缺點是需要在潔淨環境下進行操作。

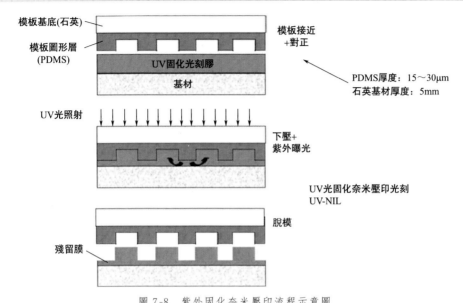

圖 7-8　紫外固化奈米壓印流程示意圖

　　為了進一步優化紫外固化壓印技術，出現了微接觸壓印技術[22,23]。這項技術是從奈米壓印技術派生出來的另一種技術，因該技術使用的模具是軟模，故又稱為軟印模技術。其工作原理與上面提到的兩種壓印技術有共同之處，但稍有改變，首先需要通過光學或電子束光刻得到模板。模具材料的化學前驅體在模板中固化、聚合成型後從模板中脫離，便得到了進行微接觸印刷所要求的模具。接著PDMS 模具浸在含硫醇的試劑中，然後將浸過試劑的模具壓到鍍金襯底上，襯底可以為玻璃、矽、聚合物等多種形式。另外，在襯底上可以先鍍上一薄層鈦層再鍍金，以增加黏連。硫醇與金發生反應，形成自組裝單分子層 SAM。印刷後有兩種工藝對其處理。一種工藝是採用濕法刻蝕，如在氰化物溶液中，氰化物離子促使未被單分子層覆蓋的金溶解，而由於單分子層能有效地阻擋氰化物離子，被單分子層覆蓋的金被保留，從而將單分子層覆蓋的圖案轉移到金上。還可以進一步以金為掩膜，對未被金覆蓋的地方進行刻蝕，再次實現圖案轉移。另一種工藝是在金膜上通過自組裝單層的硫醇分子來連接某些有機分子實現自組裝，如可以用此方法加工生物感測器的表面。微接觸奈米壓印技術相比較於其他壓印技術的最大優勢在於模具尺寸大、生產效率高，其使用 PDMS 作為壓印模具能夠有

效地解決壓印模具和矽片之間的平行度誤差以及兩者表面的平面度誤差。但是正因為 PDMS 模具良好的彈性，在將塗於模具表面的硫醇轉移到抗蝕劑表面時會發生模具和抗蝕劑之間的相對滑動，導致被轉移圖形變形和缺損。該方面缺點是在亞微米尺度印刷時硫醇分子的擴散將影響對比度，並使印出的圖形變寬。通過優化浸液方式、浸液時間，尤其是控制好模具上試劑量及分佈，可以使擴散效應下降。

　　武漢大學劉澤報導了一種利用超塑性奈米壓印（SPNI）技術在熔融溫度以下製備晶態金屬奈米線陣列作為強 SERS 活性基底，其奈米線長徑比約為 2000[24]。SPNI 技術可促進金屬奈米線陣列在生物感測、數位成像、食品工業、催化和環境保護等方面的應用。此外，研究人員利用 SPNI 技術可製備出金屬基底多級奈米結構，顯著提高了 SERS 活性。該技術可使金屬直接接觸變形，可重現性好，設備和操作步驟簡單，可有效降低成本。上述優勢使得該技術可應用於催化、奈米電子裝置、感測器等領域。王國禎課題組採用 FPC 聚合物奈米壓印在幾乎透明的薄膜上，由可再利用的奈米壓印模板製成可見水顯色、變形顯色和光致顯色的防偽產品。奈米壓印聚合物表面的獨特顯色原理非常難以複製，並且具有低成本實現的優點[25]。

7.1.4　噴墨列印技術

7.1.4.1　噴墨列印的原理

　　噴墨列印技術又被稱為數位書寫技術，其工作原理是由數位裝置控制的流體滴以一定速度從一個小孔徑噴嘴噴射到預先指定的承印物上，最終在承印物上呈現出穩定的圖文資訊的過程。利用其無掩膜和添加劑的沉積特點，加之該技術具有低成本、可製備大面積構件、柔性可控等優勢，噴墨列印被認為是一種很有前途的在室溫下直接書寫可溶解加工材料的方法，或者可直接將材料書寫成電子、生物和聚合物裝置。近年來，噴墨列印廣泛應用於材料製備、感測器、顯示器、可再生能源和微電子等領域。

7.1.4.2　噴墨列印技術的分類

　　噴墨列印設備通常包括儲液器、驅動系統和產生墨滴的列印噴頭。按照噴墨方式分為兩類：一種是連續噴墨列印技術，即噴嘴噴出連續的墨滴，然後通過偏轉系統直接滴到基底表面或者流入廢墨捕集器，這通常是一個循環系過程；另一種是按需噴墨列印技術，即為了在基底上形成一定的圖案，墨滴只有在需要時才會噴射。常見的按需噴墨列印機有熱噴墨列印機、壓電式列印機、靜電式列印機、聲波列印機和閥噴墨列印機。兩種噴墨列印過程如圖 7-9 所示[26]。

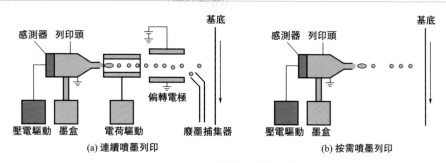

圖 7-9　兩種噴墨列印過程

7.1.4.3　噴墨列印技術的應用

目前微電子技術發展使電子裝置朝著體積小、重量輕、功能強大、使用穩定的方向轉變，另外基於電子裝置的材料的尺度結構都會影響其形貌（如表面粗糙度、晶粒尺寸）、附著力、機械完整性、溶解度和環境穩定性等屬性，這些屬性反過來又會影響電子裝置的性能，這帶動了奈米微加工技術的發展，使其具有極為廣闊的應用前景，並促使印刷電子技術向高密度、低成本、短週期、高自動化、無汙染方向發展。其中，噴墨列印技術具有有機/無機材料的可列印性、低溫加工、即時調整、成本低、可大面積高通量加工等優點，在奈米材料加工與微型電子裝置製備等方面都有獨特的優勢。下面介紹噴墨列印技術在材料加工、微型電子裝置製備方面的應用。

（1）無機材料

目前可列印的無機奈米材料包括金屬和非金屬材料，如導電的奈米碳管、過渡半導體金屬氧化物、金屬顆粒等。例如，Fan 團隊以奈米碳管油墨為基礎列印導電薄膜，結果表明，印刷一層後並不能形成良好的導電網路，但隨著印刷層數的增加，奈米碳管連續導電網路逐漸形成，電阻呈指數下降。當薄膜列印至 3～4 層時網路緊密連續，奈米碳管幾乎可以覆蓋基底上所有的孔洞和空隙（圖 7-10）。之後隨著印刷次數的增加，薄膜的電阻幾乎不會降低[2]。

（2）有機材料

有機材料為物理、化學和材料的基礎研究提供了豐富的結構主題。通過對各種碳基結構的設計和操作，有機聚合物材料能夠充當電子導體、半導體和絕緣體，同時顯示有機聚合物的物理化學性質和金屬的電學特性。有機薄膜晶體管在有機電路中是一個重要的有源元件，一個有機薄膜晶體管是有兩層電極材料（源極、漏極和柵極）、兩層電解質活性有機材料的四層裝置。而採用高解析度噴墨

列印技術可製備全聚合物薄膜晶體管，如圖 7-11 所示[27]。

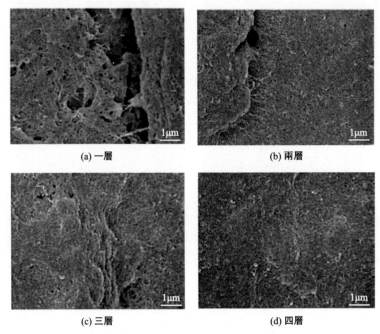

(a) 一層　　　　　　　　　　　(b) 兩層

(c) 三層　　　　　　　　　　　(d) 四層

圖 7-10　奈米碳管掃描電鏡圖像

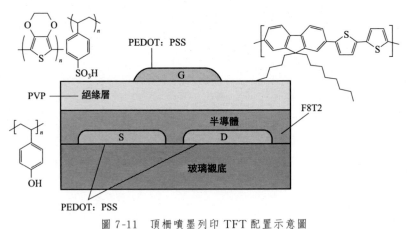

圖 7-11　頂柵噴墨列印 TFT 配置示意圖

PVP—聚乙烯吡咯烷酮；PEDOT：PSS—聚（3,4—亞乙基二氧噻吩）：聚對苯乙烯磺酸

（3）無機/有機複合材料

聚合物和奈米碳管複合材料，因其力學性能、熱學性能、光學性能和電學性

能的顯著提高，在奈米尺度裝置的應用中一直得到廣泛的關注。基於複合材料的巨大潛力，Jeong 團隊製備出基於有機矽氧烷的有機-無機混合溶膠凝膠功能性油墨，並用於介質薄膜的噴墨列印。印刷出的介質薄膜表面光滑，表面粗糙度為 0.3nm。在施加 90V 偏置電壓之前，通過印刷介質的洩漏電流小於 $10^{-6}\mathrm{A/cm^2}$，印刷介質的介電常數為 4.9，證實了噴墨印刷介電層的電性能[27]。

（4）柔性電子

柔性電子被稱為可列印的有機電子，可概括為將有機/無機材料電子裝置製作在柔性/可延性塑料或薄金屬基板上來構建電子電路的技術，有其獨特的柔性/延展性。柔性電子產品加工的理想條件有非接觸式圖形、材料可列印性、可大面積加工等。噴墨列印技術都可以滿足上述條件，而且製備的材料不需要燒結或者較低溫度燒結就可使圖案導電，這就為在柔性基底上製備材料提供了可行性。

另外，噴墨列印技術在金屬電路、有機發光二極管、光電裝置（如太陽能電池）等製造領域顯示出巨大的應用潛力，帶動了印刷電子材料甚至整個印刷電子產業的發展[28]。

7.1.4.4　噴墨列印技術的發展趨勢

隨著噴墨列印技術的逐漸發展，噴墨列印不再是簡單的材料列印工具，漸漸成為材料製備與裝置的成型工具，因此噴墨列印技術在電子產品製造中極具潛力。其研究主要集中在材料和列印過程兩個方面，通過選擇適當的材料、圖案和列印過程實現製造一體化。高性能微電子裝置將是其主要發展趨勢。噴墨列印憑藉程式可控，在層狀微電子裝置領域的應用要遠多於其他直寫技術。儘管如此，噴墨列印也有其不足之處，例如墨水與噴頭的相適應性不足；液滴為成型單元，很難應用於複雜三維微電子元件製備等，因此需要在今後的研究中進行改進和提高。

7.1.5　聚焦離子束加工技術

聚焦離子束（Focused Ion Beam，FIB）與聚焦電子束在本質上是相同的，是帶電粒子經過電磁場聚焦形成細束。但聚焦離子束採用的離子質量遠大於聚焦電子束，聚焦離子束採用的最輕的離子為氫離子，也是電子質量的 1840 倍。聚焦離子束不但可以像電子束那樣用來曝光，而且重質量的離子也可以直接將固體表面的原子濺射剝離，因此聚焦離子束加工技術已經更廣泛地成為一種直接微納加工工具。除此之外，聚焦離子束加工技術還具有沉積、輻照和層析成像等各種功能，具有定點曝光、無掩膜工藝、良好再現性和高精度的優點，是一種非常方便的微加工技術。已經證明離子束輻照引起的自支撐奈米結構的彎曲可以用於三維奈米間隙電極的生產[29]，但該過程需要精細操作（耗時長）。除了輻射之外，

已經證明聚焦離子束研磨和聚焦離子束誘導的沉積都用於製造奈米間隙，並且已經顯示出良好的精度。

7.1.5.1　聚焦離子束加工技術的分類

根據作用功能不同，常用的聚焦離子束加工技術可以分為離子束曝光技術、離子束銑削技術以及離子束誘導沉積技術。

7.1.5.2　聚焦離子束加工技術的應用

(1) 聚焦離子束銑削技術

2003 年，Nagase 等報導了通過聚焦離子束（FIB）加工技術可用於製造可重複的間隙為 5～8nm 的奈米間隙電極［圖 7-12(a)］，他們在製造過程中使用了多層 Ti-Au-Pt 結構[30]。他們使用 FIB 直接在 Ti 層上產生奈米間隙形成 Ti 條紋，然後通過乾法刻蝕將 Ti 奈米間隙的圖案轉移到下面的 Au-Pt 並獲得 Au-Pt 的奈米間隙電極。2005 年，同一小組報告了使用 FIB 銑削製造 3nm 間隙電極［圖 7-12(b)][31]，其中可以通過監測饋送到薄膜的電流來精確控制銑削過程。這種方法可以使奈米間隙的尺寸小於所用光束的直徑。然而，在離子束銑削過程中進行離子注入和再沉積濺射材料的汙染會引起額外的電流路徑，這對於區分單個分子的訊號是不利的[32~34]。2006 年，Gazzadi 等報導了應用 I_2 輔助的 FIB 來減少離子注入過程產生的汙染，使得這個問題得到了顯著的改善[32]，然而最小間隙尺寸從 8nm 增加到 16nm。2013 年，Carl Zeiss 公司報導了使用 He 離子束在懸浮的 Au 薄膜上製造出 4nm 的奈米間隙［圖 7-12(c)][35]，這顯示了製造中的高精度。然而，該設備非常昂貴，成本比傳統的 Ga 離子束高得多。除金屬外，FIB 還可用於切割奈米線產生奈米間隙。2005 年，Horiuchi 等使用聚焦 Ga 離子束切割多壁奈米碳管（MWCNTs），並在奈米碳管上產生了約 50nm 的間隙寬度[36]。但是，獲得的奈米間隙具有相對大的尺寸，並且不適合連接大多數有機分子。2014 年，在新開發的具有更小光束尺寸的氦 FIB 的幫助下，成功地在奈米碳管上製造奈米間隙，並且在金屬 SWCNT 上製造出 2.8nm±0.6nm 的奈米間隙[37]。

2015 年，Cui 等使用傳統的 Ga 離子束銑削工藝開發了一種新的方法[38]。在他們的方法中（圖 7-13），使用在 SiO_2/Si 襯底上的圖案化 Au 結構，通過濕法刻蝕工藝，在 Au 奈米線下刻蝕 SiO_2，獲得了懸浮的 Au 奈米線。通過精細銑削 Au 奈米線，可以獲得單晶界連接。通過 FIB 銑削或熱退火，可以破壞單晶界結，然後產生間隙低至 1～2nm 的奈米間隙。由於懸浮特性結構，在 Si 襯底上進行 Ga 離子注入和再沉積濺射材料不會影響兩個電極之間的電氣特性。它們不僅顯示出優於傳統FIB 技術在製造精度方面的優勢，也在奈米間隙電極的清潔度方面有著巨大的進

步。以 Si 襯底作為柵極，這種奈米間隙電極可用於製造單分子晶體管，它們之間的間隙為介電層。雖然在兩個電極之間沒有汙染，但是在電極的表面注入 Ga 離子有可能改變分子結的輸運性質。這種技術允許在一個晶片上製造多個奈米間隙電極，因此它們在集成電路結構方面有著巨大的應用潛力。

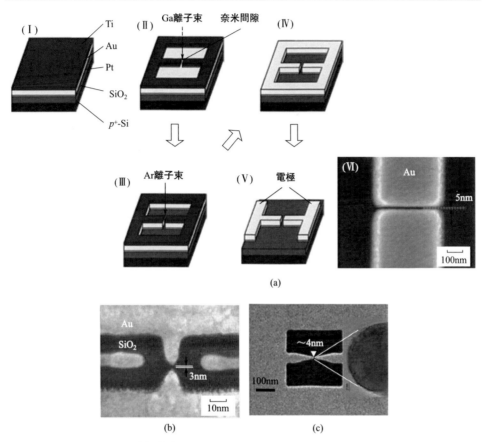

圖 7-12　（a）　用於製造奈米間隙電極的 FIB 光刻工藝的示意圖：（Ⅰ）　樣品的結構；（Ⅱ）　通過 FIB 刻蝕製造掩膜；（Ⅲ）　通過 Ar 離子束刻蝕進行圖案轉移；（Ⅳ）　通過濕法刻蝕去除掩膜；（Ⅴ）　通過光刻法製造焊盤電極；（Ⅵ）　製造奈米間隙電極的 SEM 圖像[30]。（b）　借助於電流監測系統，通過 FIB 銑削製造 3nm 的奈米間隙的 SEM 圖像。（c）　使用 He 離子束在 100nm 厚的金中加工，產生 4nm 間隙[35]

（2）聚焦離子束誘導沉積技術

除了銑削功能外，FIB 誘導沉積也可以用於奈米間隙電極。但是，因為通過

二次電子產生誘導沉積，FIB 誘導沉積與 FIB 銑削相比，製造精度大大降低[39]。這是因為二次電子的範圍大於入射離子束的直徑。在沉積結構周圍的暈圈沉積將在沉積電極周圍引入新的電流路徑，這將使得沉積電極的尺寸超過 50nm[40,41]，這對它在分子電子學方面的應用是有害的。在 2006 年，Shigeto 等通過採用懸浮基板形成複合鎢奈米間隙電極，通過切開懸浮的氮化矽膜，使得電極間隙小於 2nm（圖 7-14）[42]。因為在電極附近沒有地方進行前驅體的吸收，沉積結構周圍的暈圈沉積在這種懸浮的基質中減少了。通過 FIB 沉積的 W 比純 W 表現出了更高的超導轉溫變化[43]，因此一個超導體-金屬-富勒烯-超導體分子結被構建出來，以此用來研究金屬富勒烯的鄰近效應。

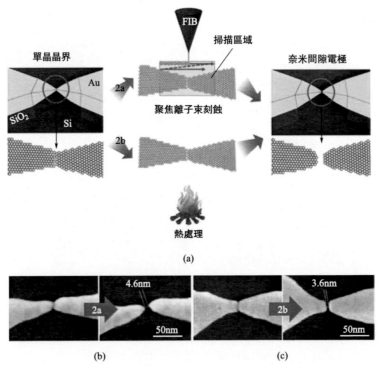

圖 7-13　奈米間隙電極的單晶界連接點：（a）　通過 FIB 銑削或熱退火，破壞單晶介面獲得奈米間隙電極；（b）　製造的單晶介面的 SEM 圖像和通過 FIB 銑削獲得奈米間隙的 SEM 圖像[38]；（c）　製造的單晶介面的 SEM 圖像和通過熱處理獲得奈米間隙的 SEM 圖像

類似於電子束誘導沉積，沉積材料的雜質汙染是一個不可避免的問題，這主要是因為前驅體的不完全分解分子導致 Ga 離子和腔室氣體的殘餘，從而產生了汙染[44]。雖然 FIB 誘導沉積比電子束誘導沉積在使用相同的前驅體時表現出更

高的電導[45]，但是隨著沉積材料出現的新特性，在將其廣泛應用於單分子晶體管的構造之前，仍需要開發新技術，以提高沉積材料的純度。

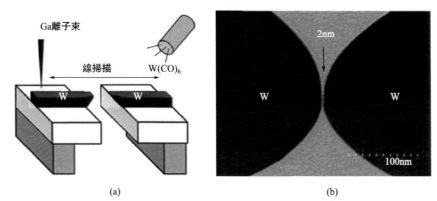

(a)　　　　　　　　　　　　　　　　(b)

圖 7-14　FIB 誘導沉積產生的奈米間隙電極：（a）　通過 FIB 誘導沉積製造奈米間隙的過程；（b）　具有奈米尺寸間隙的懸浮鎢電極的頂部 STEM 圖像

除了上述幾種方法，掃描探針等加工技術在奈米材料研究中也起了重要作用[46～55]。

7.2　奈米裝置製備工藝

7.2.1　磁控濺射

7.2.1.1　磁控濺射的原理

磁控濺射是物理氣相沉積（Physical Vapor Deposition，PVD）的一種，其工作原理是電子在電場作用下加速飛向基片，運動過程中受磁場勞侖茲力作用，被束縛於靠近靶面的等離子體區域內做圓周運動（圖 7-15）。在運動過程中與氬原子發生碰撞，電離產生大量氬離子和新電子。新電子飛向基底過程中不斷與氬原子發生碰撞，進而產生更多氬離子和電子。而氬離子在電場作用下加速撞擊陰極靶，使靶材發生濺射，中性靶原子或分子沉積在基底上形成薄膜。相比於普通的濺射以及蒸發沉積，磁控濺射中電子運動路徑變長，與 Ar^+ 碰撞機率更高，蒸發速率更高[56～64]。此外，電子只有在能量耗盡時才會落到基底上，傳遞給基底的能量很小，致使基片溫度上升慢，因此適於給各種不耐高溫材料鍍膜。

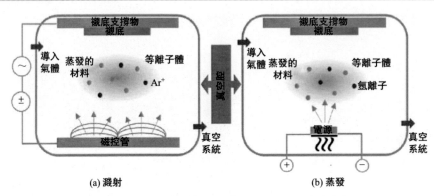

圖 7-15　兩個常見的使用氬等離子體 PVD 鍍膜過程

　　磁控濺射按照電源類型可分為射頻（RF）濺射、直流（DC）濺射、中頻（MF）濺射，如表 7-1 所示。其中射頻磁控濺射具有電流大、濺射速率高、產量大的特點；但裝置較為複雜，且大功率射頻電源價格較高，不適用於工業生產。相比於射頻磁控濺射，直流磁控濺射不需要外部複雜的網路匹配裝置和昂貴的射頻電源裝置，適合濺射導體材料或者半導體材料，現已在工業上大量使用。中頻交流磁控濺射可用在單個陰極靶系統中，而工業中一般使用孿生靶磁控濺射系統。

表 7-1　磁控濺射的分類

濺射類型	射頻（RF）濺射	直流（DC）濺射	中頻（MF）濺射
可鍍膜材料	非導電材料	導電材料	非導電材料
靶材形狀	平面單靶	平面單靶	孿生靶
頻率/Hz	13M	0	24k
電源價格	昂貴	便宜	中等
抵禦靶中毒能力	強	弱	強
應用	工業上不採用此工藝	金屬	無限制

7.2.1.2　磁控濺射的應用範圍

　　通過選擇合適的濺射工藝、靶材料和環境氣體可以在聚酯、棉、亞麻、絲綢、羊毛、聚醯胺、聚乳酸等多種基材表面沉積金屬薄膜或非金屬薄膜[65,66]。可使用的濺射靶材料有 Cu、Ti、Ag、Al、W、Ni、Sn、Pt 等金屬或 Si、石墨等非金屬以及 TiO_2、Fe_2O_3、WO_3、ZnO 等金屬氧化物和 SiO_2 非金屬氧化物等；另外，它還可以沉積陶瓷材料，以及單層或多層由聚醯亞胺、聚四氟乙烯等聚合物形成的複合奈米薄膜。它不僅賦予織物單一或複合功能（如電磁封鎖、防

紫外線、抗靜電、抗菌、導電或防水等），還可以通過奈米薄膜的干涉和衍射特徵獲得結構顏色[67]。

(1) 奈米 Cu 薄膜

奈米 Cu 薄膜包覆織物具有優異的電磁封鎖性、導電性、抗紫外線性和抗菌性[68,69]。磁控濺射塗覆的奈米 Cu 薄膜織物對大腸桿菌具有良好的抗菌性能。在相同的濺射條件下，通過高功率脈衝濺射沉積的奈米 Cu 膜對大腸桿菌的抑菌率比通過直流磁控濺射沉積的高三倍以上，另外 Cu 的抗菌性能超過了 Ag 的抗菌性能。

(2) 奈米 Ti 薄膜

金屬 Ti 具有重量輕、強度高、生物相容性好的特點等。例如，Esen 等將金屬 Ti 薄膜沉積在聚醯胺/棉織物上（紡織品是由棉和聚醯胺按不同比例配製而成的），開發出一種電磁吸波織物，可用於無線電通訊和雷達方面[70]。此外，金屬 Ti 不會使人體皮膚產生任何過敏反應（圖 7-16）。

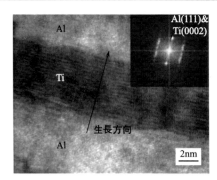

(a) 高分辨TEM圖像

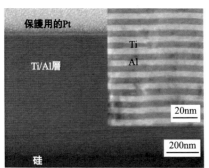

(b) SEM圖像，插圖為明場TEM圖像[66]

圖 7-16　單個厚度為 10nm 的 Ti/Al 多層膜橫截面圖

(3) ZnO 薄膜

在織物上濺射 ZnO 薄膜時，塗層織物可以獲得良好的抗紫外線性、導電性等；此外，通過提高光催化活性，塗層織物可以獲得優異的抗菌性。據研究顯示，在聚酯無紡布表面濺射奈米 ZnO 薄膜發現，隨著濺射時間和功率的增加，奈米 ZnO 顆粒變大，薄膜變得均勻，塗層織物具有良好的抗紫外線性能[71]。而 Boroujeni 等在碳纖維複合材料表面濺射奈米 ZnO 薄膜發現，抗拉強度提高 18%，具有一定的抗紫外線性能。

(4) 聚合物奈米薄膜

通過磁控濺射製備奈米聚合物薄膜可以使織物獲得多種功能。最普遍的濺射

聚合物是聚四氟乙烯（PTFE），可賦予織物抗紫外線、防水等性能。PTFE具有完美的疏水性能，在絲綢織物表面上沉積PTFE薄膜可使其變得疏水。隨著濺射壓力的增加，接觸角從68°增加到138°，接觸角的滯後現象變得不明顯。W等以同樣方式在棉織物上沉積PTFE薄膜，其接觸角達到134.2°[72,73]。此外，用PTFE濺射的PET織物也可以抗紫外線。

7.2.2 真空蒸鍍

7.2.2.1 真空蒸鍍的原理

真空蒸發鍍膜（真空蒸鍍）簡稱蒸鍍，是一種簡單的物理氣相沉積（PVD）技術。其工作原理是在真空環境中通過加熱蒸鍍材料，使其最終沉積在基底表面。圖7-17是一個簡單的電阻加熱式金屬真空蒸發鍍膜裝置[10]，鍍膜室的真空度需要滿足使蒸鍍材料的氣態粒子平均自由程大於蒸發源和基板之間的距離，通常蒸鍍時鍍膜室的壓強在10～4Pa。此時通過加熱靶材使其蒸發或昇華為氣態粒子，從而可以順利地到達基底表面形成薄膜。

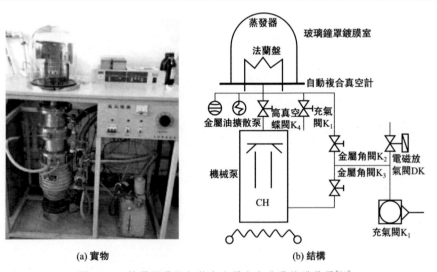

(a) 實物　　　　　　　　　　　　(b) 結構

圖 7-17　簡單的電阻加熱式金屬真空蒸發鍍膜裝置[10]

真空蒸發鍍膜與其他鍍膜方式相比，蒸膜設備簡單且容易操作，實驗人員能夠便捷地維護儀器；可供選擇蒸鍍材料較多，能實現蒸鍍不同材料的需要；蒸鍍過程不需要過高溫度，成膜速率快，效率高；在鍍膜過程中，不會產生大量的有害氣體或液體，對環境的保護較為友好[74]。

7.2.2.2　真空蒸鍍的加熱方式

為了使固態的蒸鍍材料能夠變為氣態粒子，可加熱蒸鍍材料使其達到蒸發或昇華的溫度。在蒸鍍設備中對材料加熱的裝置稱為蒸鍍源，不同的加熱方式所使用的蒸鍍源也有所不同。常見的加熱方式主要有電阻加熱、電子束加熱、高頻感應加熱等。

（1）電阻加熱

電阻加熱是一種最簡單的加熱方式，通過給電阻絲或箔等蒸鍍源輸入大電流來實現加熱。這種加熱方式常用的蒸鍍源如圖 7-18 所示。絲狀的蒸發源通常由鎢絲製成，鎢絲可以是 V 形、錐形、籃子等形狀[75]。調節絲狀蒸鍍源的加熱功率，從而調節蒸鍍材料的蒸鍍速率。加熱時應緩慢升高溫度，以防止蒸鍍材料的滴落。箔狀和舟狀蒸鍍源更加實用，尤其是當只有少量蒸鍍材料時。由於這種蒸鍍源易於製作和電源設備價格便宜，所以電阻加熱方式得到大量使用。

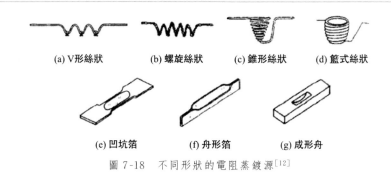

(a) V形絲狀　　　(b) 螺旋絲狀　　　(c) 錐形絲狀　　　(d) 籃式絲狀

(e) 凹坑箔　　　(f) 舟形箔　　　(g) 成形舟

圖 7-18　不同形狀的電阻蒸鍍源[12]

（2）電子束加熱

由於電阻加熱方式中的材料與蒸鍍源材料直接接觸，兩者容易互混，無法滿足一些鍍膜要求，這時電子束加熱方式更適用於此條件。如圖 7-19所示，通過電子槍發射出的電子束直接撞擊到蒸鍍材料，從而產生熱量使材料蒸發[76]。由於電子束可以通過磁場加速而獲得高能量，因此不能用電阻蒸鍍源蒸鍍的高熔點材料可使用電子束加熱方式。目前，電子束加熱方式常用於製備高品質的金屬薄膜、矽化物、光學薄膜[13]、ITO 導電薄膜[77]等薄膜材料。

（3）高頻感應加熱

高頻感應加熱指的是在高頻感應線圈中通以高頻電流，從而對放入氧化鋁或石墨坩堝內的蒸鍍材料產生高頻感應加熱。此種方法蒸發速率大，溫度控制均勻且穩定，適用於大量物料的蒸發鍍膜。圖 7-20 所示為高頻感應加熱原理圖。

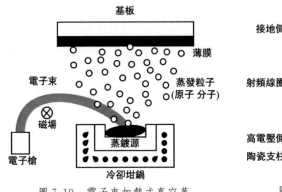

圖 7-19　電子束加熱式真空蒸
鍍原理示意圖[10]

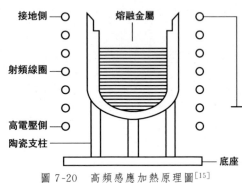

圖 7-20　高頻感應加熱原理圖[15]

（4）雷射加熱

雷射加熱是利用雷射光源產生的能量加熱材料，從而使材料吸收熱量氣化蒸發[78]。圖 7-21 所示為雷射加熱蒸發鍍膜設備的工作原理示意圖。

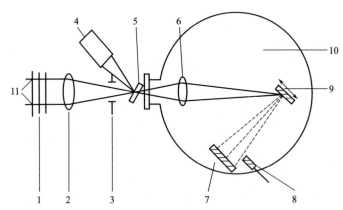

圖 7-21　雷射加熱蒸發鍍膜設備的工作原理示意圖

1—玻璃衰減器；2, 6—透鏡；3—光圈；4—光電池；5—分光器；

7—基片；8—探頭；9—靶；10—真空室；11—雷射器

7.2.2.3　真空蒸鍍的材料

真空蒸發鍍膜常用的材料包括較低熔點的金屬單質（如 Au、Al、Pb、Sn、Mo、W 等）、合金和部分化合物（如 SiO_2、TiO_2、ZrO_2、MgF_2 等）。表 7-2 所示為常用蒸鍍材料的熔化溫度和蒸發溫度。

表 7-2　常用蒸鍍材料的熔化溫度與蒸發溫度 SS匜（蒸氣壓 1Pa)[79]

蒸鍍材料	熔化溫度/℃	蒸發溫度/℃	蒸鍍材料	熔化溫度/℃	蒸發溫度/℃
鋁	660	1272	錫	323	1189
鐵	1535	1477	銀	961	1027
金	1063	1397	鉻	1900	1397
銦	157	957	鋅	420	408
鎘	321	271	鎳	1452	1527
矽	1410	1343	鈀	1550	1462
鎢	3373	3227	SiO_2	1710	1760
銅	1084	1084	B_2O_3	450	1187
鈦	1667	1727	Al_2O_3	2050	1781

　　由於在加熱過程中蒸鍍材料一般處於熔融狀態，因此在加熱區內釋放出一定的蒸氣壓並產生一定的沉積速率。通過實驗可以確定不同的材料在每個溫度下所能達到的蒸氣壓，如圖 7-22 所示。一般來說，蒸鍍膜材料需要達到 1Pa 以上的蒸氣壓才開始氣化為氣體粒子，再通過調節加熱溫度才足以獲得較為合理的沉積速率。

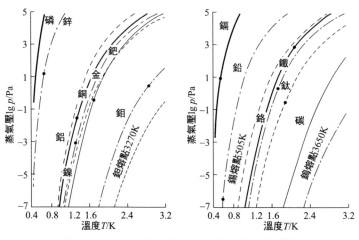

圖 7-22　常用蒸鍍材料的蒸氣壓與溫度關係[16]

7.2.2.4　真空蒸鍍的應用

　　從 20 世紀興起的真空鍍膜法，到如今已經歷 80 多年的探索與發展。真空蒸鍍作為真空鍍膜的重要成員，無論在實驗室還是在工廠都有著廣泛的應用。在裝

置製備中，金屬材料的蒸鍍可以作為裝置的電極；在光學元件中，製備光學裝置的膜層，如增透膜、反光膜、分光膜等[80]；在太陽能裝置中，蒸鍍具有光電性能的功能層材料[81]；在鍍膜基材中，可以使塑料基底具備電磁封鎖的功能。總之，真空蒸鍍簡單、便捷的優點使之在 21 世紀獲得廣泛的關注，不同類型的蒸鍍設備也應用到各行各業。

7.2.3 　微納刻蝕

7.2.3.1 　刻蝕簡介

刻蝕技術是按照掩膜圖形或設計要求對半導體襯底表面或表面覆蓋薄膜進行選擇性腐蝕或剝離的技術。刻蝕技術不僅是半導體裝置和集成電路的基本製造工藝，而且還應用於薄膜電路、印刷電路和其他微細圖形的加工。

普通的刻蝕過程大致如下：首先在表面塗敷一層光致抗蝕劑，然後通過掩膜對抗蝕劑層進行選擇性曝光。由於抗蝕劑層的已曝光部分和未曝光部分在顯影液中溶解速度不同，經過顯影后在襯底表面留下了抗蝕劑圖形，以此為掩膜就可對襯底表面進行選擇性腐蝕。如果襯底表面存在介質或金屬層，則選擇腐蝕以後，圖形就轉移到介質或金屬層上，如圖 7-23 所示。

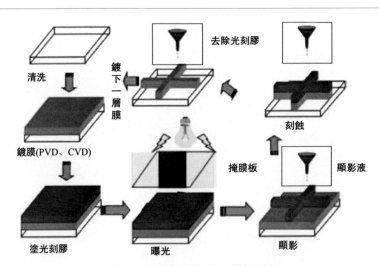

圖 7-23　刻蝕技術的工藝流程圖

由於曝光束不同，刻蝕技術可以分為光刻蝕（簡稱光刻）、X 射線刻蝕、電子束刻蝕和離子束刻蝕。其中離子束刻蝕具有解析度高和感光速度快的優點，是正在開發中的新型技術。

7.2.3.2　刻蝕的分類

刻蝕最簡單、最常用的分類是乾法刻蝕和濕法刻蝕。顯而易見，它們的區別就在於濕法使用溶劑或溶液來進行刻蝕。

（1）乾法刻蝕

乾法刻蝕是用等離子體進行薄膜刻蝕的技術。當氣體以等離子體形式存在時，它具備兩個特點：一是等離子體中氣體的化學活性比常態下時要強很多，根據被刻蝕材料的不同選擇合適的氣體，就可以更快地與材料進行反應，實現刻蝕去除的目的；二是利用電場對等離子體進行引導和加速，使其具備一定能量，當其轟擊被刻蝕材料表面時，會將被刻蝕材料的原子擊出，從而達到利用物理上的能量轉移來實現刻蝕的目的。因此，乾法刻蝕是晶圓片表面物理和化學兩種過程平衡的結果。這種方法由於在低壓下操作，等離子體可以控制尺寸，在微電子技術中以微米或更小的尺寸對特徵進行圖案化，在大規模加工時具有高度均勻、高度各向異性，並且相對於掩膜和底層材料具有高度選擇性。

在半導體加工技術領域[82~84]中使用反應等離子體的乾法刻蝕可以分為三種：物理濺射、化學刻蝕和離子增強化學刻蝕。

① 物理濺射　當表面受到離子轟擊時，原子和分子可以噴射出來，這種現象稱為物理濺射。其濺射機理如圖 7-24[84] 所示，並且通過 $v = v_0(1+4\sin2\theta) \times \cos\theta$ 形式的速率函數實現。物理濺射是一種非選擇性現象，這意味著不同性質的材料可以以類似的速率濺射。

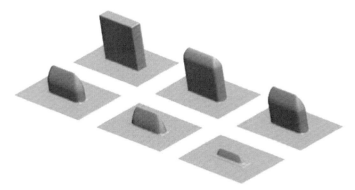

圖 7-24　採用 Lax-Friedrich 方案對 $v = v_0(1+4\sin2\theta)\cos\theta$ 得到的矩形釘進行物理濺射（該過程是一種定向現象，有助於獲得各向異性刻蝕輪廓）

② 化學刻蝕　化學或所謂的「自發」刻蝕是反應性自由基與表面相互作用的結果，如圖 7-25[84] 所示。由於純化學刻蝕速率與入射角無關，因此採用等速

函數 $v = v_0 = 5\text{nm/s}$ 進行計算。一般來說，化學刻蝕的機理包括三個基本步驟：表面活性物質的吸附和作為分子的解離、刻蝕產物的形成（化學反應）和刻蝕產物的解吸。在自發刻蝕過程中，這些步驟不需要通過離子轟擊激活。

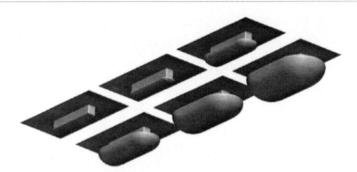

圖 7-25　$v = v_0$ 各向同性刻蝕過程中的剖面演化
（純化學腐蝕是各向同性的）

③ 離子增強化學刻蝕　除了增強化學刻蝕，離子在除去非揮發性副產物或刻蝕產物方面也起關鍵作用，這些副產物或刻蝕產物需要活化能才能從表面解吸。副產物的去除及其在特徵側壁上的重新沉積是等離子體刻蝕可以獲得各向異性輪廓的主要原因，如圖 7-26[84] 所示。當刻蝕速率與 $\cos\theta$ 成正比時，得到了角相關的最簡單形式（其中 θ 是表面法線與入射粒子方向之間的角度）。在這種情況下，我們期望水平表面向下移動，而垂直表面保持靜止。由圖表明，在保持計算的數值穩定性的同時，用最優的平滑量使銳角的圓角最小。實際上，這是刻蝕輪廓模擬中最微妙的問題之一。離子能量通量主要負責等離子體刻蝕中的刻蝕各向異性[85]。一般來說，離子能量通量的增加導致更好的各向異性。

任何等離子刻蝕工藝的目標是實現高刻蝕速率、均勻性、選擇性、刻蝕的微觀特徵的可控形狀（各向異性）和無輻射損傷[86]。選擇性可以通過將化學刻蝕作為關鍵工藝來實現。高刻蝕速率是提高工藝吞吐量（晶片/h）的理想條件。然而，刻蝕速率必須與均勻性、選擇性和各向異性相平衡[87]。均勻性是指在晶片上獲得相同的刻蝕特性（如速率、側壁輪廓等）。此外，需要等離子均勻性以避免晶片充電不均勻，這可能導致電損傷。選擇性是指一種材料相對於另一種材料的相對刻蝕速率。刻蝕工藝必須對掩膜和底層膜有選擇性。掩膜不能被刻蝕，否則所期望的圖案將失真。當底層很薄（柵極氧化物）或工藝均勻性不好時，對底層的選擇性尤其重要。刻蝕在晶片中的微觀特徵的形狀是至關重要的。通常，各向異性（垂直）側壁輪廓是必需的，可能在特徵的底部具有一些圓度。輻射損傷是指晶體晶格的結構損傷，或者更重要的是，由等離子體輻射（離子、電子、

紫外線和軟 X 射線光子）引起的敏感裝置的電損傷[88]。在微特徵內對絕緣材料充電可導致圖案畸變（缺口），或者高能離子轟擊可導致刻蝕膜的頂部原子層的結構損傷。

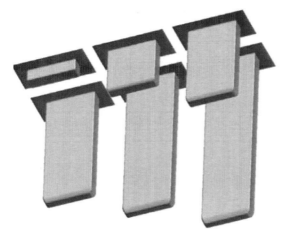

圖 7-26　採用 Lax-Friedrich 方案，　對 $v = v_0\cos\theta$ 進行離子增強化學刻蝕，　得到理想的各向異性剖面演化（在現實中，刻蝕過程由幾個機制組成，　而且輪廓遠非理想）

（2）濕法刻蝕

濕法刻蝕是將刻蝕材料浸泡在腐蝕液內進行腐蝕的技術。簡單來說，就是中學化學課中化學溶液腐蝕的概念。它是一種純化學刻蝕，具有優良的選擇性，刻蝕完當前薄膜就會停止，而不會損壞下面一層其他材料的薄膜。由於所有的半導體濕法刻蝕都具有各向同性，所以無論是氧化層還是金屬層的刻蝕，橫向刻蝕的寬度都接近於垂直刻蝕的深度。這樣，上層光刻膠的圖案與下層材料上被刻蝕出的圖案就會存在一定的偏差，也就無法高品質地完成圖形轉移和複製的工作。因此，隨著特徵尺寸的減小，在圖形轉移過程中基本不再使用。

濕法刻蝕在基板上刻蝕薄膜效果很好，也可以用來刻蝕襯底本身。各向異性工藝允許刻蝕在基材中的某些晶體平面上停止，但是仍然導致空間的損失（因為當刻蝕孔或空腔時，這些平面不能垂直於表面）。各向異性濕法化學刻蝕仍然是矽技術中應用最廣泛的加工技術，原因如下：首先，濕法刻蝕系統的成本遠低於等離子體類型的成本，而且某些特徵只能通過各向異性濕法刻蝕來實現[89]。其次，這種技術可以通過控制下切懸掛結構來創建非常複雜的三維結構，而其他微加工技術則無法做到。刻蝕過程的各向異性實際上是刻蝕速率的取向依賴性[90]。人們普遍認為，在刻蝕過程中這種宏觀各向異性的根源在於刻蝕速率在原子水平

上的結晶位點特異性。利用在 KOH 溶液中沿 13 個主要方向和高折射率方向實驗獲得的刻蝕速率值，通過插值技術，模擬了包括全矽對稱特性的矽中的刻蝕速率各向異性[88]。KOH 具有優異的重複性和均勻性，並且生產成本低，是最常見和最重要的化學刻蝕劑。在理想的 M(N)EMS 設計環境中，首先模擬製造工藝步驟，以便生成三維幾何模型，包括與製造相關的材料特性和初始條件。作為這種模型的說明，我們已經顯示了在交叉孔徑(圖 7-27)和交叉島 (圖 7-28) 的情況下矽的各向異性濕法刻蝕的三維模擬。兩個掩膜不僅包含凹角還包含凸角。由圖可以看出，凸角下出現典型的下切面形狀。在兩種情況下，僅由 〈111〉平面組成的 V 形腔的形成被正確地再現。

圖 7-27　在 〈100〉平面上通過與矽中的 h100i 方向對準的跨孔掩膜的各向異性濕法刻蝕

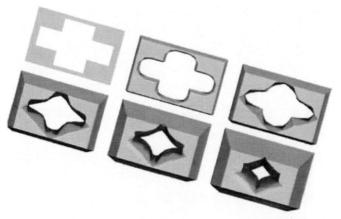

圖 7-28　在 〈100〉平面上通過與矽中的 h100i 方向對準的交叉島掩膜的各向異性濕法刻蝕

7.2.4　脈衝雷射沉積

　　脈衝雷射沉積（PLD）作為薄膜材料的製備方法之一，究其核心是利用雷射工藝製備材料的技術。換而言之，脈衝雷射沉積技術在近些年的迅速發展，主要是雷射技術的進步推動的結果。脈衝雷射沉積技術是於 1965 年由 Smith 和 Turner 最早提出使用的，當時他們採用紅寶石雷射器作為能量源來製造半導體材料和電介質薄膜[91]。由於當時的雷射器工藝存在很大問題（如輸出雷射穩定性差、重複頻率低等），導致脈衝雷射沉積技術並沒有得到人們足夠的關注。隨著雷射科技的發展，雷射的重複頻率和穩定性等諸多因素逐漸被克服，雷射光源的控制有了很好的提升。在 1975 年，Desserre J. 和 Floy J.F. 利用電子 Q 開關雷射得到了脈衝的雷射光束，從而可以製備出化學計量的金屬材料（如 Ni_3Mn 和低溫超導薄膜材料 $ReBe_{22}$）。脈衝雷射沉積技術真正開始吸引人們廣泛注意力，是從 1987 年 Dijkkamp 等成功地利用高能準分子雷射製備出高品質的高溫超導材料開始的[92]。到目前為止，脈衝雷射沉積技術被廣泛應用於製備具有外延特性的晶體薄膜，如陶瓷氧化物、氮化物膜、金屬多層膜以及各種超晶格等[93,94]。典型的脈衝雷射沉積設備原理圖如圖 7-29 所示。

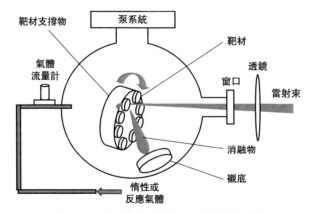

圖 7-29　典型的脈衝雷射沉積設備原理圖

　　脈衝雷射沉積技術在概念上是簡單的，而且在原理上與傳統的濺射等有一定的相似之處。濺射工藝是以一定能量的粒子轟擊靶材表面，使得靶材表面的原子或分子獲得足夠大的能量而最終逸出固體表面的工藝；脈衝雷射沉積技術則是將能夠引起靶材料強烈吸收的波長的短雷射脈衝聚焦到靶材上，靶材表面的材料被瞬間的高溫及能量激發而氣化，氣化物質繼續與光波作用生成局域化的等離子體，等離子體進一步吸收光子能量，在短時間內在狹小區域被加熱到極高溫度。

在雷射脈衝結束階段，非均勻溫度的等離子體將沿著靶面法線方向產生相當強的加速場（類似於微米級的爆炸），這個沿著靶面法線方向向外的細長的等離子區域即是脈衝雷射沉積技術中常說的等離子羽流。這個區域的空間分佈可參照餘弦函數 $\cos^n\theta$ 進行描述，其中 $4 < n < 15$（n 取決於空氣壓力、靶材材料等因素）。發射出來的等離子體撞擊到預先放置的襯底，逐步形成大的晶核，並在後續等離子體的連接下形成連續的薄膜[32]。由於幾何結構簡單，並且可以利用數位控制精確地調節雷射輻照，因此脈衝雷射沉積技術可以容易地調節原子通量，並且通過照射不同材料的靶材，很容易生長出新材料層和多層材料。另外，它不需要超高真空的環境即可滿足工作條件，因此脈衝雷射沉積技術的應用在成本控制上也有一定的優勢[95,96]

(1) 消融和等離子體形成

在雷射燒蝕過程中，光子首先轉換為電子激發，其次轉換為熱能、化學能和機械能，從而快速從表面蒸發材料。由於其在雷射加工中的重要性，已經對該過程進行了廣泛的研究。目前，在目標表面已觀察到高達 10^{11} K/s 的加熱速率和 $10 \sim 500$ atm（atm 表示標準大氣壓，1atm$\approx 10^5$ Pa）的瞬時氣壓[97~99]。雷射-固體相互作用的機制在很大程度上取決於雷射波長（因為雷射波長是穿透深度的重要影響因素）。雷射中大部分能量被靶表面附近的非常淺的層所吸收，以避免表面下的顆粒沸騰，但這就有可能導致膜表面上形成大量顆粒。同時，光束路徑中的氧分子和光學元件對光子的吸收決定了在 200nm 及以下較低的波長被限制不能起作用。

對於相對長的脈衝持續時間（例如準分子雷射器最典型的是幾十納秒），在成型羽流和入射光束之間存在強烈的相互作用，導致物質的進一步加熱。這可以解釋 $YBa_2Cu_3O_{7-\delta}$ 薄膜生長的實驗中，對於靶材表面處給定的雷射能量密度而言，使用 KrF 準分子雷射（248nm，$\approx$25ns）的燒蝕效果明顯要比 Nd：YAG（266nm，$\approx$5ns）的燒蝕效果強得多[37]。

最後，目標表面處的雷射能量密度必須超過某閾值，對於 25ns 的雷射脈衝而言，其在許多配置中的範圍為 $1 \sim 3$J/cm^2。同時也發現在不同的壓強環境，針對不同的材料狀態，所需要的能量密度也有區別。例如已發現的 $SrTiO_3$ 單晶（非陶瓷材料）在 10^{-6} Torr 下（而不是典型的 $5 \sim 500$mTorr，1Torr$\approx$133Pa），採用 0.3J/cm^2 的雷射能量密度並使用具有相對快速上升時間的雷射反而是最佳的。但即便如此，脈衝雷射沉積在每次脈衝過程中所需的能量相當高，目前最容易實現的方式就是採用準分子雷射器。在當前，KrF 受激準分子（248nm，通常為 $20 \sim 35$ns 脈衝持續時間）雷射器是最常用於脈衝雷射沉積技術的雷射器，但 ArF（193nm）和 XeCl（308nm）準分子雷射器也同樣可以實現薄膜的成功生長[100]。

另外，許多「超快雷射器」每次脈衝所輸出的能量更少，但脈衝持續時間更短（因此瞬時功率更高），並且重複率高於準分子雷射器。對於化學上較不複雜的材料，例如簡單的氧化物可使用各種雷射器，如飛秒鈦-寶石雷射器。也有人成功採用 76MHz、脈衝時間為 60ps 的 Nd：YAG 雷射器生長無定形碳材料[101]。這種寬鬆的調節方式和已經成功的案例讓科學研究人員對不同雷射器應用於脈衝雷射沉積技術有了更強的信心。

（2）羽流傳播

已經有關於使用光學吸收和發射光譜結合離子探針測量廣泛研究羽流傳播的內部情況的研究，其中的中性原子、離子和電子以不同的速度傳播，並且存在等離子體物質與背景氣體之間的強相互作用。實際上，基底同樣需要進行一定程度的熱化以獲得良好的薄膜生長，同時也避免溫度差距過大導致羽流中最高能離子對生長薄膜的重新噴射。假設羽流中的大多數粒子在到達基底時恰好完全熱化（即具有相等的橫向速度和前向速度），一個簡單的模型預測最佳生長速率應接近每脈衝 1Å，這與要求複雜材料穩定性的實驗中的實際觀察值非常接近。然而，超晶格材料的精確形成，特別是由 $SrTiO_3$ 和相關的鈣鈦礦組成，通常最好以低得多的沉積速率（每單位電池需要數百個雷射脈衝）實現[102]。

脈衝雷射沉積技術存在以下有待解決的問題。

a. 對相當多的材料，沉積所得的薄膜中有熔融的小顆粒或者靶材碎片，這是雷射引起爆炸過程中噴濺出來的。

b. 沉積速率較慢，目前較快的沉積速率大約是每平方公分每小時沉積厚度在幾十奈米到幾百奈米不等，而隨著沉積材料的不同可能更低。

c. 基於目前的脈衝雷射沉積技術的投入和產出，它目前只能應用於小規模的應用場景，如新材料薄膜研製、微電子等領域。不過隨著大功率雷射器技術的進一步發展，也有人認為脈衝雷射沉積應用於工業化生產有一定的前景。

（3）應用場景

通過脈衝雷射沉積方式可以生長大量的材料層。例如：

① 許多半導體薄膜如寬禁帶 Ⅱ～Ⅵ 族半導體薄膜，通常是採用分子束外延或者金屬有機化學氣相外延合成的。但脈衝雷射沉積技術無需苛刻複雜的設備和實驗要求，如 ZnSe、AlN、GaN 等寬能帶結構的半導體薄膜皆有相關文獻報導。

② 高溫超導材料由於具有陶瓷材料的特性，因此具有難以彎曲和良好柔韌性的特性，能夠將高溫超導薄膜應用到金屬襯底上，最早在 1987 年將脈衝雷射沉積技術應用於製備高品質的高溫超導薄膜。

③ 鐵電材料薄膜的製備方式有很多，但是傳統製備方式存在一些問題。而脈衝雷射沉積技術可以利用生長腔室中的氣體條件，較好地控制薄膜成分，可以

得到性能良好的鐵電薄膜。

　　④ 超晶格是一種由不同材料以數奈米的薄膜交替生長並嚴格保持週期性的多層膜。因為脈衝雷射沉積技術能夠精準地將化學計量的材料生長為薄膜，因此脈衝雷射沉積技術非常適合製備超晶格材料。

　　近些年，隨著低維物理材料的研究進一步深入，二維材料、石墨烯以及量子點等領域也出現了脈衝雷射沉積技術的應用案例。在不遠的將來，隨著大功率雷射技術的進一步發展以及輔助設備和工藝的協同發展，脈衝雷射沉積技術在功能薄膜材料的應用製備將得到更好的發展。

7.2.5　自組裝奈米材料加工

　　自組裝（Self-assembly），是指基本結構單元自發形成有序結構的一種技術，例如分子、奈米材料、微米或更大尺度的物質。在自組裝過程中，基於非共價鍵的相互作用，基本結構單元自發地組織或聚集為一個穩定且具有一定規則幾何外觀的結構。

　　目前人們對奈米材料自組裝感興趣的原因是能夠利用奈米材料的集合體特性，以及在功能裝置中使用這些特性的可能性。奈米材料自組裝可以用來改善複合材料的力學性能，還可以同時或按順序執行多個任務。由於單個奈米粒子的激子、磁矩或表面等離子體之間的相互作用，奈米材料自組裝還可以顯示出新的導電性、磁性和光學性質[103]。如果能夠控制單個奈米顆粒的間距和排列，就有可能在裝置中利用這些特性，並使得整體具有方向性和有序性。人們總結了奈米材料自組裝或輔助組裝的各種方法，然後提出了自組裝奈米結構可能的應用。

　（1）溶液自組裝

　　圖 7-30 說明了奈米顆粒在沒有模板、介面或外部場的情況下在溶液中的自組裝。自組裝是由引力（如共價鍵或氫鍵、異種電荷配體之間的靜電吸引或偶極子相互作用）與斥力（如空間力和同種電荷配體之間的靜電斥力）之間的平衡所控制的。奈米粒子的自組裝產生各種各樣的結構，包括鏈狀、片狀、囊泡、三維晶體或更複雜的三維結構。

　　一種基於溶液的自組裝方法利用了化學非均質奈米顆粒的位點特異性作用。例如，通過觸發附著在金奈米棒長面和短面上的不同配體之間的吸引力，實現金奈米棒的端對端或側面對側面的自組裝。圖 7-30(b) 為金奈米棒的組裝圖，金奈米棒側面帶有十六烷基三甲基溴化銨（CTAB），在奈米棒端面帶有聚苯乙烯分子[104]。添加水（聚苯乙烯的不良溶劑）到含有奈米棒的二甲基甲醯胺溶液中產生出奈米棒鏈，而添加水（CATB 的不良溶劑）到含有四氫呋喃的溶液中則產生出自組裝的奈米束。

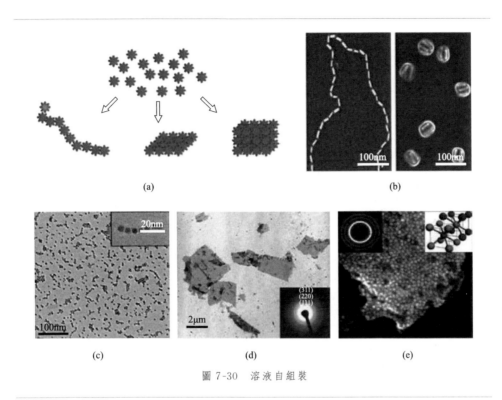

圖 7-30　溶液自組裝

　　非混相有機配體的相分離或不同配體的連續附著也可誘導奈米粒子的化學異質性[105]。混合物壬酸和 4-苯丁酸的相分離在 γ-Fe_2O_3 奈米顆粒表面產生兩種截然不同的奇點，使後續反應的分子連接和奈米鏈得以形成，這個過程可以從圖 7-30(c) 中看出。

　　此外，從圖 7-30(d) 可以看出各向異性疏水吸引力和靜電相互作用的平衡使得乙基硫醇包裹著的緻密單分子層的 CdTe 奈米粒子自發形成[106]。實驗結果可以用粒子間相互作用的計算機模擬來驗證。

　　近年來，科學研究工作者通過與奈米顆粒表面連接的互補 DNA 分子雜交，形成了具有面心或體心立方晶格結構的三維奈米顆粒晶體。DNA 序列或 DNA 連接物長度的變化，以及未成鍵的單鹼基屈肌的存在與否，被用來調節奈米粒子-DNA 偶聯物之間的相互作用[107]。圖 7-30(e) 顯示了由金奈米粒子形成的體心立方結構的晶體碎片。在另一種自組裝方法中，具有類金剛石結構的晶體是由帶相反電荷的奈米金和奈米銀顆粒生長而來的。通過篩選靜電相互作用使奈米粒子結晶，每個奈米粒子被一層反向離子所包圍並且奈米粒子之間通過近距離電勢相互作用。

（2）使用模板方法進行自組裝

　　奈米碳管、嵌段共聚物、病毒或 DNA 分子等都可以作為奈米粒子自組裝的模板。模板和奈米顆粒之間的強烈相互作用導致奈米顆粒的排列由模板形狀預先決定，這種現象可以從圖 7-31(a) 看出。

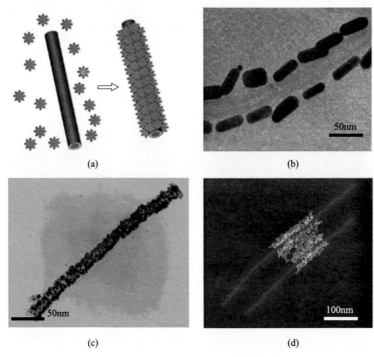

(a) 　　　　　　　　　　　　(b)

(c) 　　　　　　　　　　　　(d)

圖 7-31　　使用模板方法進行自組裝

　　硬模板（如化學方法功能化的奈米碳管或無機奈米線）為奈米顆粒自組裝提供了明確的形狀，但總的來說，它們缺乏對沉積奈米顆粒之間間距的控制。圖 7-31(b) 為陰離子聚乙烯基吡咯烷酮-功能化金奈米棒鏈沉積在帶有奈米管塗層的陽離子聚二烯丙基二甲基氯化銨的表面。與側表面電勢相比，奈米棒端部的表面電勢較低更有利於它們在塗層奈米碳管的表面端部和端部進行自組裝[108]。

　　軟模板（如合成聚合物、蛋白質、DNA 分子或病毒）具有獨特的化學結構，並為奈米顆粒的附著提供多個定義明確的結合位點。此外，軟生物模板可以利用自然系統中的策略，將奈米顆粒組織成層次結構。特別是，由於 DNA 結構多樣性、序列明確和功能豐富，DNA 調控奈米顆粒具有很大的前景。DNA 支架可以形成 Au、Ag、CdSe 和 CdSe/ZnS 奈米粒子的可控組織，也可以合成排列在鏈中的 CdS 奈米線和金屬奈米粒子。利用菸草花葉病毒合成和組裝金屬奈米顆粒，

得到一維奈米顆粒〔圖 7-31(c)〕。pH 值測試呈酸性時，靜電驅動 $AuCl_4^-$ 和 $PtCl_6^-$ 沉積在病毒帶正電荷的外表面；pH 值測試呈中性時，Ag^+ 沉積在病毒帶負電荷的內表面。表面附著的前驅體離子的還原過程會在病毒的內外表面產生金屬奈米顆粒自組裝[109]。

塊狀共聚物分子會分離成球形膠束、小泡、奈米線、奈米管、薄片和圓柱體。奈米粒子被特定的聚合物隔離，遵循宿主分子的自組織，可以出現在溶液或薄膜中。例如，以聚苯乙烯-b-聚甲基丙烯酸甲酯薄膜為模板，在圓柱形或片狀聚甲基丙烯酸甲酯表面組裝 CdSe 奈米棒。圖 7-31(d) 為 PbS 奈米顆粒在圓柱形塊狀聚二乙烯基矽烷膠束表面的自組裝[110]。

(3) 介面自組裝

奈米顆粒在液-液、液-氣和液-固相介面的組裝是通過 Langmuir-Blodgett 技術實現的，沉積或蒸發誘導自組裝以及奈米顆粒的吸附。Langmuir-Blodgett 技術已被用於在水-空氣介面形成奈米顆粒單層膜，並將其轉移到固體基底上。利用輻照對奈米顆粒單層進行局部加熱，調節奈米顆粒在介面上的分層排列。通過調節基底的浸潤和抽提速度，得到了具有不同表面密度的二維奈米粒子晶格和一維陣列。

蒸發誘導的方法為在固體表面組裝有序的大面積奈米顆粒結構提供了一種直接的方法。採用溶劑蒸發驅動，靜電相互作用、范德華力和偶極子相互作用輔助的自組裝法可以製備半導體、金屬和磁性奈米粒子的單個奈米顆粒陣列和複合晶格。

(4) 輔助自組裝

磁場已經用於金屬、金屬氧化物和複合奈米粒子的自組裝。由於偶極-偶極奈米粒子的締合以及磁場的應用增強了奈米粒子的組織，具有足夠鐵磁性且固定的磁矩的奈米顆粒可以自發地進行組裝。超順磁性奈米粒子具有隨機變化的磁矩，其組裝發生在施加扭矩時磁場超過奈米粒子的熱激發能。當磁性奈米顆粒被放置在足夠接近磁場時，它們形成一維組裝（鏈）或三維超晶格。在鏈中，奈米粒子與相鄰奈米粒子經歷偶極-偶極相互作用，並以交錯方式組織，以最小化局部靜磁能。

電場誘導奈米粒子極化使相鄰的奈米粒子通過偶極-偶極相互作用形成平行於電場線的鏈。隨著奈米粒子極化率的增加，相互作用強度增大。奈米粒子鏈的長度隨著電場強度、奈米粒子濃度和介質介電常數的增大而增大。交流電和直流電都可用於奈米顆粒的自組裝。介質電泳是指外加電場對奈米粒子誘導的偶極矩施加的力。由於不受電滲透和電解作用的影響，介質電泳可以用在各種液體中組裝不同類型的奈米顆粒。

　　將奈米顆粒組織成自組裝的結構，為減小諸如等離子體波導、聚焦透鏡、光發生器和光開關等光電裝置的尺寸鋪平了道路。目前大多數基於奈米顆粒的光電元件採用自上而下的奈米製造技術，而不是自下而上的自組裝方法。例如，自組裝奈米粒子結構已經被用於感測器（利用金屬奈米粒子等離子體波長的變化、半導體奈米粒子光致發光的變化、磁性奈米粒子在不同化學或生物環境中磁弛豫的變化）。奈米粒子的集合體還被用於奈米溫度計和 pH 計、生物和化學感測器。與傳統的感測方法相比，基於自組裝奈米粒子特性的感測技術具有更高的選擇性和靈敏度、無限長的使用壽命和更大的測量範圍。

　　基於電極上奈米粒子自組裝結構的電化學生物感測器顯示出更高的靈敏度和更低的過電位（即電極電位與氧化還原過程所需平衡值的偏差更小）。沉積在電極上的奈米顆粒集合體通過產生多孔增加了電極的表面積，而且由於奈米顆粒的奈米尺度曲率，還提供了與酶的親密接觸。因此，自組裝奈米顆粒結構是氧化還原分析物與電極表面之間電子傳遞的有效橋梁。

　　奈米粒子自組裝的研究正朝著以下幾個方向發展：

　　a. 利用奈米粒子與分子的類比，為生成複雜的分層奈米結構體系制定了設計規則。穩健和高重複性的接近 100% 合成的奈米顆粒產量，以及明確的尺寸、形狀、長寬比和化學異質性是至關重要的研究；此外，奈米顆粒的分餾法正逐漸成為一種增強其尺寸和形狀取向性以及自組裝性能的手段。

　　b. 通過從概念驗證實驗到對自組裝結構的定量評估，以比目前更為嚴格的方式描述自組裝過程是非常重要的。繪製相圖、評價不同類型奈米結構的共存或奈米粒子整體與單個奈米粒子的共存，以及確定自組裝結構的聚集數或尺寸（例如奈米粒子鏈的長度和剛度）是指導自組裝過程的關鍵。

　　c. 了解熱波動和動力因素在某些結構形成中的作用同樣重要。具有特定熱力學參數和結構特徵的自組裝模擬正在成為預測新結構和指導現有奈米結構形成的有力工具。

　　d. 自下向上和自上向下的奈米顆粒組裝、定向和成圖方法相結合，可以得到大範圍的高品質奈米顆粒陣列。奈米顆粒在流動、外加場、約束或光催化作用下的自組裝也逐漸成為一種具有可編程特性的層次化、多功能結構的製備方法。

7.3　奈米材料在裝置製備領域的優勢

　　奈米材料以獨特的優勢和魅力，贏得了科學研究工作者的青睞。由於奈米製備工藝的發展，奈米材料裝置的研發和應用也如火如荼地開展起來。電子裝置和光電裝置的研究成為近年來最熱門的領域之一。例如，奈米材料在摩爾定律驅使

下提高集成電路晶片密度、提高計算機計算能力等。再者，奈米材料的量子效應致使奈米材料在量子領域繼續起不可替代的作用，如用於量子晶體管、量子計算機、量子雷射器等裝置的研究和製備。另外，利用奈米材料的表面效應等製成的奈米感測器，具有更高的靈敏度和更優越的性能。最後，奈米材料裝置的生物相容性使得奈米材料在生物醫學領域大展身手。

7.3.1　摩爾定律與裝置集成

提起摩爾定律，首先不得不提的是晶體管。1947 年，美國貝爾實驗室的三位科學家發現裝置中一部分微量電流可控制另一部分大電流產生放大效應，這就是世界上第一個晶體管 ［圖 7-32(a)］。單個晶體管的功能畢竟有限，於是集成電路的想法和嘗試逐漸盛行。1958 年，得州儀器公司的傑克・基爾比實現了第一個鍺管工作集成電路 ［圖 7-32(b)］。1954 年，貝爾實驗室的坦恩鮑姆製備了第一個矽晶體管；同年，貝爾實驗室開發出第一臺晶體管化的計算機 TRADIC，TRADIC 使用了大約 700 個晶體管和 1 萬個鍺二極管，每秒可以執行一百萬次邏輯操作，功率僅為 100 W，功能遠超第一臺以真空管為元件的計算機 ENIAC。1955 年，IBM 公司開發出包含 2000 個晶體管的商用計算機。1959 年，仙童公司的諾伊斯申請了平面工藝的專利，用鋁作為導電條製備集成電路。從此，開始了集成電路的時代。

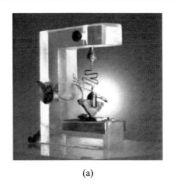 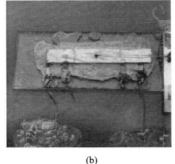

(a)   (b)

圖 7-32　世界上第一個晶體管及第一個晶體管集成電路

1965 年 4 月 19 日，戈登・摩爾在《電子學》雜誌發表了《讓集成電路填滿更多的組件》的文章，文中預言半導體晶片上集成的晶體管和電阻數量將每年增加一倍。1975 年，根據當時的實際情況，摩爾在 IEEE 國際電子組件大會上對摩爾定律進行了修正，把「每年增加一倍」改為「每兩年增加一倍」，後來業界又把它更改為「每 18 個月增加一倍」。隨著摩爾定律預言的裝置集成密度增大和

晶片體積減小，晶體管必將進入奈米尺度。從表 7-3 可以看出[111]，大約在 2000 年以後，集成電路設計規格開始進入奈米領域。奈米材料和奈米加工技術的優勢在此領域可以得到充分起，集成電路性能得到大大提高。

表 7-3　集成電路工藝發展趨勢

年份	1970	1975	1980	1985	1990	1995	2000	2005	2010	2015	2020
工藝線寬/μm	8～10	5	2～3	0.8～1.2	0.5	0.18～0.25～0.35	0.13	0.09～65	32～45	22	16
DRAM 容量/位	4k	16k	64k～256k	1M～4M	16M	64M～256M	512M	1G～2G	4G DRAM	1T 内存	
UMP 指令/位	4	16		32				4G～8G、16G～32G	64G、256G		
晶圓尺寸/mm	40	100		150	200	300				400	
世界市場/億美元	40	70	200	400	700	1000	2000	2275	2068		
領導公司	TI/Intel		NEC/東芝		三星	Intel 處理器,臺積電代工					
代表產品	計算機(大型、小型)				PC		數位家電		汽車電子、醫療電子		
電子產品半導體含量/%	6				7			21			

　　摩爾定律自提出以來就不斷遭受質疑。1990 年代中期，晶片業界普遍認為半導體製程工藝到 25nm 關口時，漏電問題將非常嚴重，並且功耗也將非常高，英特爾提出的摩爾定律將不再適用。然而，1999 年，基於立體型結構的鰭式場效應晶體管技術和基於超薄絕緣層上矽技術，胡正明研究小組解決了半導體製程到 25nm 後的製造和功耗難題。2002 年 8 月 23 日英特爾研究人員發明了「三柵」結構的三維晶體管。該晶體管採用超薄三維矽鰭片取代了傳統晶體管的平面柵極，矽鰭片的三個面都安排了一個柵極，其中兩側各一個、頂面一個，形象地說就是柵極從矽基底上站了起來。而二維晶體管只在頂部有一個。由於這些矽鰭片都是垂直的，晶體管可以更加緊密地靠在一起，從而大大提高了晶體管的密度。圖 7-33 是三維晶體管的微觀圖及效果圖[112]。經過隨後多年的研發，這一新型晶體管最終進入可大規模生產階段，繼續為摩爾定律書寫傳奇。

(a)　　　　　　　　　　　　(b)

圖 7-33　三維晶體管微觀圖及效果圖

近年來摩爾定律又一次遭到廣泛的質疑，就連最新版的國際半導體技術藍圖（ITRS）也不以摩爾定律為目標。因為，當集成電路進入奈米尺度後，短溝道效應、量子隧道效應、接觸電阻和遷移率退化等次級效應越來越明顯；又由於受奈米技術加工極限的限制，更小尺寸的晶體管實現越來越困難。摩爾定律是否還適用，又一次成為人們議論的熱點。2017 年 9 月 19 日，英特爾執行副總裁兼製造、營運和銷售集團總裁 Stacy Smith 表示，目前業界經常用 16nm、14nm、10nm 等製程節點數字已失去真實的物理意義。通過表 7-4 可以看出，晶體管實際尺寸要比業界定義的製程節點數字要大，且每個公司的製程節點數字真實尺寸都有差別。這些說明了裝置實際尺寸已跟不上摩爾定律的預言，摩爾定律步伐正在變慢。業界認為，摩爾定律將在未來幾年達到終點，即矽材料晶體管的尺寸將無法再縮小，晶片性能的提升已經接近其物理極限。

表 7-4　10nm 技術密度對比

公司名稱	Intel	臺積電	三星
製程節點/nm	10	10	10
鰭片間距/nm	34	36	42
柵極間距/nm	54	66	68
最小金屬間距/nm	36	42	48
邏輯單元高度/nm	272	360	420
邏輯晶體管密度/(MTr/mm^2)	100.8	48.1	51.6
邏輯晶體管密度(相對)	1 倍	0.48 倍	0.51 倍

為了繼續維持摩爾定律，科學家正在努力嘗試更多的方法製造集成度更高、功能更強大的集成電路，如真空晶體管、隧穿晶體管、自旋晶體管、單電子晶體管、分子晶體管以及新奈米材料晶體管等。當然，若要真正延續摩爾定律，還需要更合適的奈米材料的參與。例如，低維奈米材料石墨烯、奈米碳管和拓撲絕緣

材料等僅具有原子級別尺度的奈米材料有望實現更小的奈米管。不像塊體奈米材料那樣具有豐富的表面懸掛鍵和高的電導率，上述低維奈米材料無表面懸掛鍵和原子尺度，使得低維奈米材料成為下一代晶體管集成電路極具競爭力的選擇。

2016 年 10 月 7 日，美國勞倫斯伯克利國家實驗室教授阿里·加維研究組利用奈米碳管和二維奈米材料二硫化鉬開發出全球最小柵極的晶體管[113]，如圖 7-34 所示。長期以來，半導體行業一直基於矽材料來縮小電子零部件的體積。對於矽晶體管來說，小於 5nm 的柵極都不可能正常工作。這是因為與二硫化鉬相比，通過矽流動的電子更輕，遇到電阻更小。當柵極為 5nm 或更長時，矽晶體管比較有優勢。但當柵極長度低於 5nm 時，矽晶體管就會出現一種被稱為「量子隧穿效應」的量子力學現象，導致晶體管開關難以控制。而通過二硫化鉬流動的電子更重，因此可以通過更短的柵極來控制。由於受傳統加工工藝的限制，他們利用直徑約 1nm 的奈米碳管製備原子尺度的晶體管柵極，這充分展現了低維奈米材料的優勢。柵極長度被用於衡量晶體管的規格，成功研製出 1nm 柵極晶體管意味著只要材料選擇適當，當前的電子零部件的提升還有較大縮減空間。

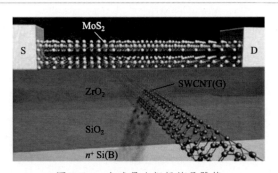

圖 7-34　全球最小柵極的晶體管

此外，2017 年北京大學電子系彭練矛團隊使用新奈米材料石墨烯和奈米碳管也製造出 5nm 柵極長度的晶體管[114]，如圖 7-35 所示。其中，溝道材料採用半導體奈米碳管。該 5nm 柵極長度接近於溝道長度，並採用石墨烯作為源/漏電極，充分起了低維奈米材料的優越特性。其工作速度 3 倍於英特爾最先進的 14nm 商用矽材料晶體管，能耗只有其四分之一。

越來越多的人開始質疑摩爾定律即將失效，甚至 2016 年《自然》雜誌都撰刊稱，「下個月（2016 年 2 月）即將出版的國際半導體技術藍圖，不再以摩爾定律為目標。晶片行業 50 年的神話終於被打破了。」英特爾曾提出一份引起業界關注的報告，提出下一代晶體管結構是奈米線場效應晶體管，即環柵晶體管，並被國際半導體技術藍圖認為可實現 5nm 的工藝技術。英特爾已經宣布將在 7nm 放

棄矽。銻化銦和銦砷化鎵技術都已經證實了可行性，並且兩者都比矽轉換速度高、耗能少。奈米碳管和石墨烯目前都處在實驗室階段，可能性能會更好。利用低維奈米材料製備的晶體管能否替代矽晶體管進行產業化，從而繼續為摩爾定律書寫傳奇，可以拭目以待。

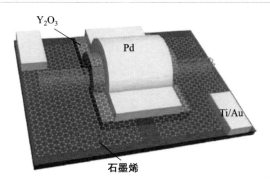

圖 7-35　石墨烯電極和奈米碳管溝道材料組成的晶體管

7.3.2　量子效應與新型裝置

　　人們把利用電子的某種量子效應原理製作的新型裝置稱為量子效應裝置或量子裝置。常見的量子裝置有量子晶體管、量子比特計算機、量子儲存器、量子雷射器和量子干涉感測器等。

（1）量子晶體管

　　普通晶體管用一個開關控製成千上萬個電子的流通，從而控制開關狀態。在量子晶體管中，電子等級是量子化狀態，在低能量狀態下，電子被禁錮在特定狀態而不能流通。只有通過光照、施加電壓、加熱等方法使電子得到足夠能量，才可以加快運動速度，物理結構發生變化，從而「隧道貫穿」物體，即利用電子高速運動產生的隧道效應，使電子突破在經典物理學中無法踰越的能量勢壘，以實現量子晶體管的開關狀態。量子晶體管計算效率比普通晶體管高出一兩個數量級。量子晶體管包括量子共振隧穿晶體管和單電子晶體管。

　　① 量子共振隧穿晶體管　量子共振隧穿晶體管是在量子共振隧穿二極管的基礎上，再加上一個柵極而構成的。通過改變柵極電壓對奈米材料的能級進行調整，從而控制諧振隧穿的穿透率，進而控制通過裝置的電流。這種奈米尺寸的量子效應裝置的開關性能比 MOSFET 更優越。因此，用小的柵極電壓可以控制流過裝置的大電流。更重要的是，量子共振隧穿晶體管還可實現多態邏輯功能。如果奈米材料勢阱中的能級被分離得足夠寬，則當柵極電壓增加時，勢阱內的不同

能級將會依次連續地與源導帶發生諧振和非諧振，出現電流的多次通和斷，即出現多個狀態。相比於只有兩種狀態的 MOSFET，完成同一個任務所需這種多態的量子共振隧穿晶體管數目要少得多，熱耗散也少，從而能夠大大提高邏輯電路的性能。

② 單電子晶體管　顧名思義，單電子晶體管只要控制單個電子的輸運行為即可完成特定邏輯功能。單電子晶體管是通過庫侖阻塞效應和單電子隧道效應工作的，它不再單純通過控制電子數目（主要通過控制電子波動的相位）實現邏輯功能。在奈米材料組成的隧道結中，在低溫下結電容的靜電能量與熱能大小相當。當電子隧穿該隧道結時，隧道勢壘兩端的電位差會發生變化。由於隧道結尺寸極小（通常在 30nm 以下），一個電子進入隧道結後所引起的電位差變化可達數毫伏之多。如果該電位差變化所對應的能量大於熱能，則由此電子隧穿所引起的電位變化便會對下一個電子的隧穿產生阻止作用，這就是庫侖阻塞效應。在已發生庫侖阻塞現象的隧道結中，如果從外部加某一閾值以上的電荷，庫侖阻塞現象就會被解除，從而實現單個電子的逐一隧穿，即單電子隧穿。可通過圖 7-36(a) 直觀地解釋單電子隧穿現象。圖 7-36(b) 中電極「1」和「2」是為了控制左端電極的電荷量，從而控制右端單電子隧穿的速度。

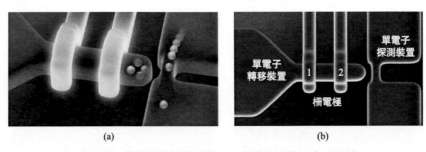

圖 7-36　單電子隧穿探測裝置和單電子隧穿工作示意圖

在奈米尺寸下，隨著尺度逐漸減小，普通晶體管的漏電流不斷增大，集成電路的功耗也越來越大。因此，整個晶片的靜態功耗急劇增大。所以，在設計過程中必須重點考慮漏電流的影響。在單電子晶體管中，電子發生隧穿通過隧穿結形成源漏電流。單電子的控制使得單電子晶體管具有更高的響應速度和更低的功耗，有望從根本上解決日益嚴重的晶片功耗問題。與普通晶體管相比，單電子晶體管具有超小尺寸、超低功耗、對電荷敏感、集成密度高、工藝兼容性好等諸多優點。圖 7-37(a)、(b) 分別是利用石墨烯和金屬奈米顆粒製備的單電子晶體管原理圖[115,116]。

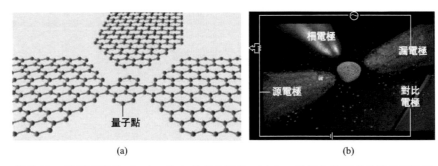

圖 7-37　利用石墨烯（ a ）　和金屬奈米顆粒（ b ）　製備的單電子晶體管原理圖

（2）量子比特計算機

　　1969 年，史蒂芬・威斯納最早提出「基於量子力學的計算設備」。之後亞歷山大・豪勒夫（1973）、帕帕拉維斯基（1975）、羅馬・印戈登（1976）、尤里・馬尼（1980）和史蒂芬・威斯納（1983）分別相繼發表有關「基於量子力學的資訊處理」的文章。1982 年，理查・費曼提出利用量子體系實現邏輯計算的想法。1985 年，大衛・杜斯提出量子圖靈機模型。當使用計算機模擬量子現象時，因為龐大的希爾伯特空間而使數據量也變得非常龐大，一個完好的模擬所需的運算時間可能是個不切實際的天文數字。如果用量子系統所構成的計算機來模擬量子現象，則運算時間可大幅度縮短，量子計算機的概念由此誕生。

　　經典計算機計算過程採用不可逆操作，大量的能耗會導致計算機晶片發熱，從而影響晶片集成度和計算機運算速度。其基本資訊單位為比特，運算對像是各種比特序列。一個比特可以取值 0，也可以取值 1。在量子計算機中，基本資訊單位是量子比特，運算對像是各種量子比特序列。量子比特序列不但可以處於「0」態和「1」態，還可以處於其疊加態和糾纏態。這些特殊的量子態提供了量子並行計算的可能性，可以極大地提高量子計算機的運行能力。如果把電子計算機比作一種樂器，量子計算機就像交響樂團，一次運算可以處理多種不同狀況。因此，一個 40 位元的量子計算機，就能解開 1024 位元的電子計算機花上數十年解決的問題。

　　迄今為止，量子計算機的候選體系有離子阱、超導電路、中性原子以及自旋體系等。無論哪種候選體系，奈米材料無疑都占據重要地位。沒有奈米材料，量子計算機也無法真正實現。例如，在離子阱體系中帶電離子需要以奈米精度被束縛在交變電場形成的勢阱中；超導電路體系雖然一般屬於宏觀量子系統，其核心元件是約瑟夫森結（約瑟夫森結是由兩層超導體和中間絕緣層組成的結構，其絕緣層的厚度必須是奈米尺度，才能提供中間隧穿勢壘）；中性原子體系中的中心原子可以被

束縛在雷射或磁場產生的週期性網狀勢阱中而形成原子陣列，其尺度已經涉及原子級；自旋體系是量子計算重要的候選體系之一，合適的奈米材料有量子點、金剛石氮空穴（NV）色心等奈米級材料。截至目前，還很難說哪一種方案更有前景，只是量子點和超導約瑟夫森結方案更適合集成化和小型化。但是無論哪一種材料體系，未來量子計算機的實現必定離不開奈米材料的支持。

（3）量子儲存器

從廣義上說，量子儲存器是一個能夠按照需要儲存和讀出量子態的系統，而被儲存的是非經典的量子態，如單光子、糾纏、壓縮態等。量子儲存器是量子資訊處理技術中不可或缺的關鍵裝置。例如，在量子通訊領域，光子的強度在光纖中隨傳輸距離以指數形式衰減；對於經典通訊，中繼放大的補償訊號能夠給傳輸過程中的訊號補充丟失的能量，保證遠距離傳輸。但是，經典中繼器不能應用於量子通訊中，因為量子態有不可複製性，目前量子通訊只能達到百公里量級，要實現 1000km 以上的長程量子通訊則需要基於量子儲存的量子中繼技術。目前已經實現的量子中繼方案，可以克服傳輸損耗實現分鐘量級的長程量子密鑰分配；在基於線性光學的量子計算領域，量子儲存器在量子計算中還可用於儲存量子比特，實現大量比特處理的時間同步，提高量子邏輯門成功的機率，是量子比特計算領域不可或缺的裝置；量子儲存器還可以用於精密測量和單光子探測等。如果量子態的製備或操控可以通過處於可見或近紅外波段的光子實現，則該量子儲存器通常被稱為光量子儲存器。光量子儲存器是取得光子並以資訊對之編碼的裝置，是實現廣泛的光量子網路的關鍵技術之一。

一個好的量子儲存器應具備的標準是：高的保真度和儲存效率、短脈衝的儲存帶寬、低損耗的通訊窗口、長的儲存時間和多模儲存能力。為了實現這些標準，科學家對各種各樣的儲存介質進行了研究，包括稀土摻雜晶體、NV 色心、半導體量子點、單個 Rb 原子、熱原子系統、冷原子系統等。可見，無論是哪種材料體系，奈米材料和結構依然是人們研究的熱門。例如，量子儲存裝置所用的奈米腔體可以使資訊儲存在極小的體積內；量子圖像儲存所利用的二維磁光阱（MOT）、三維光晶格有效地限制了原子運動等。

（4）量子雷射器

普通半導體雷射器的發光機理是導帶和價帶中的電子-空穴對在複合過程中發出光子；量子雷射器發光機理則是當異質結半導體奈米材料在某一個或某幾個維度減小到波爾半徑或德布羅意波長量級時，產生量子尺寸效應，有源區就變成了勢阱區，邊緣的寬帶系材料成為勢壘區，載流子（電子和空穴）被限制在勢阱中，其運動出現量子化特點，從而提高發光效率。量子雷射器和普通半導體雷射器相比，具有更低的閾值、更高的量子效率、極窄的帶寬和極好的時間特性。

根據載流子被限制的程度，量子雷射器可以分為量子阱雷射器、量子線雷射器、量子點雷射器。量子阱雷射器所使用的材料一般是奈米薄膜材料，有源區裝置材料的能帶結構被寬帶隙勢壘區分割為階梯狀，其線度在一維方向上均接近或小於載流子的德布羅意波長，對其載流子在一維方向運動受限，但是在其他二維方向可以自由運動。量子線雷射器所使用的材料一般是奈米線材料，有源區裝置材料的能帶結構被寬帶隙勢壘區分割為類似尖錐狀，其線度在兩維方向上均接近或小於載流子的德布羅意波長，對其載流子在其他二維方向運動受限，只有在一維方向可以自由運動。量子點雷射器所使用的材料一般是量子點材料，它對注入的載流子具有三維量子限制特性，有源區裝置材料的能帶結構被寬帶隙勢壘區分割為許多孤立能級，其線度在三維方向上均接近或小於載流子的德布羅意波長，對其載流子在空間所有方向上的運動均進行了量子限制[117]。與量子阱雷射器和量子線雷射器相比，量子點雷射器在輸出光譜純度、閾值電流、溫度特性和調變特性等方面的性能均可獲得較大幅度的提高。

塊材料、量子阱、量子線和量子點示意圖及其能態密度圖如圖 7-38 所示。

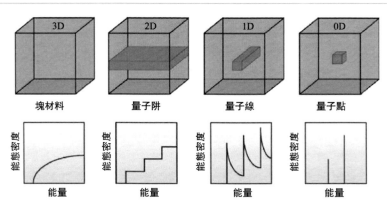

圖 7-38　塊材料、量子阱、量子線和量子點示意圖及其能態密度圖

量子阱雷射器根據有源區內阱的數目，可分為單量子阱雷射器和多量子阱雷射器。多量子阱雷射器有一種明星雷射器——量子級聯雷射器。量子級聯雷射器的原理是：在多層半導體形成的週期性量子阱超晶格結構中，利用其子能帶之間的電子躍遷輻射發光，它是一種單極型光源。研究量子級聯雷射器的材料都離不開利用分子束外延法製備的奈米薄膜材料。量子級聯雷射器的一個顯著優點是：量子限制效應使人們在一定程度上可以通過調節勢阱寬度來調節躍遷能量，從而在中紅外和遠紅外波段調節激射波長，因而一直被科學家大量採用。

（5）量子干涉感測器

量子干涉感測器包括邁克耳孫干涉儀和超導量子干涉儀等。這裡主要介紹一

種量子干涉感測器——超導量子干涉儀。超導量子干涉儀的基本原理是：基於約瑟夫森隧道效應和超導磁通量子化這兩個宏觀量子力學效應。其實質是一種將磁通轉化為電壓或電流訊號的磁通感測器，當含有約瑟夫森隧道結的超導體閉合環路被適當大小的電流偏置後，隧道結兩端的電壓就變為該閉合環路環孔中變化的外磁通量的週期性函數。這是一種宏觀量子干涉現象，在接收磁場訊號的過程中可以把約瑟夫森隧道結看作一個環形天線，具備磁訊號的全方位接收功能。

以超導量子干涉儀為基礎派生出各種感測器和測量儀器，能測量微弱訊號且極其靈敏，因此可以作為檢測微弱磁場變化的裝置。超導量子干涉儀可以測量出的微弱磁場訊號為 10^{-11}Gs（1Gs＝10^{-4}T），僅相當於地磁場的一百億分之一，比常規的磁強計靈敏度高出幾個數量級，具有常規感測器無法比擬的對弱磁場變化的量子級靈敏響應特性，是進行薄膜、奈米、磁性、半導體和超導等材料磁學性質研究的基本儀器設備。因此，超導量子干涉儀被譽為「最靈敏的磁敏感測器」。它不但可以測量磁場，還可以測量電壓、電流、電阻、電感、磁感應強度、磁場梯度、磁化率等物理量。利用以超導量子干涉儀為核心部件的探測器偵測直流磁化率訊號，靈敏度可達 10^{-8}emu，溫度變化範圍為 1.9～400K，磁場強度變化範圍為0～7T。很多超導有源裝置（如磁感測器、數位邏輯電路、放大器等）是在超導量子干涉儀的基礎上製備的。

如圖 7-39(a) 所示基本的超導量子干涉儀是由超導環構成的，其核心部件是被一層絕緣奈米材料組成的薄勢壘層分開的兩塊超導體構成一個約瑟夫森隧道結。如圖 7-39(b) 所示超導電子隧道效應就是超導體 A 與超導體 B 由一個奈米絕緣體 C 分隔開，此時依然會有非常微弱的電流由超導體 A 流至超導體 B。這種按超導體、絕緣體、超導體的順序層疊加起來的結構就稱為約瑟夫森隧道結。約瑟夫森隧道結最關鍵的部分則為這一層絕緣奈米材料。有了這層奈米材料，約瑟夫森隧道結才能有電子隧道效應，從而具有接近量子極限的能量解析度、極低的噪聲、極寬的工作頻帶、極低的功耗等優異性能，才能在宇宙學、量子力學和生命科學等近代實驗物理和理論物理研究中扮演重要角色。

7.3.3　表面效應與感測器

表面效應是指奈米材料表面原子數與總原子數之比，隨奈米晶粒半徑變小而急劇增大後，所引起的材料性質上的變化。研究顯示，奈米顆粒直徑為 10nm 時，微粒包含 4000 個原子，表面原子占 40％；當奈米顆粒的半徑小於 5nm 時，表面原子比例將會迅速增加；當奈米顆粒的半徑小於 0.5nm 時，表面原子比例會達到 92％以上，幾乎所有的原子全部分佈在奈米顆粒的表層。如此高的比表面積會出現一些極為奇特的現象，如金屬奈米粒子在空中會燃燒、無機奈米粒子

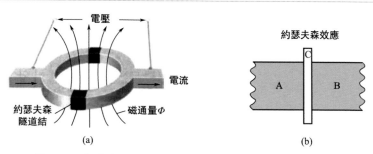

圖 7-39　超導量子干涉儀核心部件和約瑟夫森隧道結原理圖

會吸附氣體、石墨烯量子點吸附化學分子等。例如，高濃縮奈米玻璃保護塗層，就運用了超強的吸附功能，將奈米原子吸附在玻璃表層，使其具有超強防刮效應。再如，奈米材料超強的吸附性能可以應用於抗菌、殺菌等生物領域。另外，由於表面效應，奈米材料還具有超疏水、超疏油等特性。奈米材料常用來製作成塗層，用於防水、防汙、防鏽和自清潔等。

　　表層原子的結合能與內部原子的結合能不同，隨著奈米顆粒半徑的減小，表面能和表面結合能以驚人的幾個數量級增大。表層原子與內部原子相比缺少一部分相鄰的原子，有大量可以供其他原子結合的懸掛鍵，這種不飽和的狀態極其不穩定，使表面的奈米原子處於一個極其活躍的狀態，特別是當達到 10nm 以下時，這種活躍狀態會極其強烈。這種活躍性對於一些特定材料的原子，會發生表層原子的自旋現象，引起電輸運方式、分子或晶體構型方式的改變以及譜像的變化。再者，由於表面能的增加，奈米材料具有更強的化學活性，常被製作成奈米級的化學催化劑用於感測器中。特別是對微量劇毒物質的檢測，奈米材料起了重要作用。

　　奈米感測器是利用奈米尺度的材料將待測物的物理、化學或生物資訊轉換成可測量的光、電等訊號的裝置和裝置。它的誕生，加快了人類社會邁向資訊化、智慧化時代的步伐。與傳統感測器相比，奈米感測器集高靈敏、多功能、高智慧等優異性能於一體，甚至有些奈米感測器可在分子水平上進行操作和控制，為人們靈敏地探測和感知奈米尺度上的微觀世界提供了重要的多樣化手段。同時，奈米感測器具有集成、陣列、微型、智慧和便攜等優點，極大地拓寬了在醫療診斷、環境監測、可穿戴設備等領域的應用。

　　圖 7-40 是利用奈米氧化銦催化發光感測器快速檢測三氯乙烯的裝置原理圖[118]。三氯乙烯是一種易揮發的不飽和鹵代脂肪烴類化合物，其經呼吸道、消化道和皮膚吸收可損害中樞神經系統，亦可損傷內臟和皮膚等。三氯乙烯中毒發病急驟，而臨床表現無明顯特異性，特別容易出現誤診，治療不當或不及時可引

起中毒致死。三氯乙烯在氧化銦表面與空氣中氧氣氧化產生處於激發態的產物，產物從激發態回到基態會發光，這種現象被稱作催化發光。對於固體氧化銦來講，三氯乙烯與其反應緩慢，不可快速檢測。但是利用氧化銦奈米顆粒作為催化劑，可極大地增加氧化銦的催化活性，從而在室溫下快速檢測微量三氯乙烯的存在。另外，空氣中有大量的水蒸氣，為提高感測器靈敏度，避免水分過多接觸感測器，可在感測器表面塗覆一層由奈米材料組成的超疏水薄膜，有效提高感測器探測有機物的靈敏度。

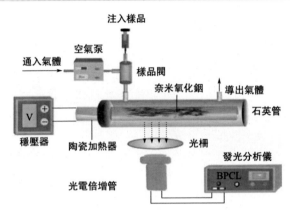

圖 7-40　奈米氧化銦催化發光感測器檢測三氯乙烯的裝置原理圖

7.3.4　奈米裝置生物兼容性

　　當奈米材料和裝置與生物體結合時，需要有生物兼容性。與傳統檢測技術相比，生物兼容裝置需要具有高特異性和高靈敏度、響應快特點。但是生物兼容裝置在敏感材料的有效固定和感測器再生方面仍存在一定問題。奈米材料的尺寸效應、量子效應、表面效應和介面效應等可以大大提高生物感測器的性能。而且，奈米材料的引入可以有效解決敏感材料的固定及再生問題。生物兼容性奈米材料大體可分為奈米顆粒、量子點、奈米管、奈米線和奈米棒、層狀奈米材料、奈米三維材料等，它們可應用於生物診斷、生物醫療、生物器官替代、可穿戴感測器等。

　　(1) 奈米顆粒與量子點

　　近幾十年，奈米顆粒一直是生物醫學診斷和治療方法中非常重要的研究體系。奈米顆粒具有以下優勢：第一，奈米顆粒基多功能體系可以通過生物成像和藥物載體實現診斷和治療；第二，小體積和大比表面積利於奈米顆粒封裝；第

三，通過優化尺寸和形狀，奈米顆粒通過吸附固定生物分子可用於生物分子的固定，並且在病變位置積累而增強反應訊號；第四，通過適當的修飾和尺寸設計的奈米顆粒，可以延長在血液循環系統的時間。所以，奈米顆粒在電化學生物感測器中的應用非常廣泛。

例如，金溶膠奈米顆粒由於吸附生物大分子後仍能保留其生物活性，因而最初廣泛用於電子顯微鏡中標記生物分子。奈米顆粒可以用來定位腫瘤，螢光素標記的識別因子與腫瘤受體結合，可以在體外用儀器顯影確定腫瘤的大小和位置。石墨烯量子點顆粒可以用於抑制人體內 α-蛋白，從而抑制帕金森症。另一個重要的方法是用奈米磁性顆粒標記識別因子，與腫瘤表面的靶標識別器結合後，在體外測定磁性顆粒在體內的分佈和位置，從而給腫瘤定位。

再例如，在葡萄糖生物感測器研究過程中發現，共存電活性物質比如抗壞血酸會對生物監測產生干擾。科學家將 MnO_2 奈米顆粒溶於殼聚糖溶液中，並用電沉積方法將其沉積在葡萄糖氧化酶修飾的電極表面，形成一層氧化物薄膜。這樣製成的生物感測器可以很好地消除抗壞血酸的干擾，而對葡萄糖的監測沒有影響。

（2）奈米管、奈米線和奈米棒

奈米管、奈米線和奈米棒等一維材料也是生物裝置研究的熱點。例如奈米碳管有著優異的表面化學性能和良好的電學性能，是製作生物感測器的理想材料。美國宇航局艾姆斯研究中心利用超靈敏的奈米碳管技術開發出一種新型生物感測器，可以探測水和食物中含量極低的特殊細菌、病毒、寄生蟲等病原體。奈米碳管的一個優勢在於，在其共價修飾抗體或其他受體後，不產生細胞毒性，也不會影響抗體或受體的其他免疫活性，近年來該方法在免疫感測器方面的應用逐漸增加。另外，單壁奈米碳管可以用於製備高度靈敏的生物感測器，用於檢測多種癌細胞標記物和植物毒素等。

一氧化氮是人體細胞中最重要的信使分子之一，其主要作用是在大腦和其他免疫系統功能中傳遞資訊。在很多癌症細胞中，一氧化氮的數量相當不穩定，但醫學界至今對健康細胞和癌細胞中一氧化氮表現形式的差別仍了解不深。如果將奈米碳管感測器通過皮下植入人體，通過檢測人體內的一氧化氮含量以增加對癌細胞的檢測和了解。該奈米碳管感測器可在人體內存留一年以上正常工作，該時長創下了奈米感測器植入人體時長的新紀錄。奈米碳管感測器還可以開發用於檢測諸如葡萄糖等其他分子的感應器。如果開發成功，患者將無需再進行血液樣本的檢測，這為糖尿病患者帶來福音[119]。

另外，多壁奈米管、奈米金顆粒及光敏染料的交聯可以促進煙醯胺腺嘌呤二核苷酸充分氧化，產生光電效應，大大增強生物催化效率。這種交聯混合物可以作為各種脫氫酶載體，可以用來構建生物感測器或生物燃料電池，其應用前景很好。

（3）層狀奈米材料

二維層狀材料是在一維方向超薄的奈米材料。由於超薄厚度、高比表面積和二維柔性，層狀材料常用於生物裝置的製備。二維石墨烯以及類似衍射物（過渡金屬硫化物、過渡金屬氧化物、Bi_2Se_3、BN 和 C_3N_4 奈米片等）是生物應用的理想候選材料，可以用於生物診斷、治療和可穿戴生物感測器等。石墨烯具有極高的電導率、熱導率以及出色的機械強度；並且作為單原子平面二維晶體，石墨烯在高靈敏度檢測領域具有獨特的優勢。

中國國家奈米科學中心方英課題組和美國的哈佛大學 Lieber 課題組合作，首次成功製備出石墨烯與動物心肌細胞的人造突觸。他們首先通過奈米加工技術得到高信噪比的石墨烯場效應晶體管集成晶片，進而在晶片表面培養雞胚胎心臟細胞。結果發現，石墨烯和單個心肌細胞之間竟能形成穩定接觸，可以實現細胞電生理訊號的高靈敏度、非侵入式檢測。更重要的是，該研究第一次實現了通過閘電勢的偏置引起同一石墨烯裝置 N 型和 P 型工作模式的轉變，進而在細胞電生理過程中得到了相反極性的石墨烯電導訊號，充分證明了測量生物訊號的電學本質和石墨烯的生物相容性。這為發展高集成奈米生物感測陣列和二維材料生物相容性研究提供了理論指導和實驗基礎。

圖 7-41 是石墨烯用於生物 DNA 基因定序的四種方法原理圖[120]。在圖 7-41（a）中，通過石墨烯膜奈米孔探測 DNA 基因序列。其基本原理是，當 DNA 螺旋結構通過石墨烯膜奈米孔時，在 DNA 不同序列位置中產生的離子電流不同，導致石墨烯電極兩端的電流發生變化，從而達到 DNA 基因序列的定序目的。在圖 7-41（b）中，石墨烯奈米帶之間間隙非常小，有隧穿電流通過。當 DNA 鏈通過奈米帶間隙時，其對隧穿電流有一個修飾作用，從而達到 DNA 基因定序的目的。在圖 7-41（c）中，石墨烯奈米帶中間開一個小孔，足以穿過 DNA 結構，通過測量奈米帶面內電流的變化，可以實現 DNA 基因序列的檢測。在圖 7-41（d）中，DNA 鏈式結構直接吸附在石墨烯奈米帶上，DNA 在奈米帶垂直方向移動，不斷改變 DNA 吸附在石墨烯奈米帶上的嘌呤類型，從而改變通過石墨烯奈米帶的電流，最終達到 DNA 基因定序的檢測目的。

（4）奈米三維材料

奈米三維材料是指由奈米材料構成的三維物體。生物相容性奈米三維醫用裝置包括骨釘、骨板、人工關節、人工血管、人工晶狀體和人工腎等。所涉及的材料包括氧化物陶瓷材料、醫用碳素材料、大多數的醫用金屬材料和高分子材料等。生物醫用材料不但要求具有良好的生物相容性，還要具有一定的機械強度和可控的生物降解性等。於是，結合生物組織和器官的結構與性能，從材料學角度來研究生物相容性裝置（特別是醫用裝置如用於組織修復與替代的仿生骨、仿生

皮膚、仿生肌腱和仿生血管等），具有重大意義。圖7-42是利用仿生材料製造的生物相容性裝置。

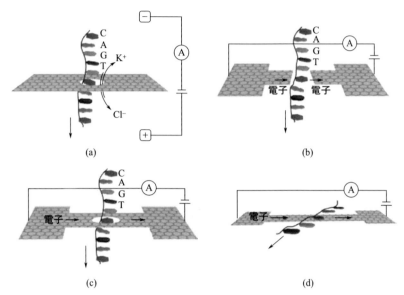

圖7-41　石墨烯奈米材料用於基因定序的四種方法原理圖

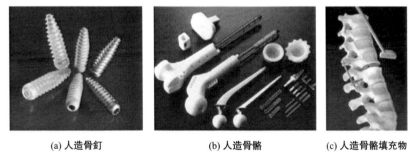

(a) 人造骨釘　　　　　　　(b) 人造骨骼　　　　　(c) 人造骨骼填充物

圖7-42　人造骨釘、人造骨骼和人造骨骼填充物

　　不但如此，其他奈米光電裝置等也可以經過優化植入生物體，實現生物體增強、能量高效利用等，如可為生物醫學微系統供能的奈米發電機。據報導，張海霞課題組製備出由鋁、聚二甲基矽氧烷、聚對苯二甲酸乙二酯薄膜組成的倍頻高輸出摩擦奈米發電機，該奈米發電機可與生物體兼容，其輸出電壓、輸出電流和功率密度可分別達到465V、$107.5\mu\text{A}$、53.4mW/cm^3。利用該新型奈米發電機不但可以成功驅動5個並聯發光二極管（LEDs）工作，還可以驅動視網膜神經假體三維針尖陣列，為摩擦奈米發電機在生物相容性和醫學應用方面做出了開創

性研究貢獻。

本章小結

本章首先介紹了奈米加工技術的分類（主要包括光刻技術、直寫技術、奈米壓印技術、噴墨列印技術、聚焦離子束加工技術以及掃描探針加工技術）以及各種加工技術的工藝流程，隨後對奈米裝置製備工藝進行了彙總，主要包括磁控濺射、真空鍍膜、微納刻蝕、脈衝雷射沉積以及自組裝奈米加工。隨著科學技術的發展，人們對電子設備小型化的要求越來越高，各種裝置正逐步從微米級發展到奈米級。特別是對於生物晶片、高密度儲存裝置、高靈敏度感測器、光學裝置製造來說，對奈米裝置的需要日益成長。如何減小圖形尺寸和提高奈米裝置性能已成為世界各國科學家日益關注的問題。然而，由於傳統刻蝕技術的侷限性，奈米裝置的發展已成為制約電子裝置小型化的重要因素之一。通過對新型奈米加工技術的研究，克服了傳統光刻技術在電子束光刻尺寸和生產速度上的侷限性，為奈米圖形從宏觀到微觀的製造開闢了一條新途徑。奈米加工技術是適應微電子、奈米電子技術和微機電系統發展而迅速發展的一種加工技術。目前，探索新的奈米加工方法和手段已成為奈米技術領域的一個熱門話題。隨著奈米製造技術的發展，出現了多種奈米製造技術。新的奈米製造技術利用無機奈米材料和無機-有機奈米複合圖形材料製備奈米圖形掩膜，並結合奈米刻蝕技術製備小於 30nm 的圖形結構。隨著奈米結構尺寸小於 100nm，不僅裝置尺寸減小，而且由於奈米尺寸效應的影響，奈米裝置被賦予許多新特性：更快的計算速度、更高的儲存密度、更低的能耗等。奈米加工技術的發展也將對生命技術、環境、能源等諸多方面產生重大影響，具有深遠的意義。

參考文獻

[1] Peiyun Yi, Hao Wu, Chengpeng Zhang, et al. Roll-to-roll UV imprinting lithography for micro/nanostructures. J. Vac. Sci. Technol. B, 2015, 33: 060801.

[2] M. M. Alkaisi, R. J. Blaikie, S. J. McNab, et al. Sub-diffraction-limited patterning using evanescent near-field optical lithography. Appl. Phys. Lett., 1999, 75 (22): 3560-3562.

[3] Xiangang Luo, Teruya Ishihara. Surface plasmon resonant interference nanolithography technique. Apps. Phys. Lett., 2004, 84

(23)：4780-4782.

[4] Peng Jin, Kyle Jiang, Nianjun Sun. Microfabrication of ultra-thick SU-8 Photolithography for microengines. SPIE, 2003, 4979: 105-110.

[5] Marc Rabarot, Jacqueline Bablet, Marine Ruty, et al. Thick SU-8 photolithography For BioMEMS. SPIE, 2003, 4979: 382-393.

[6] Wang Hongrui, Zhu Jinguo. The discuss of exposure technology in lithography process. Modern Manufacturing Engineering, 2008, 12: 131-135.

[7] Bernard Fay. Advanced optical lithography development, from UV to EUV, Microelectrnn. Eng. , 2002, 61/62: 11-24.

[8] Kemp K, Warm S. EUV lithography. Comptes Rendus Physique, 2006, 7 (8)： 875-886.

[9] Valérie Paret, Pierre Boher, Roland Geyl, et al. Characterization of optics and masks for the EUV lithography. Microelectronic engineering, 2002, 61/62: 145-155.

[10] Chang T H P, Mankos M, Lee K Y. Multiple electron-beam lithography. Microelectronic Engineering, 2001, 57/58: 117-235.

[11] Gentili M, Grella L, Luciani L, et al. Electron beam lithography for fabrication of 0.1μm scale structures in thick single level resist. Microelectronic Engineering, 1991, 14 (3/4)：159-171.

[12] F. J. Pantenburg, J. Mohr. Deep X-ray lithography for the fabrication of microstructures at ELSA. Nuclear Instrumenrs and Methods in Physics Research Section A: Accelerators, Spectrometers, Detectors and Associated Equipment, 2001, 467/468: 2269-1273.

[13] Rodriguez A, Echeverria M, Ellman M, et al. Laser interference lithography for nanoscale structuring of materials: From laboratory to industry. Microelectronic Engineering, 2009, 86 (4/6)：937-940.

[14] M. Ellman, A. Rodriguez, N. Perez, et al. High－power laser interference lithography process on photoresist: Effect of laser fluence and polarization. Applied Surface Science, 2009, 255 (10)：5537-5542.

[15] G. M. Gratson, F. Garcia-Santamaria, V Lousse, et al. Advanced materials, 2006, 18: 461.

[16] S. Chen, Z. Lou, D. Chen, et al. Advanced materials, 2018, 30: 621.

[17] W. Gao, N. Singh, L. Song, et al. Nature nanotechnology, 2011, 6: 496-500.

[18] G. Piaszenski, U. Barth, A. Rudzinski, et al. Microelectronic Engineering, 2007, 84: 945-948.

[19] L. J. Guo. Journal of Physics D: Applied Physics, 2004, 37: 123.

[20] M. A. Verschuuren, M. Megens, Y. Ni, et al. Advanced Optical Technologies, 2017, 6: 243-264.

[21] S. Barcelo, Z. Li. Nano Convergence, 2016, 3: 21.

[22] C. Z. T. Jiarui, World Sci-tech R & D, 2004, 1: 2.

[23] 魏玉平, 丁玉成, 李長河. 製造技術與機床, 2012, 5: 87-94.

[24] Z. Liu. Nature communications, 2017, (8)：14910.

[25] C. Y. Peng, C. -W. Hsu, C. -W. Li, et al. ACS applied materials & interfaces, 2018, 10: 9858-9864.

[26] 宋洪喜. 試析噴墨打印機技術的類型與原理[J]. 化工管理, 2018, 15: 212.

[27] Yin Z P, Huang Y A, Bu N B, et al. Inkjet printing for flexible electronics: Materials, processes and equipments [J] . Chinese Science Bulletin, 2010, 55

(30)：3383-3407.

[28]　侯倩，陳君．噴墨打印技術的研究及其在電子器件產品中的應用[J]．科技創新與應用，2016 (4)：80-80.

[29]　A. J. Cui, W. X. Li, Q. Luo, et al. Appl Phys Lett., 2012, 100: 143106.

[30]　T. Nagase, T. Kubota, S. Mashiko. Thin Solid Films, 2003, 438: 374.

[31]　T. Nagase, K. Gamo, T. Kubota, et al. Microelectron Eng, 2005, 78/79: 253.

[32]　G. C. Gazzadi, E. Angeli, P. Facci, et al. Appl Phys. Lett, 2006, 89: 173112.

[33]　G. Han, D. Weber, F Neubrech, et al. Nanotechnology, 2011, 22: 275202.

[34]　T. Blom, K. Welch, M. Stromme, et al. Nanotechnology, 2007, 18: 285301.

[35]　M. A. Danielle Elswick, Lewis Stern, Jeff Marshman, et al. Microsc. Microanal, 2013, 19: 1304.

[36]　K. Horiuchi, T. Kato, S. Hashii, et al. Appl. Phys. Lett., 2005, 86: 153108.

[37]　C. Thiele, H. Vieker, A. Beyer, et al. Appl. Phys. Lett., 2014, 104: 103102.

[38]　A. Cui, Z. Liu, H. Dong, et al. Adv. Mater, 2015, 27: 3002.

[39]　S. Lipp, L. Frey, C. Lehrer, et al. Microelectron. Reliab, 1996, 36: 1779.

[40]　D. Brunel, D. Troadec, D. Hourlier, et al. Microelectron. Eng, 2011, 88: 1569.

[41]　Y. W. Lan, W. H. Chang, et al. Nanotechnology, 2015, 26: 055705.

[42]　K. Shigeto, M. Kawamura, A. Y. Kasumov, et al. Microelectron. Eng., 2006, 83: 1471.

[43]　E. S. Sadki, S. Ooi, K. Hirata, Appl. Phys. Lett., 2004, 85: 6206.

[44]　I. Utke, P. Hoffmann, J. Melngailis, et al. Sci. Technol. B, 2008, 26: 1197.

[45]　V. Gopal, V. R. Radmilovic, C. Daraio, et al. Nano Lett., 2004, 4: 2059.

[46]　G. Binnig, C. F. Quate, Ch. Gerber, Phys. Rev. Lett, 1986, 56: 930.

[47]　H. Edwards, L. Taylor, W. Duncan, A. J. Melmed, J. Appl. Phys, 1997, 82: 980.

[48]　T. Ando, T. Uchihashi, T. Fukuma, Prog. Surf. Sci., 2008, 83: 337-437.

[49]　H. Kawakatsu, S. Kawai, D. Saya, et al. Sci. Instrum, 2002, 73: 2317.

[50]　E. Guliyev, T. Michels, B. E. Volland, et al. Microelectron. Eng., 2012, 98: 520.

[51]　M. B. Viani, T. E. Schaffe, A. Chand, et al. J. Appl. Phys, 1999, 86: 1531.

[52]　J. H. T. Ransley, M. Watari, D. Sukumaran et al. Microelectron Eng, 2006, 83: 1621.

[53]　I. W. Rangelow, Mircoelectron. Eng, 2006, 83: 1449.

[54]　K. Ivanova et al., J Vac. Sci. Technol. B, 26 (2008) 2367.

[55]　N. Abedinov, et al. J. Vac. Sci. Technol A, 2001, 19 (6)：1988.

[56]　G. May, S. M. Sze. Photolithography, Fundamentals of Semiconductor Fabrication, Wiley, New York, 2004.

[57]　M. C. Elwenspoek, H. V. Jansen. Silicon Micromachining, Cambridge, 2004.

[58]　M. Hofer, Th. Stauden, I. W. Rangelow, et al. Mater. Sci. Forum, 2010, 841: 645-648.

[59]　M. Hofer, Th. Stauden, S. A. K. Nomvussi, et al. I. W. Rangelow, in: Proceeding of the 15th ITG/GMA-Conference, VDE Verlag, 2010, 330.

[60]　T. D. Stowe, K. Yasumura, T. W. Kenny, et al. Appl. Phys. Lett., 1997, 71: 288.

[61]　W. Henschel, Y. M. Georgiev, H. Kurz. J. Vac. Sci. Technol. B, 2003, 21: 2018.

[62]　M. Haffner, A. Haug, A. Heeren, et al. J. Vac. Sci. Technol. B, 2007, 25: 2045.

[63]　A. Grigorescu, M. C. ran der Krogt, C. Hagen, P. Kruit, Microelectron. Eng., 2007, 84: 1994.

[64] Andresa Baptista, Francisco Silva, Jacobo Porteiro, et al. Sputtering Physical Vapour Deposition (PVD) Coatings: A Critical Review on Process Improvement and Market Trend Demands [J]. Coatings, 2018, 8: 402.

[65] Liu J. Y, Cheng K. B. Hwang J. F. Study on the electrical and surface properties of polyester, polypropylene, and polyamide 6 using pen-type RF plasma treatment. Journal of Industrial Textiles, 2011, 41: 123-141.

[66] Hegemann D, Amberg M, Ritter A. Recent developments in Ag metallised textiles using plasme sputtering. Material Technology, 2009, 24: 41-45.

[67] Kunkun Fua, Leigh R. Sheppardb, Li Changa, et al. Length-scale-dependent nanoindentation creep behaviour of Ti/Al multilayers by magnetron sputtering. Materials Characterization, 2018, 139: 165-175.

[68] Jia ZN, Hao CZ, Yang YL. Tribological performance of hybrid PTFE/serpentine composites reinforced with nanoparticles. Tribological Material Surface Inter face, 2014, 8: 139-145.

[69] Liu Y, Leng J, Wu Q. Investigation on the properties of nano copper matrix composite via vacuum arc melting method. Materials Research Express, 2017, 4: 10.

[70] Esen M, Ilhan I, Karaaslan M. Electromagnetic absorbance properties of a textile material coated using filtered arc-physical vapor deposition method. Journal of Industrial Textiles, 2015, 45: 298-309.

[71] Deng B, Yan X, Wei Q. AFM characterization of nonwoven material functionalized by ZnO sputter coating. Materials Characterization, 2007, 58: 854-858.

[72] Wi DY, Kim I W, Kim J. Water repellent cotton fabrics prepared by PTFE RF sputtering. Fibers and Polymers, 2009, 10: 98-101.

[73] 安奎生, 付申成, 谷德山. 教學用金屬真空蒸發鍍膜實驗裝置的研製[J]. 大學物理實驗, 2016, 29 (6): 98-100.

[74] 王偉. 淺析真空鍍膜技術的現狀及進展[J]. 科學技術創新, 2018 (28): 146-147.

[75] 張以忱. 第十二講: 真空工藝[J]. 真空, 200, 02: 18-19.

[76] 劉鐵生. 用電子束真空蒸鍍法將二氧化鋯和二氧化矽透光保護膜鍍在玻璃上[J]. 光學工程, 1978 (2): 67-69.

[77] 邱陽. 電子束蒸發 ITO 薄膜結構、性能及球形基底薄膜製備[D]. 北京: 中國建築材料科學研究總院, 2015.

[78] 張以忱. 第十八講: 真空蒸發鍍膜[J]. 真空, 2013, 03: 39-40.

[79] 張以忱. 第十一講: 真空材料[J]. 真空, 2002, 2: 18-19.

[80] 宋繼鑫. 國外光學薄膜的應用和真空鍍膜工藝[J]. 光學技術, 1994 (1): 32-38.

[81] 劉新勝. 熱蒸發法製備硒化銻 (Sb_2Se_3) 薄膜太陽能電池及其性能研究[D]. 武漢: 華中科技大學, 2016.

[82] H. Abe, Y. Sonobe, T. Enomoto. Jap. J. Appl Phys, 1973, 12: 154.

[83] L. M. Loewenstein, C. M. Tipton. J. Electrochem. Soc, 1991, 138: 1389.

[84] D. B. Graves, D. Humbrid. Appl. Surf. Sci., 2002, 192: 88.

[85] B. Radjenovi c, M. Radmilovi c-Radjenovic. Cent. Eur. J. Phys., 2011, 9: 265-275.

[86] M. Quirk, J. Serda. Semiconductor Manufacturing Technology, 2001, 187: 404.

[87] B. Radjenovi c, M. Radmilovi c-Radjenovi c. J. Phys. Conf. Ser, 2007. 86: 012017.

[88] S. J. Fonash. J. Electrochem. Soc. , 1990, 137: 3885.

[89] B. Radjenovi ċ, M. Radmilovi ċ-Radjenovi ċ. Thin. Solid Films, 2009, 517: 4233.

[90] B. Radjenovi ċ, M. Radmilovi ċ-Radjenovi ċ. M. Mitri ċ, Sensors, 2010, 10: 4950.

[91] Smith H M, Turner A F. J. Appl. Optics, 1965, 4: 147.

[92] Dijkkamp, D, Venkatesan, T, et al. J. Appl. Phys. Left, 1987, 51: 619.

[93] Caricato A P, Luches A. Application of the matrix-assisted pulsed laser evaporation method for the deposition of organic, biological and nanoparticle thin films: a review. J. Appl. Phys. A, 2011, 105 (3): 565-582.

[94] Boyd I W. Thin film growth by pulsed laser deposition. Ceramics International, 1994, 22 (5): 429-434.

[95] Christen H M, Eres G. Recent advances in pulsed-laser deposition of complex oxidesrn. Journal of Physics: Condensed Matter, 2008, 20 (26): 264005.

[96] Yang Z B, Huang W, Hao J H. J. Mater. Chem. C, 2016, 4: 8859.

[97] Bleu Y, Bourquard F, Tite T, et al. Review of Graphene GrowthFrom a Solid Carbon Source by Pulsed Laser Deposition (PLD). Front. Chem., 2018, 6: 572.

[98] Puretzky A A, Geohegan D B, Jellison K G E Jr, et al. Appl. Surf. Sci. , 1985, 859: 96.

[99] Geohegan D B. Diagnostics and characteristics of laser-produced plasmas Pulsed Laser Deposition of Thin Films ed D H Chrisey and G K Hubler. Sensors, 1994, 9: 3950.

[100] Haeni J H, Irvin P, Chang W, et al. Room-Temperature Ferroelectricity in Strained $SrTiO_3$. Nature, 2004, 430

(7001): 758-761.

[101] Rode A V, Luther-Davies B and Gamaly E G. 1999 J. Appl. Phys. , 85: 4222.

[102] Fr ü ngel, Frank B A. Optical Pulses, lasers, measuring techniques. Optical Pulses-lasers-measuring Techniques, 1965, 3: 415-455.

[103] Nie Z, Petukhova A, Kumacheva E. Properties and emerging applications of self-assembled structures made from inorganic nanoparticles. Nature Nanotechnology, 2010, 5 (1): 15-25.

[104] Nie Z, Fava D, Kumacheva E, et al. Self-assembly of metal aC" polymer analogues of amphiphilic triblock copolymers. Nature Materials, 2007, 6 (8): 609-14.

[105] Nakata K, Hu Y, Uzun O, et al. Chains of superparamagnetic nanoparticles. Advanced Materials, 2010, 20 (22): 4294-4299.

[106] Tang Z, Zhang Z, Wang Y, et al. Self-Assembly of CdTe Nanocrystals into Free-Floating Sheets. Science, 2006, 314 (5797): 274-278.

[107] Nykypanchuk D, Maye M M, Lelie D V D, et al. DNA-guided crystallization of colloidal nanoparticles. Nature, 2008, 451 (7178): 549-552.

[108] Correa-Duarte M A, P é rez-Juste J, S á nchez-Iglesias A, et al. Aligning Au nanorods by using carbon nanotubes as templates. Angewandte Chemie, 2010, 44 (28): 4375-4378.

[109] Dujardin E, Peet C, Stubbs G, et al. Organization of Metallic Nanoparticles Using Tobacco Mosaic Virus Templates. Nano Letters, 2003, 3 (3): 413-417.

[110] Hai Wang, Wanjuan Lin, Karolina P. Fritz, et al. Cylindrical block comicelles

with spatially selective functionalization by nanoparticles. J. Am. Chem. Soc. , 2007, 129: 12924-12925.

[111]　陶然. 守望摩爾定律[J]. 電子產品世界, 2010,17(6):2-4.

[112]　Dan Grabham. Intel's Tri-Gate transistors: everything you need to know: [techradar]. https://www. techradar. com/news/computing-components/processors/intel-s-tri-gate-transistors-everything-you-need-to-know-952572, 2011.

[113]　Sujay B. Desai, Surabhi R. Madhvapathy, Angada B. Sachid, et al. MoS2 transistors with I-nanometer gate lengths. Science, 2016, 354 (6308) : 99-102.

[114]　Chenguang Qiu, Zhiyong Zhang, Mengmeng Xiao, et al. Scaling carbon nanotube complementary transistors to 5-nm gate lengths. Science, 2017, 355 (6322) : 271-276.

[115]　R. M. Westervelt . Graphene Nanoelectronics . Science, 2008, 320 (5874) : 324-325.

[116]　O. Bitton, D. B. Gutman, R. Berkovits, et al. Multiple periodicity in a nanoparticle-based single-electron transistor. Nature Comunications, 2017, 8 (402) : 1-6.

[117]　Goldmann Elias. From Structure to Spectra: Tight-Binding Theory of InGaAs Quantum Dots[D]. Germany: Bremen University, 2014.

[118]　張仟春, 謝思琪, 付予錦, 等. 納米 In_2O_3 催化發光傳感器快速檢測三氯乙烯[J]. 分析科學學報, 2017, 33 (6) : 843-846.

[119]　Cai P, Wan R L. Wang X, et al. Programmable Nano-Bio interfaces for Functional Biointegrated Devices. Advanced Materials, 2017, 29 (26) : 1605529.

[120]　Heerema S. J, Dekker C. Graphene nanodevices for DNA sequencing. Nature Nanotechnology, 2016, 11 (2) : 127-136.

第8章

奈米氣敏材料與奈米氣敏感測器

8.1 奈米氣敏感測器的分類

氣敏感測器是一種能夠測量氣體的類型、濃度和成分，並將成分參量轉換成電訊號的裝置或者裝置。奈米氣敏感測器，是指基於各種奈米氣敏材料製備的氣敏感測器[1]。

奈米氣敏感測器的分類如圖 8-1 所示。

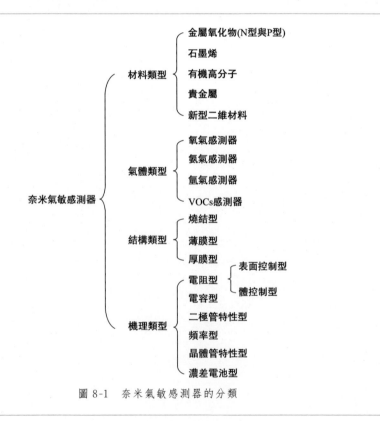

圖 8-1 奈米氣敏感測器的分類

8.2 奈米氣敏材料

8.2.1 金屬氧化物

　　金屬氧化物半導體氣敏感測器由於具有響應值高、成本低、響應恢復快、穩定性高等特點，受到了人們廣泛的關注。1962 年，日本科學家 Seiyama 首次報導 ZnO 半導體薄膜在一氧化碳（CO）、苯（C_6H_6）、乙醇（CH_3CH_2OH）等還原性氣體中有明顯電阻變化，並且通過電阻變化來判斷還原性氣體的濃度，從此開創了金屬氧化物半導體應用於氣體感測器的先河[2]。隨後在 1967 年，美國 P. J. Shaver 博士等發現二氧化錫（SnO_2）具有檢測還原性氣體的能力，並通過貴金屬 Pd 和 Pt 摻雜使得 SnO_2 的氣敏性能得到了顯著提高，這為金屬氧化物氣敏材料的實際應用奠定了基礎[3]。隨後經過多年發展，其他金屬氧化物半導體氣敏材料（如 In_2O_3、CuO、Fe_2O_3、WO_3、Co_3O_4、NiO）相繼被發現，還發現複合金屬氧化物半導體氣敏材料（如 $ZnSnO_3$、$LaFeO_3$、$ZnFe_2O_4$ 等）。

　　基於金屬氧化物半導體材料的氣敏感測器在感測器中一直處於主導地位。金屬氧化物半導體氣敏感測器主要分為電阻式和非電阻式兩大類，如圖 8-2 所示。其中電阻式金屬氧化物半導體氣敏感測器是研究較多和較普遍的一類感測器。電阻式金屬氧化物半導體氣敏感測器還可以進行更加細緻的分類，根據加熱方式的不同可以分為直熱型和旁熱型；根據裝置結構不同可以分為管型和平面型；根據導電機制不同可以分為表面電導型和體電導型。

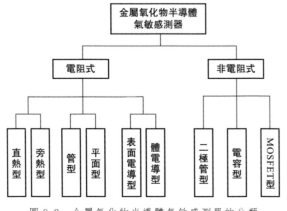

圖 8-2　金屬氧化物半導體氣敏感測器的分類

8.2.1.1　基本特性參數

（1）靈敏度（Sensitivity）

靈敏度是氣敏元件的電阻對於待測氣體的響應程度的特徵參數。靈敏度通常定義為氣敏元件在空氣中的電阻（R_{air} 或 R_a）與在待測氣體中的電阻（R_{gas} 或 R_g）的比值，通常定義靈敏度大於 1。因此不同類型的氣敏元件對於不同類型氣體，其靈敏度的計算方式有所不同。例如，對於 N 型半導體，當待測氣體為還原性氣體如乙醇（CH_3CH_2OH）時，氣敏元件電阻降低，則靈敏度定義為 $S = R_a/R_g$；對於 P 型半導體，當待測氣體為氧化性氣體如二氧化氮（NO_2）時，靈敏度定義與上相同。對於 P 型半導體，當待測氣體為還原性氣體時，氣敏元件電阻升高，則靈敏度定義為 $S = R_g/R_a$；對於 N 型半導體，當待測氣體為氧化性氣體時，靈敏度定義與上相同。

（2）響應時間（Response Time）和恢復時間（Recovery Time）

響應時間與恢復時間是在工作溫度下，氣敏元件對於待測氣體吸附和脫附快慢的特徵參數。當氣敏元件從空氣中置入待測氣體中時，氣敏元件電阻會從 R_a 的穩定狀態轉換到 R_g 的穩定狀態。而響應時間定義為電阻從剛接觸待測氣體到電阻變化差值 $|R_a - R_g|$ 的 90％時所經歷的時間，響應時間一般用 t_{res} 表示。當氣敏元件從待測氣體中置入空氣中時，氣敏元件電阻會從 R_g 的穩定狀態轉換到 R_a 的穩定狀態，恢復時間定義為氣敏元件電阻從 R_g 到 R_a 的電阻變化差值 $|R_a - R_g|$ 的 90％所經歷的時間，恢復時間一般用 t_{rec} 表示。

（3）選擇性（Selectivity）

選擇性是氣敏元件對於待測氣體的抗干擾能力的特徵參數。在氣敏感測器實際應用過程中，氣體環境複雜，可能包含多種氣體，因此特異性識別某種氣體十分重要。這就要求材料對待測氣體的靈敏度遠高於其他干擾氣體，因此選擇性以氣敏元件對待測氣體的靈敏度 R_o（$R_{objective}$）與氣敏元件對干擾氣體的靈敏度 R_i（$R_{interference}$）的比值（R_o/R_i）來表示。R_o/R_i越大，表明氣敏元件對待測氣體的選擇性越好；R_o/R_i越小，表明氣敏元件對待測氣體的選擇性越差。

（4）最佳工作溫度（Optimum Operating Temperature）

最佳工作溫度是指當氣敏元件對待測氣體靈敏度達到最佳時所需要的工作溫度。材料對氣體的吸附與脫附受溫度影響，因此材料對氣體的響應會在某一溫度達到最大。在實際應用過程中很多氣體易燃易爆，因此從安全角度要求材料的最佳工作溫度越低越好；另一方面，材料的工作溫度與氣敏元件的功耗相關，溫度越高，氣敏元件的功耗越大，因此從節能角度要求材料有較低的工作溫度。

(5) 檢測下限（Limit of Detection）

檢測下限是指氣敏元件對於待測氣體能夠檢測到的最低濃度。在一些空氣環境中，有些有毒有害氣體在濃度很低時會產生危害，因此要求氣敏元件能夠檢測到很低濃度的危害氣體；另外，當氣敏元件檢測生物標記時，如生物標記是丙酮，當患者呼出氣體中丙酮濃度大於 1.8ppm（1ppm＝1×10^{-6}，下同）時，則患者可能患有糖尿病，因此就需要氣敏元件對於丙酮的檢測下限低於 1.8ppm。

(6) 穩定性（Stability）

穩定性是指氣敏元件在長時間工作過程中靈敏度變化的特徵參數。在氣敏元件的應用環境中，溫度、濕度等對材料的穩定性影響很大。隨著時間的推移，氣敏元件對於待測氣體的靈敏度會發生漂移，因此材料的穩定性對於氣敏元件的應用來說非常重要。

8.2.1.2　機理模型

(1) 空間電荷層模型

空間電荷層模型可以解釋氣敏材料在氧化性氣體和還原性氣體檢測過程中電阻變化的規律。半導體氣敏材料表面吸附某種氣體時，被吸附氣體在半導體氣敏材料表面的能級位置與半導體氣敏材料的費米能級位置不同，因此電子會在半導體氣敏材料與被吸附氣體分子之間發生轉移。

根據導電類型，氣敏材料包括 N 型半導體氣敏材料和 P 型半導體氣敏材料。對於 N 型半導體氣敏材料，當暴露於空氣中時，空氣中的氧氣吸附到材料表面，由於氧氣的電子親和勢較大，電子從半導體氣敏材料向氧氣分子轉移，形成氧負離子。氧負離子的形成與半導體氣敏材料溫度相關，隨著溫度升高，氧負離子的種類分別為 O_2^-、O^- 和 O^{2-}。電子從半導體氣敏材料的表面轉移到氧氣分子，導致半導體氣敏材料表面形成電子耗盡層，N 型半導體氣敏材料能帶向上彎曲［圖 8-3(a)］，半導體氣敏材料內部載流子濃度降低，電阻增大。當 N 型半導體氣敏材料暴露於還原性氣體如乙醇（CH_3CH_2OH）中時，氣體吸附到半導體氣敏材料表面，氣體與半導體氣敏材料表面的氧負離子發生如下反應：

$$CH_3CH_2OH+O^-\longrightarrow CO_2+H_2O+e^-$$

電子從氧負離子回到半導體氣敏材料表面，電子耗盡層厚度減小，半導體氣敏材料內載流子濃度升高，電阻降低。當 N 型半導體氣敏材料暴露於氧化性氣體中時，氧化性氣體吸附到半導體氣敏材料表面，與氧負離子發生反應，進一步從半導體氣敏材料表面獲取電子，使得半導體氣敏材料體內載流子濃度進一步降低，電阻進一步增大。

對於 P 型半導體氣敏材料［圖 8-3(b)］，由於其載流子為空穴，P 型半導體

氣敏材料對於不同氣體的響應過程中的電阻變化與 N 型半導體氣敏材料不同。當 P 型半導體氣敏材料暴露於空氣中時，空氣中的氧氣吸附到半導體氣敏材料表面，吸附的氧氣從 P 型半導體價帶捕獲電子形成氧負離子，能帶向上彎曲，致使半導體氣敏材料表面形成空穴累積層，半導體氣敏材料載流子濃度升高，導致半導體氣敏材料電阻降低。當半導體氣敏材料暴露於還原性氣體中時，氣體分子吸附到半導體氣敏材料表面，與氧負離子發生反應，電子重新回到半導體氣敏材料價帶並與空穴複合，使得半導體氣敏材料表面空穴累積層厚度減小，半導體氣敏材料載流子濃度降低，導致半導體氣敏材料電阻升高。當半導體氣敏材料暴露於氧化性氣體中時，氣體分子吸附到半導體氣敏材料表面，與氧負離子發生反應，進一步從半導體氣敏材料表面獲取電子，使得半導體氣敏材料空穴累積層厚度增加，半導體氣敏材料載流子濃度升高，導致半導體氣敏材料電阻進一步降低。

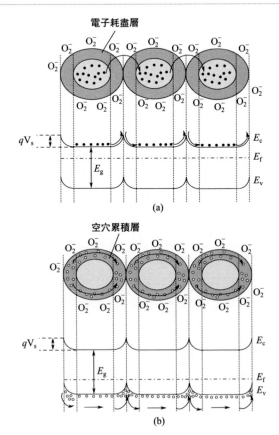

圖 8-3　電子耗盡層和空穴累積層的載流子遷移示意圖

（2）晶界勢壘模型

晶界勢壘模型基於由多晶晶粒構成的金屬氧化物半導體氣敏材料。多晶材料由很多單晶顆粒組成，各個單晶之間存在晶界，這些晶界存在著勢壘，電子若要從一個晶粒轉移到另一個晶粒需要越過勢壘。以 N 型半導體氣敏材料為例，當半導體氣敏材料暴露於還原性氣體中時，氧氣分子吸附到晶粒表面，電子從晶界表面轉移到氧氣分子形成氧負離子 ［圖 8-4(a)］，晶界勢壘增大，電子越過勢壘更加困難，導致電阻升高。當 N 型半導體氣敏材料暴露於還原性氣體中時，氣體分子吸附到半導體氣敏材料表面，氣體與氧負離子發生反應，被氧捕獲的電子重新回到半導體敏感材料中，半導體氣敏材料表面空間電荷層厚度減小，晶界勢壘降低，電子越過勢壘變得容易，導致電阻降低。P 型半導體氣敏材料情況與 N 型半導體氣敏材料情況相反，如圖 8-4(b) 所示。

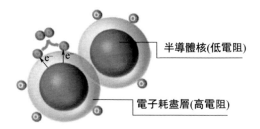

（a) N型半導體氧化物

半導體核(低電阻)

電子耗盡層(高電阻)

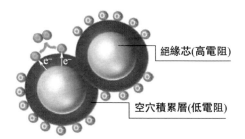

（b) P型半導體氧化物

絕緣芯(高電阻)

空穴積累層(低電阻)

圖 8-4　N 型與 P 型氧化物半導體形成電子核-殼結構[4]

8.2.1.3　性能優化手段

（1）形貌與結構調控

由氣敏材料的氣敏機理可知，氣敏材料對氣體的響應與氣體在氣敏材料表面的吸附與反應導致的氣敏材料電阻變化有關。氣體在氣敏材料表面的吸附，一方面與溫度有關，另一方面與氣敏材料本身有關。從氣敏材料本身角度考慮，氣敏

材料的比表面積越大，就提供越多的吸附位點，提高了氣體的吸附能力，進而提高氣敏材料對於氣體的響應。這就要求在設計氣敏材料時，儘量增加氣敏材料的比表面積。另一方面是關於氣敏材料的電阻變化，氣敏材料的電阻變化越明顯，即氣敏材料電阻在氣體響應前後的差距越大，氣敏材料對於氣體的響應越大。氣敏材料的電阻變化與空間電荷層與氣敏材料內核之間的比例有關。氣敏材料空間電荷層與氣敏材料內核之比越大，氣敏材料電阻變化越明顯。當氣敏材料本身尺寸越小而其他條件相同時，空間電荷層占比越大，即電阻變化越明顯。因此在設計氣敏材料時，應儘量降低氣敏材料的尺寸。

因此，為得到高性能的氣敏材料，通常會通過不同方法製備出具有高比表面積或者低維度結構的氣敏材料。具有高比表面積的結構有中空結構、核-殼結構、多孔/介孔結構等，低維度結構有零維奈米顆粒、一維奈米棒/奈米線/奈米管等、二維奈米片/薄膜等結構。

R. Zhang 等通過水熱法構築了實心與核-殼結構的 Co_3O_4/SnO_2 奈米球，其合成示意圖如圖 8-5 所示[5]。在沒有表面活性劑存在時，水熱最終得到實心奈米球；而有表面活性劑谷氨酸存在時，水熱得到核-殼結構奈米球。將兩種結構的奈米球應用於氣體檢測中，經過測試發現兩種奈米球對氨氣表現出了較高的性能，如圖 8-6 所示。根據圖示可知，核-殼奈米球相比於實心奈米球，對氨氣性能明顯提高。因為相比於實心奈米球，核-殼奈米球不僅外表面可以吸附氣體分子，其內表面以及核層表面都吸附氣體分子。與實心奈米球相比，核-殼奈米球具有更高的比表面積，也就具有更多的吸附位點，從而使得材料具有更高的氣敏性能。

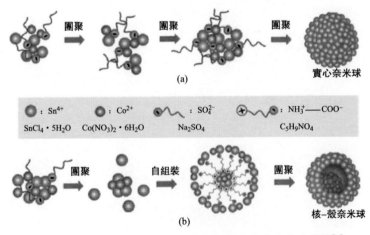

圖 8-5　Co_3O_4/SnO_2 實心奈米球與核-殼奈米球合成示意圖[5]

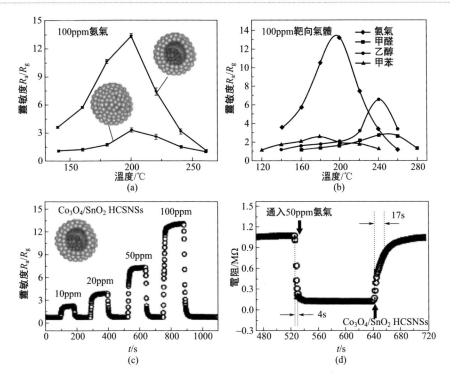

圖 8-6　（a）基於 Co_3O_4/SnO_2 實心奈米球感測器與核-殼奈米球感測器在不
同工作溫度下對 100ppm 氨氣的響應；（b）基於 Co_3O_4/SnO_2 核-殼奈米球
感測器在不同工作溫度下對 100ppm 的不同氣體的響應；基於 Co_3O_4/SnO_2
核-殼奈米球感測器在 200℃ 下對 10～100ppm 氨氣的（c）動態響應曲線與
（d）響應時間、恢復時間（50ppm）[5]

　　Dong 等通過模板法製備出中空多孔氧化鋅奈米球。他們首先使用過硫酸鉀
（KPS）作為陰離子引發劑，通過無乳化劑乳液聚合方法合成 PSS 球[6,7]。然後
進行磺化處理，之後往 PSS 球加入含有尿素、$ZnCl_2$ 的水溶液，通過水浴得到前
驅體，再通過高溫煅燒去除 PSS 球，得到中空多孔奈米球結構的氧化鋅，其相
應的 TEM 圖如圖 8-7 所示。從圖中可以看出，最終的氧化鋅形貌為中空多孔奈
米球結構。

　　將中空多孔奈米球結構的氧化鋅材料應用於氣敏感測器中，經過測試發現中
空多孔奈米球結構的氧化鋅對於正丁醇的響應高於其他干擾性氣體（如乙醇、異
丙醇、甲醛等），如圖 8-8 所示。

　　圖 8-8(a) 為在 385℃ 時氧化鋅中空多孔奈米球對不同濃度正丁醇的動態響
應曲線。由該曲線可以看出，氧化鋅中空多孔奈米球對正丁醇具有良好的響應與

恢復。該感測器良好的響應與恢復應歸因於材料的中空結構，使得材料內表面與外表面均能吸附氣體分子進行反應。而多孔結構又增加了材料的比表面積，即增加了材料對於氣體的活性吸附位點，進而增加了材料對於氣體的響應。

(a) PSS球　　(b) 煅燒前　　(c) 煅燒後

圖 8-7　PSS 球以及煅燒前後氧化鋅空心球的 TEM 圖[6]

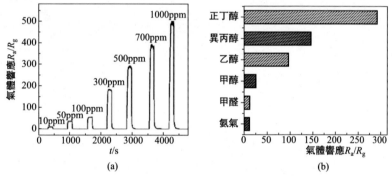

(a)　　(b)

圖 8-8　(a) 在乾燥空氣氛圍中，385℃下氧化鋅中空多孔奈米球對不同濃度
正丁醇（10～1000ppm）的響應；(b) 在 385℃的工作溫度下，氧化鋅中空多孔
奈米球氣體感測器對 500ppm 各種氣體的氣體響應的比較

　　Tiemann 等利用硬模板法合成製備出有序多孔四氧化三鈷，並應用於 CO 感測器。具體過程：首先合成介孔 KIT-6 二氧化矽硬模板，然後將模板浸漬到飽和六水合硝酸鈷溶液中，待溶液乾燥後熱處理前驅體，得到四氧化三鈷樣品。最後將樣品浸漬到 2mol/L 的氫氧化鈉溶液中去除 KIT-6 二氧化矽模板，得到有序多孔的四氧化三鈷樣品。有序多孔四氧化三鈷的 TEM 圖像與 SEM 圖像如圖 8-9 所示。

　　將合成好的有序多孔四氧化三鈷（Co_3O_4）用於製作 CO 感測器。圖 8-10 為有序多孔四氧化三鈷對於 CO 氣敏性能響應恢復曲線。圖(a) 為有序多孔四氧化三鈷對氣體靈敏度隨著時間變化的響應恢復動態曲線，圖(b) 為對應的 CO 濃度隨時間變化的趨勢。在動態曲線中，黑色曲線為感測器在 473K 溫度條件下對不同 CO 濃度的動態響應恢復曲線，灰色曲線為感測器在 563K 溫度條件下對不同

CO 濃度的動態響應恢復曲線。根據曲線可知，有序多孔四氧化三鈷對於 CO 有著良好的響應恢復。因為一方面材料本身對 CO 有響應，另一方面多孔結構使得材料的活性吸附位點增多，進而其性能有所提高。另外，材料本身的孔為有序多孔結構，孔與孔之間的間隔很小，這就使得材料厚度減小，空間電荷層的厚度占比變大，有利於電阻變化，從而提高材料的氣敏性能。

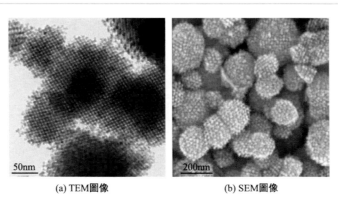

(a) TEM圖像　　　　　　　(b) SEM圖像

圖 8-9　有序多孔四氧化三鈷的 TEM 圖像與 SEM 圖像[8]

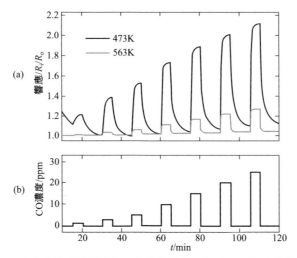

圖 8-10　在 50%相對濕度下，奈米多孔 Co_3O_4 在 473K（黑色）和
563K（灰色）溫度下對 CO 氣體不同濃度 [1~25ppm：（ b ）　圖]
的響應 [基極電阻的阻力：（ a ）　圖][8]

　　Cai 等[9]同樣通過硬模板方法製備出有序多孔氧化銦（In_2O_3）材料（圖 8-11），應用於氨氣檢測。在該實驗中模板為 PS 球，利用相同尺寸的 PS 球

得到雙層均勻孔隙多孔膜，利用不同尺寸的 PS 球得到雙層異質孔隙化多孔膜。實驗過程與前述相似，只是在構築模板時略有不同。在構築模板時，在平板玻璃上覆蓋一層單層 PS 球膠體，乾燥後在該層 PS 球膠體上覆蓋另一層 PS 球膠體。烘乾後，將模板浸漬到前驅體溶液中，以得到氧化銦材料。當兩層 PS 球的尺寸相同時，所得到的材料為雙層均勻孔隙多孔膜；而當兩層 PS 球尺寸不同時，所得到的材料為雙層異質孔隙化多孔膜。

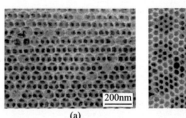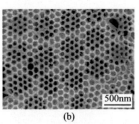

（a）　　　　　　　　　（b）

圖 8-11　在玻璃基板上的 In_2O_3 微/奈米結構多孔膜的
FESEM 圖像：（a）雙層均勻孔隙多孔膜（200/200nm）；
（b）雙層異質孔隙化多孔膜（1000/200nm）[9]

　　將該雙層異質孔隙化多孔氧化銦膜應用於氨氣感測器，圖 8-12 為雙層異質孔隙化多孔氧化銦膜在 60℃ 下對於不同濃度的氨氣的響應曲線。由該響應曲線可以看出，雙層異質孔隙化多孔氧化銦膜對氨氣表現出良好的響應恢復，且隨著氨氣濃度的增加，材料的靈敏度隨之增加。該材料對於氨氣響應的機理可以由圖 8-13 來描述。當材料暴露於空氣中時，氧氣吸附在材料表面，捕獲電子形成氧負離子，並在材料表面形成較厚的電子耗盡層，材料內部為導電區域，進而形成較高的勢壘。當材料暴露於還原性氣體中時，氧負離子與還原性氣體發生反應，電子重新回到材料，使得材料電子耗盡層厚度減小，勢壘降低，最終電阻降低。

　　另一方面，為了提升材料的氣敏性能，除了構築空心結構或者多孔結構外，還可以降低材料維度，如構建零維奈米材料、一維奈米材料、二維奈米材料。

　　零維奈米材料常見多為奈米顆粒。由於材料的尺寸小，會使得材料形成的空間電荷層的厚度占比大，從而提高材料的氣敏性能。

　　Jiang 等合成了超細 α-氧化鐵奈米顆粒，其尺寸為 2.8～3.5nm，如圖 8-14 所示。將該氧化鐵奈米材料應用於氣敏感測器，該感測器檢測丙酮的即時響應曲線如圖 8-15 所示。由圖可知，超細 α-氧化鐵顆粒對丙酮具有良好的響應恢復。

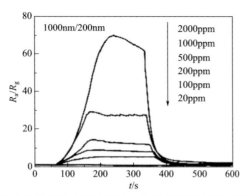

圖 8-12　具有異質孔徑（1000/200nm）的雙層微/奈米結構多孔氧化銦膜在 60℃下對不同濃度的氨氣的響應曲線[9]

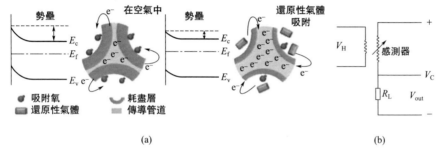

(a)　　　　　　　　　　　　　　(b)

圖 8-13　（a）Ｎ型金屬氧化物半導體的感測機理（當暴露於還原性氣體中時傳導區域擴展）；（b）用於氣體感測測量的典型電路[10]

R_L —負載電阻；V_t —電路電壓；V_{out} —輸出電壓；V_H —加熱電壓；

E_c —導帶能級；E_f —費米能級；E_v —價帶能級

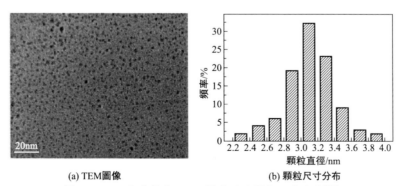

(a) TEM圖像　　　　　　　　　(b) 顆粒尺寸分布

圖 8-14　α-氧化鐵的 TEM 圖像以及顆粒尺寸分佈[11]

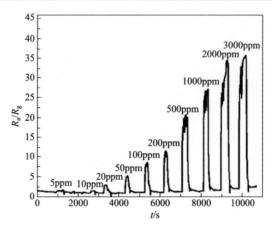

圖 8-15　在 340℃時超細 α-氧化鐵顆粒隨著丙酮濃度增加的即時響應曲線[11]

　　低維奈米材料除了奈米顆粒外，還有一維的奈米線、奈米帶、奈米管、奈米棒等結構以及二維的奈米片、奈米薄膜等結構。但是低維奈米結構容易出現聚集、堆疊等現象，使得材料比表面積大幅度降低。有幾種方案能在一定程度上解決這一問題。一種方案是將低維材料原位生長到基底上，降低材料的團聚，如將 CdO 奈米片直接生長到電極上，形成 CdO 奈米片陣列應用於有機揮發性氣體的檢測[12]。另一種方案是將低維材料自組裝成分級結構，通過犧牲部分比表面積的方法保證材料的結構與大部分的比表面積，如奈米棒組裝的奈米 In_2O_3 應用於氣體檢測[13]。

（2）過渡金屬原子摻雜

　　根據金屬氧化物半導體氣敏材料的氣敏機理可知，材料對待測氣體的響應與電子遷移有關。電子從半導體轉移到氧負離子，然後氧負離子與待測氣體發生反應，從而使得材料電阻發生變化，表徵出材料對待測氣體的響應。因此，可以通過改變材料內部電子結構來改進材料的氣敏性能，如摻雜過渡金屬原子。

　　摻雜指的是雜質原子占據晶格格點位置或者間隙位置而不形成新物相的一種手段。過渡金屬摻雜一般是將過渡金屬離子摻雜到金屬氧化物半導體晶格格點位置，以替代金屬格點位置。一般來說，為了提高金屬氧化物半導體氣敏材料的氣敏性能，在過渡金屬摻雜時，一般選用不等價金屬離子進行摻雜。不同價態的金屬占據晶格位置，會使得該位置呈現出正電狀態或者負電狀態。

　　Shouli Bai 等通過化學浸漬以及高溫煅燒製備出 Sb 摻雜的 WO_3（圖 8-16），並將 Sb 摻雜的 WO_3 應用於 NO_2 氣體的檢測。與純 WO_3 相比，Sb 摻雜的 WO_3 對 NO_2 氣體具有更高的靈敏度，如圖 8-17 所示。

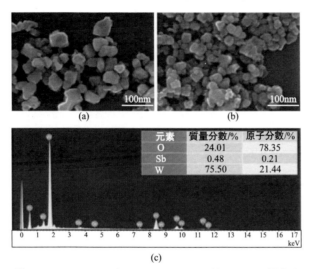

元素	質量分數/%	原子分數/%
O	24.01	78.35
Sb	0.48	0.21
W	75.50	21.44

圖 8-16 （a）WO_3 和（b）2%Sb-WO_3 的 FESEM 圖像和
（c）2%Sb-WO_3 的 EDX 光譜[14]

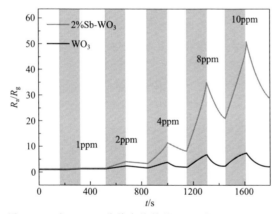

圖 8-17 在 20℃ 下基於未摻雜的 WO_3 和 2%Sb-WO_3
的感測器對 1～10ppm 的 NO_2 的響應曲線[14]
（鋪灰部分表示通入 NO_2 氣體， 其餘為關閉 NO_2 氣體）

Sb 摻雜的 WO_3 通過 XRD、EDS 等表徵，證明了沒有新物相生成，並且材料中含有 Sb 元素。說明 Sb 摻雜到 WO_3 晶格中，占據了 WO_3 晶格中 W 的格點位置。過渡金屬的摻雜通常是以氧化物形式摻入到主相晶格中。即 Sb 以 Sb_2O_3 形式摻入到 WO_3 晶格中，兩個 Sb 占據兩個 W 的位點，三個 O 占據 O 的格點，剩下的 WO_3 中 O 的格點空出而形成氧空位，如下述反應式所示：

$$Sb_2O_3 \longrightarrow 2Sb'''_W + 3\ O^X_O + 6\ V_O^{\cdot\cdot}$$

氧空位的存在有利於氧氣的吸附，進而有利於提高材料的氣敏性能。

Peng Sun 等通過溶劑熱的方法合成製備出 Cu 摻雜的 $\alpha\text{-Fe}_2\text{O}_3$，並應用於有機揮發性氣體乙醇（$C_2H_5OH$）的檢測。如圖 8-18(a) 所示，由 XRD 圖譜表明，不同含量的 Cu 摻雜的 $\alpha\text{-Fe}_2\text{O}_3$ 的 XRD 譜沒有出現新物相。由圖 8-18(b) 可知，與純 $\alpha\text{-Fe}_2\text{O}_3$ 相比，Cu 摻雜的 $\alpha\text{-Fe}_2\text{O}_3$ 的圖譜向高角度偏移，表明 Cu 摻雜到 $\alpha\text{-Fe}_2\text{O}_3$ 晶格中。

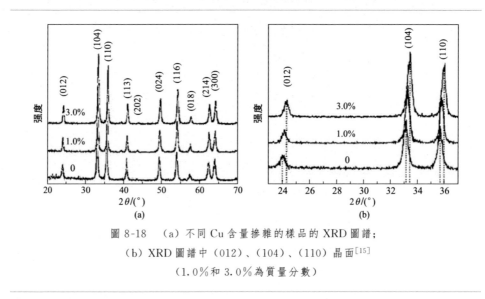

圖 8-18　（a）不同 Cu 含量摻雜的樣品的 XRD 圖譜；
（b）XRD 圖譜中（012）、（104）、（110）晶面[15]
（1.0% 和 3.0% 為質量分數）

將該 Cu 摻雜的 $\alpha\text{-Fe}_2\text{O}_3$ 用於有機揮發性氣體乙醇檢測。如圖 8-19 所示，Cu 摻雜的 $\alpha\text{-Fe}_2\text{O}_3$ 對乙醇響應的靈敏度高於純 $\alpha\text{-Fe}_2\text{O}_3$。由上述分析可知 Cu 摻雜到了 $\alpha\text{-Fe}_2\text{O}_3$ 晶格中，其摻雜反應式如下所示：

$$2CuO \longrightarrow 2\,Cu'_{Fe} + \ddot{V}_O + 2\,O^X_O$$

$$\ddot{V}_O + 1/2\,O_2 \longrightarrow O^X_O + 2h$$

Cu 摻雜 $\alpha\text{-Fe}_2\text{O}_3$ 中，兩個 Cu 占據了 $\alpha\text{-Fe}_2\text{O}_3$ 晶格中 Fe 的位置，且 Cu 為正二價，Fe 為正三價，則被 Cu 占據的 Fe 的格點顯示出負一價。兩個氧占據晶格氧的位置，狀態不變，還剩下一個氧的格點位置沒有占據任何原子，即剩餘一個氧空位。該氧空位被吸附氧氣中的氧占據，並形成兩個空穴。但是 $\alpha\text{-Fe}_2\text{O}_3$ 為 N 型半導體，載流子為電子，空穴的存在降低了載流子的濃度，使得材料在空氣中的電阻進一步增大。當材料暴露於還原性氣體中時，還原性氣體反應後電子回到材料中，使得材料電阻降低。靈敏度表示為 R_a/R_g，R_a 越大，靈敏度越高。

（3）構築異質結

由金屬氧化物半導體氣敏材料的氣敏機理可知，當氣敏材料暴露於空氣中

時，電子從材料轉移到吸附氧形成氧負離子，材料表面形成空間電荷區。對於 N 型半導體，形成的空間電荷層一般為電子耗盡層，電子耗盡層的存在使得材料載流子濃度降低，電阻增大。而當空間電荷層的厚度進一步增加時，材料載流子濃度進一步降低，電阻進一步增大，有利於提高對氣體響應的靈敏度。

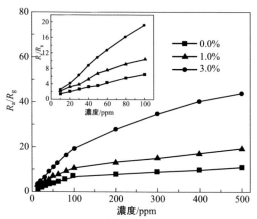

圖 8-19　在 225℃ 下 0.0％、1.0％ 和 3.0％（質量分數）Cu 摻雜的 α-Fe_2O_3 立方體對 C_2H_5OH 濃度的響應[15]

因此，如果通過一定的手段能夠調控空間電荷層的厚度，就可以提升材料對氣體的響應，而構築異質結是一種有效方法。由於不同半導體的費米能級位置不同，當兩種半導體接觸時，電子將會從費米能級位置高的材料轉移到費米能級位置低的材料上，並在接觸區域形成空間電荷層，使得電子勢壘增大，材料電阻增大。該接觸區域即為異質結。根據材料導電類型不同，異質結可以分為 P-P 異質結、N-N 異質結以及 P-N 異質結。

下面以 N-N 異質結為例，分析構築異質結提高材料氣敏性能的機理。

Pradhan 等通過水熱法原位合成出 WO_3 與 SnO_2 的複合材料，構築了 WO_3/SnO_2 的異質結，並將該異質結構的材料應用於氣體檢測。通過實驗可知，複合材料對於氨氣、乙醇、丙酮的響應高於純 WO_3，如圖 8-20 所示。

WO_3/SnO_2 異質結對於氣體響應相對於純 WO_3 提高的機理如圖 8-21 所示。在 WO_3-SnO_2 混合氧化物中存在三種不同的勢壘，分別是 WO_3 和 WO_3 之間的勢壘、WO_3 和 SnO_2 之間的勢壘以及 SnO_2 和 SnO_2 之間的勢壘。由於 WO_3 中費米能級的位置高於 SnO_2，通過能帶彎曲從 WO_3 到 SnO_2 發生電子轉移，並且在異質結處建立勢壘。這兩種勢壘（同質結處的兩個勢壘和異質結處的一個勢壘）阻礙了電子通過奈米結構的傳輸。因此，它們為更多氧化物提供額外的電子以吸附在感測層的表面上，這顯著提高了感測器的響應。

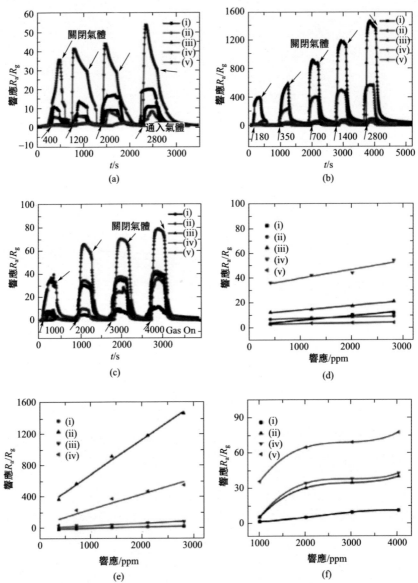

圖 8-20 五種感測器的動態響應曲線[16]：（a）200℃下氨氣的響應；（b）300℃下乙醇的響應；（c）300℃下丙酮的響應；（d）、（e）氨氣和乙醇濃度的函數的線性反應響應；（f）作為丙酮濃度函數的三階多項式反應響應

氣敏材料分別為（ⅰ）WO_3、（ⅱ）WO_3-（0.27）SnO_2、（ⅲ）WO_3-（0.54）SnO_2、（ⅳ）WO_3-（1.08）SnO_2 和（ⅴ）SnO_2

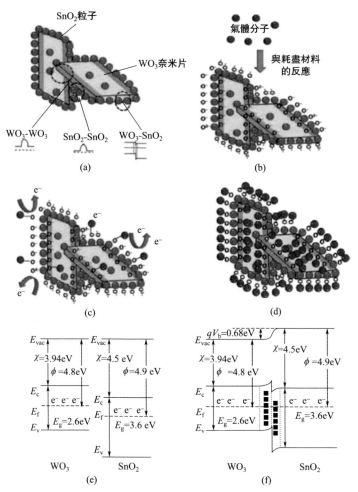

圖 8-21　（a）具有不同勢壘的 WO_3-SnO_2 混合氧化物的示意圖；（b）在暴露
於乾燥空氣時吸附在異質結構金屬氧化物表面上的不同種類的氧；（c）氣體分
子的吸附和與吸附氧的反應；（d）用氣體分子完全覆蓋活性部位；（e）WO_3
和 SnO_2 的能帶結構；（f）WO_3-SnO_2 混合金屬氧化物的能帶結構[16]

E_{vac} —真空能級；E_c —導帶能級；E_f —費米能級；E_v —價帶能級；χ —電子親和勢；

ϕ —功函數；E_g —帶隙寬度；qV_b —接觸勢壘

異質結的構築不僅有 N-N 型異質結，還有 P-N 型異質結，如 α-Fe_2O_3/
NiO[17]等。此外，金屬氧化物與導電高分子的複合也是屬於異質結的一種，通
常導電高分子是 P 型半導體，因此與 N 型複合後的機理與 P-N 型異質結類似，
如聚苯胺@SnO_2[18]。

(4) 貴金屬修飾

由金屬氧化物半導體氣敏材料的氣敏機理可知，當金屬氧化物半導體氣敏材料暴露於空氣中時，空氣中的氧氣吸附到材料表面，由於氧氣分子的電子親和勢更大，電子從材料表面轉移到氣體分子形成氧負離子。氧負離子再與待測氣體反應完成響應過程。因此，氧負離子的量與材料對待測氣體的響應有關，一般氧負離子越多，響應越高。而氧負離子的量取決於氧氣的吸附與氧氣從材料轉移的電子。當材料表面電子含量增多時，有利於氧負離子的形成，從而提高材料對待測氣體的響應。

貴金屬修飾金屬氧化物半導體能夠提高材料的氣敏性能。一般來講，貴金屬的功函數低於金屬氧化物半導體的費米能級，電子從半導體轉移到貴金屬上，由於金屬的溢出效應，貴金屬上聚集的電子溢出到材料表面，使得材料表面的電子增加，從而有利於形成更多的氧負離子，提高材料氣敏性能。

下面結合實例分析貴金屬修飾的金屬氧化物提高氣敏性能的機理。Zhang 等[19]通過水熱方法製備出 In_2O_3 奈米立方體，然後通過還原劑還原方法得到了貴金屬 Au 負載的 In_2O_3，並將該材料用作氣敏材料。圖 8-22 為貴金屬 Au 負載的 In_2O_3 的 TEM 圖，由圖可知 Au 成功地負載在了 In_2O_3 奈米立方體上。

圖 8-22　(a)、(b) Au 負載的 In_2O_3 奈米立方體的 TEM 圖像；(c) 高倍率的 Au
負載的 In_2O_3 奈米立方體的 TEM 圖；(d) Au 負載的 In_2O_3 奈米的晶格條紋[19]

從圖 8-23(a) 可知，貴金屬 Au 負載的 In_2O_3 的氣敏性能高於純 In_2O_3 的

氣敏性能。該貴金屬 Au 負載的 In_2O_3 提高氣敏性能的機理解釋如圖 8-23(b)所示。首先，Au 本身是一種催化劑，它可以提高材料對於待測氣體的反應。其次，Au 的功函數比 In_2O_3 的費米能級低，因此，電子將會從材料本身轉移到貴金屬上，使得貴金屬上聚集電子。一方面，貴金屬上聚集的電子與吸附氧發生反應形成氧負離子；另一方面，由於「溢出效應」，即貴金屬上聚集的電子超過貴金屬的容量，電子將從貴金屬擴散到材料表面，該部分電子增加了材料表面的電子濃度，從而使形成的氧負離子濃度增加，提高了材料對待測氣體的響應。

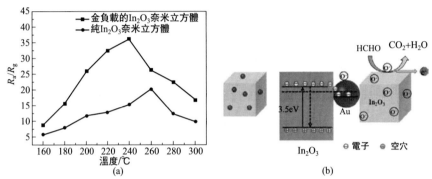

圖 8-23　(a) 基於純 In_2O_3 奈米立方體和 Au 負載的 In_2O_3 奈米立方體
的感測器對不同工作溫度下 100ppm 甲醛的響應；(b) Au 負載的
In_2O_3 奈米立方體的氣敏機理示意圖[19]

(5) 幾種方法結合

在實際構築金屬氧化物半導體氣敏材料的過程中，為了提高半導體氣敏材料的氣敏性能，在通常情況下會將各種提高材料氣敏性能的手段進行結合。一般來講，形貌與結構的調控是構築高性能氣敏材料的基礎。通常在此基礎上對材料進一步改進，從而進一步提高材料氣敏性能。Guo 等[20]構築出過渡金屬 Sn 摻雜的有序多孔的 NiO，提高了 NiO 的氣敏性能。Wang 等[21]構築出 Au 修飾的 SnO_2 奈米片自組裝的奈米花球。Deng 等[22]利用靜電紡絲方法製備出一維 TiO_2，然後通過水熱法在 TiO_2 上修飾 CuO 立方體，構築出 CuO-TiO_2 P-N 異質結，提高了材料的氣敏性能。Ju 等[23]構築出一維 ZnO/SnO_2 核-殼異質結，然後在該一維核-殼異質結上修飾貴金屬 Au，提高了材料對 TEA 的氣敏性能。Kaneti 等[24]在構築的 α-Fe_2O_3-ZnO 異質結上修飾貴金屬 Au，構築出 Au-α-Fe_2O_3-ZnO 三元一維奈米棒狀結構，提高了材料對丙酮的氣敏性能。

8.2.2　石墨烯

　　石墨烯材料與金屬氧化物半導體不同，大部分基於碳材料的氣敏感測器具有更低的工作溫度，可以在室溫下工作。近年來，具有低維結構的石墨烯因自身固有的優良特性（如優異的電子傳輸特性以及大的比表面積），成為氣敏感測器領域的研究熱點。石墨烯的分子結構如圖 8-24 所示。

　　石墨烯被普遍認為是材料領域的「王者」，其具有奈米級別的碳原子單層結構，在光、熱、力、電等方面表現出優良的特性，使其在儲能、催化、感測等眾多領域展現出巨大的優勢。石墨烯在室溫下具有極高的電子遷移率，其少層或者單層二維石墨烯中每一個碳原子都充分暴露，即單位體積碳原子暴露數目更多，這樣會使石墨烯中的電子傳輸對外界氣體分子吸附十分敏感。這些特性使得石墨烯被認為是極具潛

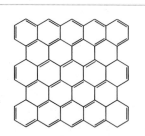

圖 8-24　石墨烯的分子結構

能的氣敏材料之一。2007 年，Schedin 等[25] 首次報導了石墨烯的氣敏性能。他們使用機械剝離方法製備得到的石墨烯感測器可以實現分子水平的氣體檢測，反應機理為氣體的化學吸附。自此，石墨烯作為氣敏材料受到了人們更大的關注與研究。以「graphene」與「gas sensor」為關鍵字在「Web of Science」上做了相關的數據統計，如圖 8-25 所示，自 2007 年以來，有關石墨烯氣敏研究的報導呈逐年成長的趨勢。

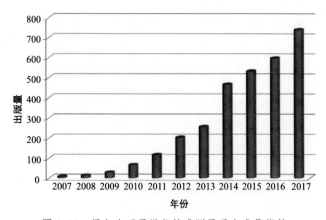

圖 8-25　歷年來石墨烯氣敏感測器研究成長趨勢

石墨烯是一種 P 型半導體，以空穴為主要載流子。當其表面發生氣體吸附時，石墨烯的電子傳導會受到影響，因而產生相應的電阻變化。這種阻值的變化轉化成相應的電訊號，以實現對氣體的檢測。在檢測不同類別的氣體時，石墨烯的電阻會表現出不同的變化形式。氧化性氣體如 NO_2、NO、H_2O 發生吸附時，石墨烯的電阻減小；還原性氣體如 CO、H_2、NH_3 以及有機氣體發生吸附時，石墨烯的電阻增大（圖 8-26）。

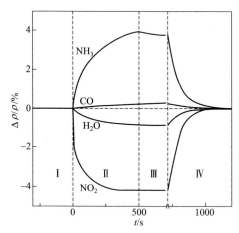

圖 8-26　石墨烯對不同類型氣體（1ppm）的響應變化曲線[25]

基於石墨烯這種敏感的分子吸附特性，研究人員報導了多種石墨烯的製備方法，並已將其用於氣體分子的檢測。這其中最為原始的方法就是機械剝離法，關於石墨烯的首次氣敏感測器報導就是利用這種方法製備得到的。相比於機械剝離法，化學氣相沉積法能夠製備出高品質的少層石墨烯。H. Choi 等[26]通過化學氣相沉積法製備出單層與少層石墨烯，並研究了它們的氣敏特性（圖 8-27）。研究發現，由化學氣相沉積法得到的石墨烯對 NO_2 表現出優異的氣敏特性，響應恢復性能優異，最低檢出限為 0.5ppm，對應的靈敏度為 10%。

傳統的化學氣相沉積法存在劣勢，如高溫、高能耗等。為此，Wu 等[27]改進並開發出一種微波等離子體增強化學氣相沉積法（MPCVD），相比起來這種方法的實驗溫度與能耗更低。製備得到的三維花狀石墨烯由薄層的奈米片組裝而成，無團聚產生，比表面積高達 $221m^2/g$，因而具有大量的氣體吸附位點。此外，三維花狀石墨烯對 NO_2 表現出優異的氣敏性能，其中對 100ppb 與 200ppb（$1ppb=1\times10^{-9}$）NO_2 的理論檢出限為 785ppt（$1ppt=1\times10^{-12}$），響應時間可參考圖 8-28。

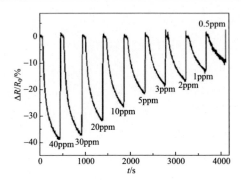

圖 8-27　利用化學氣相沉積法得到的單層或少層石墨烯對 NO_2 的氣敏性能[26]

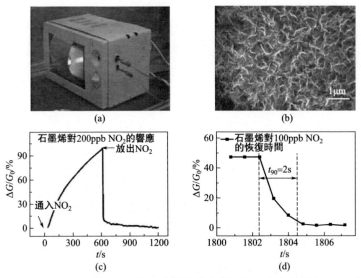

圖 8-28　利用微波等離子體增強化學氣相沉積法製備的
三維花狀石墨烯的形貌特徵與氣敏性能[27]

　　在石墨烯的眾多製備方法中,氧化還原法是一種經濟有效並且可以實現大規模製備的方法。在氧化過程中,在石墨烯表面會留下大量的含氧官能團,這樣石墨烯的表面活性會得到顯著改善,更有利於氣體的吸附。Prezioso 等[28]利用溶液滴塗法將氧化石墨烯集成到測試電極上,由於富含功能團,所制的感測器對氧化性氣體以及還原性氣體均表現出氣敏響應性能,尤其對 NO_2 有優異的響應性能,最低檢出限為 20ppm (圖 8-29)。Wang 等[29]使用哈默法製備出氧化石墨烯並構建出室溫氫氣感測器,在 100ppm H_2 中,感測器的響應值為 5%,響應時間小於 90s,恢復時間小於 60s。

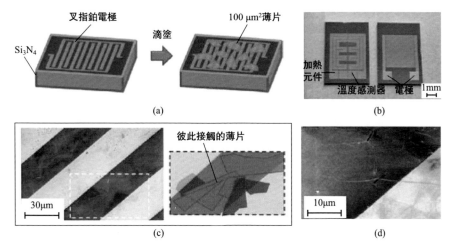

圖 8-29　氧化石墨烯氫氣感測器[28]

　　然而，由於氧化石墨烯表面具有大量的含氧基團，影響了氧化石墨烯的導電性，並不利於其發展。為了改善其電導性，研究人員通過還原過程來去除氧化石墨烯表面的含氧基團。在還原過程中，氧化石墨烯表面的含氧基團並不會被完全消除，仍然會保留一部分，這一過程所得到的石墨烯稱為還原氧化石墨烯。還原氧化石墨烯既具有優良的導電性，又存在化學活性缺陷位點，使其成為優異的氣敏材料。圍繞還原氧化石墨烯，研究人員展開了一系列研究。Lu 等[30]利用低溫熱還原法製備出基於還原氧化石墨烯的氣敏感測器，具體做法是：將氧化石墨烯分散液滴到金叉指電極上，然後在氫氣環境下熱還原，氣敏感測器在室溫下可以檢測低濃度 NO_2。響應機理為當 NO_2 吸附時，電子由 P 型的還原氧化石墨烯向吸電子的 NO_2 轉移，導致石墨烯空穴濃度增大，進而電阻減小。類似地，Robinson 等[31]利用水合肼蒸氣得到了不同還原程度的還原氧化石墨烯，並研究了不同還原程度對靈敏度的影響。他們開發的感測器可以實現 ppb 級濃度的化學毒劑氣氛 HCN 的精確檢測。

　　以上研究製備的氣敏感測器是先將溶液形式的氧化石墨烯進行處理再進行原位還原。然而，這種方法難免引入雜質，可靠性不高；其次石墨烯奈米片之間容易團聚，這在一定程度上影響其氣敏性能。針對這一問題，Chen 等[32]以狗鼻子毛細血管結構為靈感，利用超分子自組裝並結合冷凍乾燥技術製備出維度均勻的石墨烯奈米卷。這種石墨烯奈米卷形貌均勻，儘管彼此接觸但並未發生彎曲以及纏繞，重要的是這種結構避免了二維石墨烯奈米片之間的團聚現象。製備得到的功能化石墨烯感測器對 NO_2 表現出優異的氣敏性能，包括循環穩定性、線性以及選擇性等，對 10ppm NO_2 的響應高達 $R_a/R_g = 5.39$（圖 8-30）。

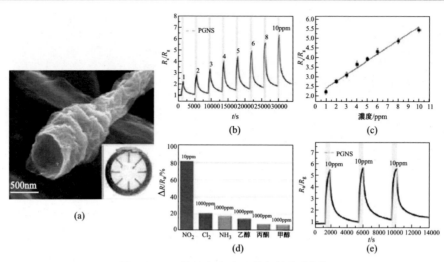

圖 8-30 石墨烯奈米卷及其氣敏性能[32]

近年來，基於三維石墨烯水/氣凝膠的氣敏研究越來越多，其研究方法是將二維氧化石墨烯通過水熱還原法使其自組裝為三維結構，既有效防止了石墨烯的團聚，又保持了其大的比表面積。疏鬆多孔的石墨烯凝膠更有利於氣體的吸附與傳輸，從而改善氣敏性能。Alizadeh 等[33]利用水熱還原法製備出硫脲處理的石墨烯氣凝膠，材料具有多孔性且比表面積高達 $389m^2/g$。研究了材料對氨氣的氣敏性能，並發現加入硫脲後氨氣氣敏性能顯著提升，室溫下對 80ppm 氨氣的響應時間為 100s，恢復時間為 500s，檢出限為 10ppm。同樣地，Wu 等[34]也利用水熱法製備出化學修飾的石墨烯水凝膠，他們在氧化石墨烯分散液中加入一定量的 $NaHSO_3$，然後通過一步水熱過程得到－HSO_3 功能化的還原氧化石墨烯水凝膠（圖 8-31）。功能化石墨烯可以檢測一系列氣體如 NO_2、NH_3 以及 VOCs，實現了高靈敏度、快速響應與恢復，並通過溫度變化實現了選擇性的優化。與未功能化的石墨烯水凝膠相比，－HSO_3 功能化石墨烯對 2ppm NO_2 的響應提高了118.6 倍，主要機制是－HSO_3 基團是吸電子基並且有很多孤對電子，這樣吸電子的 NO_2 更傾向於吸附在富電子的含硫基團上；對 200ppm NH_3 的響應提高了58.9 倍，主要機制是含硫基團與 NH_3 的特異性反應而形成了銨鹽。我們發現這種三維石墨烯結構，尤其是三維石墨烯水/氣凝膠材料展現出優異的氣敏性能，並且近年來有關基於石墨烯凝膠的報導逐漸增多，這種獨特的三維結構材料會在未來氣敏研究領域起重要的作用。

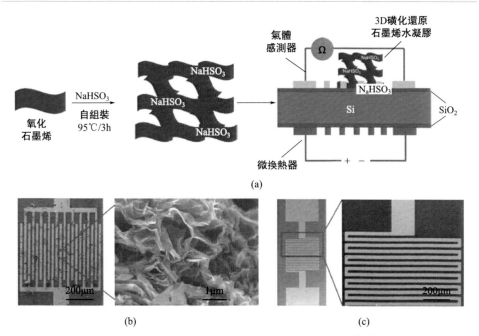

圖 8-31　功能化石墨烯水凝膠的製備與形貌表徵[34]

　　異原子摻雜（如氮、磷、硫等）可以調節石墨烯的能帶結構進而改變其物理化學特性，這十分有利於改善其氣敏性能。Niu 等[35]在高溫下將三苯基膦與氧化石墨烯進行退火處理得到了磷摻雜石墨烯（圖 8-32）。與單純熱還原的石墨烯相比，磷摻雜石墨烯在室溫下對 NH_3 的響應顯著改善，響應時間與恢復時間更短，其性能的改善是由於摻雜磷原子對 NH_3 的吸附作用。類似地，其他雜質原子（如氮、硫、硼等）的摻雜也有報導，並同樣表現出增強的氣敏特性。除了單一原子摻雜，Niu 等[36]在高溫下將含氮和矽原子的離子液體與石墨烯進行退火處理得到了氮、矽雙摻雜的石墨烯。摻雜後的石墨烯對 NO_2 的氣敏響應顯著提高，主要原因是石墨烯平面引入氮原子增多了氣體吸附的活性位點，而矽原子的摻雜調控了石墨烯的電子結構。由此，雜質原子與缺陷的引入會增強氣體分子與石墨烯之間的吸附作用，從而改善氣敏性能。

　　以上研究皆以石墨烯為主體敏感材料開展，然而在目前的氣敏研究中，石墨烯往往與其他材料（尤其是金屬氧化物）進行複合以增強氣敏響應。在這裡，石墨烯的作用主要是促進電荷傳導與氣體吸附，以及降低氣敏材料的工作溫度等，有時可以作為其他材料載體存在。因此除了自身的氣體吸附特性外，石墨烯在複合材料中也起著至關重要的作用。

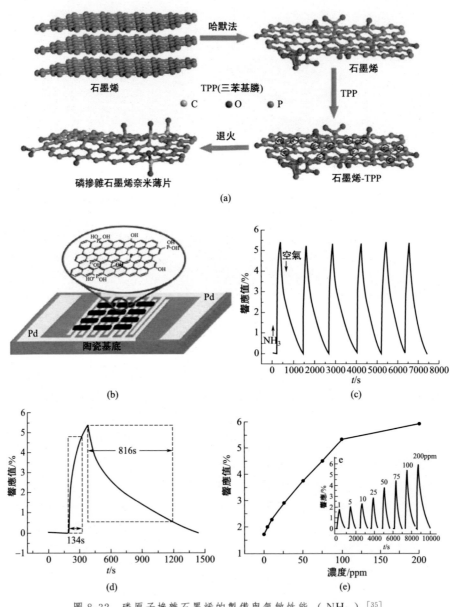

圖 8-32　磷原子摻雜石墨烯的製備與氣敏性能 （NH₃）[35]

8.2.3　有機高分子

早在 1980 年代，導電高分子的氣敏性能研究就已展開。與金屬氧化物半導

體材料相比，導電高分子材料在室溫下對氣體響應的時間更短、靈敏度更高，此外導電高分子容易合成且具有優良的力學性能。在眾多導電高分子中，聚吡咯（PPy）與聚苯胺（PANI）是氣敏領域研究最為廣泛的兩種，兩者分子結構式如圖 8-33 所示。

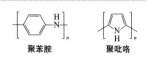

圖 8-33　聚苯胺與聚吡咯的
分子結構式

聚吡咯（PPy）由於具有高的環境穩定性以及易調控的電導率等而受到人們大量的關注。聚吡咯很容易製備，其中化學聚合與電化學聚合是常用的兩種方法。Laith Al-Mashat 等[37]利用電化學聚合方法直接在叉指電極上製備出直徑為 40～90nm 的 PPy 奈米線，並研究了其對 H_2 的感測性能（圖 8-34）。從圖中可以看到，PPy 奈米線對不同濃度 H_2 均表現出良好的響應恢復性能，最低檢出限為 600ppm。除了對 H_2 有較好的檢測性能，NH_3 是目前包括 PPy 在內的導電高分子檢測最廣泛、性能最好的一種靶氣體。Xue 等[38]引入氧化鋁模板（AAO）使用電化學沉積以及冷壁化學聚合的方法，分別製備出 PPy 奈米線以及奈米管陣列，並比較了兩者對 NH_3 的感測性能（圖 8-35）。研究發現，相比於 PPy 奈米線，PPy 奈米管陣列由於具有更多的吸附位點和更好的取向生長與結晶性，對 NH_3 具有更快的響應恢復以及更高的靈敏度。此外，對 NH_3 的檢出限低至 0.05ppm。除了這些一維結構，Jun 等[39]也發展了基於海膽狀 PPy 的 NH_3 感測器，使用的方法也是液相化學聚合法。對 NH_3 同樣具有優異的感測性能，可以實現 0.01ppm NH_3 的檢測。關於 PPy 對 NH_3 的檢測機制也是基於兩者之間的吸附作用，NH_3 的吸、脫附相當於改變了 PPy 的摻雜水平，從而改變其電阻。

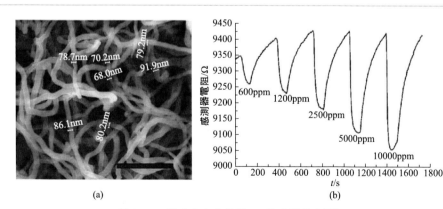

(a)　　　　　　　　　　　(b)

圖 8-34　聚吡咯奈米線對 H_2 的感測性能[37]

除了自身具有良好的氣體檢測能力外，PPy 還常常與其他氣敏材料（多見金屬氧化

物）進行複合組成異質結構材料，這樣可以改善氣敏性能。例如，Jiang 等[40]首先使用靜電紡絲技術製備出 SnO$_2$ 奈米線，而後通過化學聚合法將 PPy 沉積在 SnO$_2$ 表面而得到 PPy/SnO$_2$ 複合奈米纖維。由於 P-N 異質結構的形成，材料對 NH$_3$ 在室溫下實現了高靈敏檢測。類似地，利用這種異質結協同效應來改善氣敏性能的還見於 PPy/WO$_3$[41]、PPy/Fe$_2$O$_3$[42]以及 PPy/石墨烯[43]等複合材料中。

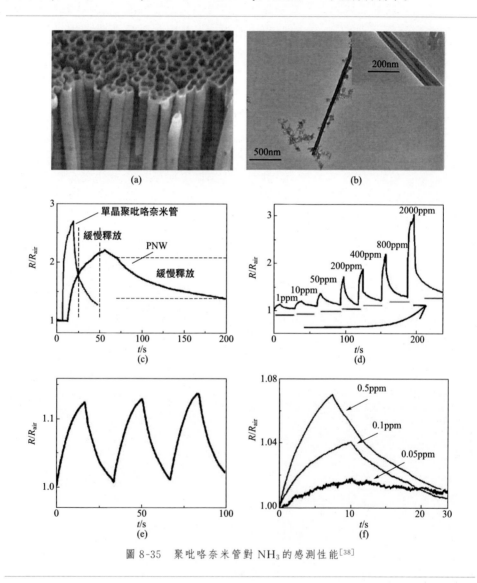

圖 8-35　聚吡咯奈米管對 NH$_3$ 的感測性能[38]

聚苯胺（PANI）最早於 1980 年代通過氧化聚合法在酸性條件下製備得到，具有極好的導電性與穩定性，其製備方法（與 PPy 一樣）主要有電化學聚合法

與化學聚合法，近年來也是研究最多的導電高分子之一。PANI 由還原單元苯二胺和氧化單元醌二亞胺兩部分組成，當兩者比例相同時導電性最好。當與氧化性氣體或者還原性氣體接觸時，PANI 的摻雜水平會發生改變，進而改變其導電性，基於這一現象可以實現氣體的檢測。Zhang 等[44]使用靜電紡絲法製備出 10-樟腦磺酸（HCSA）摻雜的 PANI 纖維，並研究了對 NH_3 以及 NO_2 的感測性能（圖 8-36）。他們發現，摻雜後的奈米纖維對 700ppm NH_3 靈敏度顯著提高，響應時間（45s±3s）以及恢復時間（63s±9s）變短。而未摻雜的 PANI 對 NO_2 有非常好的感測性能，對 50ppm NO_2 的電阻變化可以達到 5 個數量級，這在 NO_2 感測研究領域是最好的響應之一。此外，PANI 奈米纖維對 H_2 也表現出較好的響應，Arsat 等[45]發現利用電化學法製備的 PANI 奈米纖維在室溫下對 H_2 有較快的響應，對 1% H_2 的響應時間與恢復時間分別為 12s 與 44s。與 PPy 一樣，PANI 也常與其他氧化物材料複合，利用構築的異質結構實現氣敏性能的改善，如 $PANI/In_2O_3$[46]複合奈米線、$PANI/TiO_2$[47]複合奈米線等。

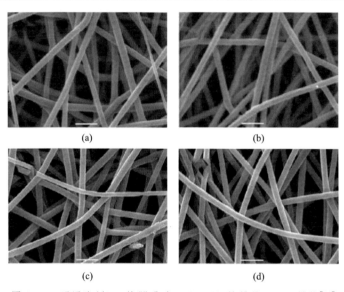

(a)　　　　　　　　　　(b)

(c)　　　　　　　　　　(d)

圖 8-36　不同比例 10-樟腦磺酸（HCSA）摻雜的 PANI 纖維[44]

由以上研究可知，導電高分子，尤其是以 PPy 與 PANI 為代表的功能奈米材料在氣敏感測研究領域已經越來越受到研究人員的關注。導電高分子不僅本身具有超靈敏檢測氣體（尤其是 NH_3 與 NO_2）的潛能，而且用於複合氣敏材料也展現出獨特的優勢。

8.2.4　貴金屬

　　貴金屬（如 Pt、Pd、Au、Ag 等）在氣敏感測領域起著至關重要的作用。由於自身的高催化活性，貴金屬一般作為敏化劑而存在，即通過貴金屬摻雜或者負載的方式來改善氣敏性能。目前以貴金屬為主體的氣敏研究大部分是 Pd 單質或者 Pd 合金的 H_2 感測研究，響應的主要機理是基於金屬 Pd 對 H_2 的特異性吸附形成 PdH_x，這一變化會導致電阻的變化，從而實現 H_2 檢測。Pd 薄膜氫氣感測器是研究較早的一類，然而由於在 Pd 薄膜表面 H_2 擴散係數較小，導致對 H_2 的靈敏度較低，且響應恢復也比較遲緩；此外經過多次循環測試後，Pd 薄膜容易發生褶皺與脫落。

　　近年來，為了改善 Pd 基氫氣感測器的性能，研究人員利用多種製備方法（如氧化鋁模板沉積、光刻奈米線電沉積以及電子束光刻等方法）製備出各種一維奈米結構，如奈米線、奈米帶以及奈米管等。Yeonho 等[48]利用電子束光刻技術電沉積製備出單根 Pd 奈米線（直徑為 70～300nm，長度達 $7\mu m$），在檢測 0.02％～10％ H_2 時，單根 Pd 奈米線表現出快速的響應行為（小於 300ms）以及超低的功耗（小於 25mW）。Yang 等[49]利用光刻奈米線電沉積製備出單根 Pd 奈米線，以其構築的氫氣感測器表現出快速的響應行為。對於多數 Pd 基氫氣感測器，在測試過程中會以 N_2 等惰性氣體作為載氣，而非在空氣中進行。然而，實際檢測都是在空氣氛圍中進行的，這就要充分考慮空氣中各種組分氣體如 O_2、SO_2、H_2S 等在 Pd 吸附 H_2 時對表面穩定態的干擾，進而影響 H_2 的吸附。為此，Yang 等首先利用光刻奈米線電沉積法製備出 Pd 奈米線，然後在液相環境下在 Pd 奈米線表面自組裝 ZIF-8 MOF 結構作為保護層（圖 8-37）。鑒於 MOF 結構的微孔結構，可以促進 H_2 的選擇性吸附，Pd 奈米線@ZIF-8 感測器對 H_2 的響應恢復行為顯著改善，對 1％ H_2 的響應時間與恢復時間分別為 7s 與 10s，約為原始 Pd 奈米線的 20 倍（響應時間與恢復時間分別為 164s 與 229s），此外對 H_2 的檢出限也顯著改善。Yang 等利用氧化鋁模板限域沉積法製備出排列有序的 Pd 奈米線矩陣（圖 8-38），並研究了單根以及多根 Pd 奈米線構築的氫氣感測器的性能。不同於大多 Pd 基氫氣感測器，他們研究了在寬溫度範圍下（370～120K）尤其是低於室溫下的 H_2 感測性能。研究顯示，單根 Pd 奈米線感測器在 370～287K 以及 273～120K 溫度範圍內，多根 Pd 奈米線感測器在 370～263K 以及 263～150K 溫度範圍內，展現了「相反的感測行為」。

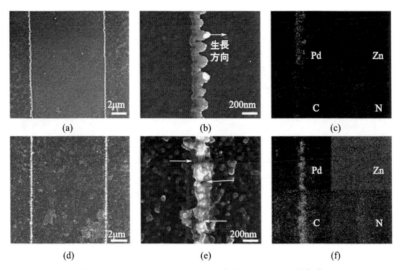

圖 8-37　不同厚度 MOF 保護層的 Pd 奈米線[50]

圖 8-38　採用氧化鋁模板沉積法製備的 Pd 奈米線矩陣形貌（標尺為 100nm）[51]

　　除了 Pd 奈米線外，Lim 等[52]利用濕化學模板法製備出 Pd 奈米管陣列，並研究了其 H_2 感測性能。他們首先使用水熱法在電極上原位生長出 ZnO 奈米線矩陣，然後以 ZnO 陣列為模板在其表面還原生長 Pd，最後溶解 ZnO 得到 Pd 奈米管陣列（圖 8-39）。構築的氫氣感測器陣列由於具有大的比表面積以及均勻有序性，對 H_2 表現出優異的響應行為，對 0.1％ H_2 的響應高達 1500％。將 Pd 奈米管陣列轉移到聚醯亞胺柔性基底上，感測器展現出優異的力學性能、高靈敏度、響應快、抗彎曲以及重量輕等優點。Y Pak 團隊[53]引入直接轉移技術製備出基於 Pd 奈米帶矩陣的超靈敏氫氣感測器。在這種陣列結構中，Pd 奈米帶之間存在小於 40nm 的間隙且數量可控，這就促使 Pd 在吸附氫氣相變過程中能夠實現穩定且可重複的感測行為。在 H_2 含量為 3％時，陣列感測器的響應高達 10^9％。在 H_2 含量為 10％時，響應時間與恢復時間分別為 3.6s 與 8.7s。

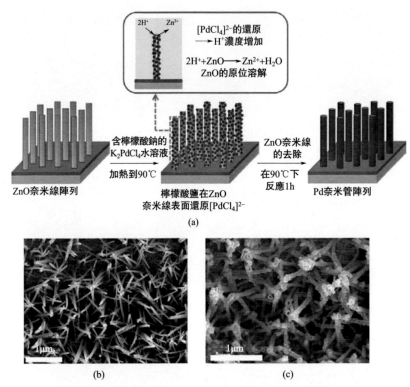

圖 8-39　Pd 奈米管陣列的製備與形貌特徵[52]

　　除了以上一維奈米結構，關於 Pd 奈米顆粒以及三維結構的感測研究亦有報導。Li 等[54]首先通過電泳沉積得到單根奈米碳管，然後以其為載體在其表面電沉積得到直徑小於 6 nm 的 Pd 奈米顆粒（均勻分散於奈米碳管表面）。Pd 奈米顆粒@奈米碳管相比於純 Pd 奈米顆粒響應值增大了 20～30 倍。Pd 基氫氣感測器容易受到 Pd 奈米結構的影響，因此 Pd 奈米結構的調控有助於改善活性與穩定性。鑒於此，Dong 等[55]報導了基於三維 Pd 奈米花的氣敏感測性能（圖 8-40）。他們首先利用化學氣相沉積法製備出石墨烯，然後使用電沉積法製備出三維 Pd 奈米花/石墨烯材料。鑒於石墨烯高的電子遷移率與三維 Pd 奈米花豐富的活性位點，感測器對 H_2 表現出高靈敏與可逆響應，尤其是最低檢出限為 0.1ppm。

　　合金化也是改善 Pd 氣敏性能的常用方法。Jang 等[56]通過光刻 Ag 奈米線電沉積以及後續置換反應製備出 Pd-Ag 合金奈米線。鑒於空心結構中大量的活性氣敏反應位點以及合金效應，Pd-Ag 合金感測器對 H_2 的靈敏度顯著提升，同時表現出快速的響應特性。此外，他們還研究了 Pt 修飾對 Pd 奈米線 H_2 氣敏性能的影響。首先通過光刻奈米線電沉積法製備出 Pd 奈米線，然後再次利用電沉積

法將 Pt 金屬層覆蓋於 Pd 表面。研究顯示，Pt 活性層可以加速 H_2 響應，在室溫下尤其是在 376K 溫度下降低了檢出限，而且響應時間、恢復時間縮短的同時並未降低靈敏度[57]。除了貴金屬合金化，利用非貴金屬與 Pd 的合金化來改善 H_2 感測性能也有相關的報導。Yang 等[58] 使用氧化鋁模板限域沉積法製備出 PdCu 合金奈米線，再利用濕法化學刻蝕過程製備出不同形貌特徵的 PdCu 多孔合金奈米線（圖 8-41）。得益於多孔形貌以及合金效應，PdCu 多孔合金奈米線更有利於 H_2 的吸附而改善靈敏度，同時發現在超低溫度（低於室溫）下對 H_2 的臨界檢測溫度降低，即拓寬了檢測溫度範圍。

圖 8-40　三維 Pd 奈米花對 H_2 的感測性能[55]

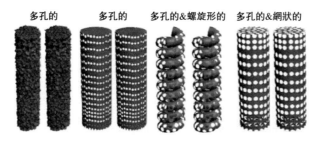

圖 8-41　不同形貌特徵的 PdCu 合金結構示意圖[58]

儘管關於 Pd 基氫氣感測器的研究取得了較大的進展，但是 Pd 在吸附大量氫氣時會導致在 α→β 相變過程中 Pd 奈米結構發生體積膨脹甚至破裂，進而影響感測器的長期穩定性與可靠性。除了 Pd 基氫氣感測器，以 Pt 為主體氣敏材料也有相關研究，然而不同於 Pd 基材料的響應機理，Pt 在響應 H_2 時是基於材料表面的吸附，因而不會產生體積膨脹問題。Yoo Hae-Wook 等[59] 利用結合光刻技術與二次濺射製備出均勻有序且週期性好的 Pt 奈米線陣列，這種 Pt 基氫氣感測器在室溫下對 H_2 表現出出色的響應，包括優異的響應恢復特性與可重複性，尤

其是超低的檢出限（1ppm）要比多數 Pd 基氫氣感測器優勢顯著。

8.2.5　新型二維材料

這類材料具有和石墨烯類似的二維層狀結構，研究對象包括金屬硫化物、金屬硒化物（研究相對較多）以及氮化碳、磷烯、二維過渡金屬碳化物/氮化物/碳氮化物（研究相對較少）等。這些材料兼具優異的半導體特性、超大的比表面積以及廣泛的化學成分和可調控的物理化學性能，促使它們成為頗具潛力的氣敏材料。

二硫化鉬（MoS_2）具有出色的電學性能，在氣敏研究領域得到更多關注，其氣敏響應機理與石墨烯類似，都是基於材料與氣體分子之間直接的電荷轉移。Cho 等[60]利用化學氣相沉積法製備出 MoS_2 薄膜並用於 NO_2 與 NH_3 的室溫檢測（圖 8-42）。鑒於 MoS_2 的 N 型特性，它響應 NO_2 時電阻增大而響應 NH_3 時電阻減小，且對 NO_2 的靈敏度顯著高於 NH_3。同時他們通過光致發光表徵以及理論研究闡述了 MoS_2 氣敏反應過程中的電荷轉移機理。此外，Liu Bilu 等[61]同樣使用化學氣相沉積法製備出單層 MoS_2 晶體管，這種具有肖特基特性的晶體管對 NO_2 與 NH_3 表現出超靈敏檢測，對兩者的最低檢出限為 20ppm 與 1ppm。出色的氣敏性能除了歸功於正常的電荷轉移機理外，肖特基勢壘對氣體吸附的調變也起重要作用。除了利用化學氣相沉積法，Li Hai 等[62]使用機械剝離法製備出 MoS_2 薄膜場效應晶體管。他們研究了薄膜層數對 NO 氣敏性能的影響，並發現擁有多層厚度的 MoS_2 比單層 MoS_2 靈敏度更高且檢出限更低。理論研究證實，相比於其他還原性氣體如 CO、NH_3 等，NO、NO_2 與 MoS_2 之間的結合能更高，這也是其高選擇性的原因。

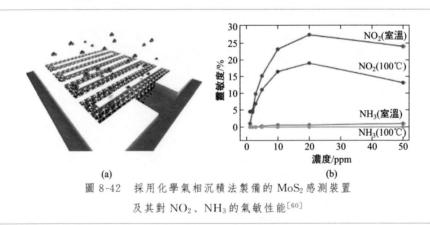

(a)　　　　　　　(b)

圖 8-42　採用化學氣相沉積法製備的 MoS_2 感測裝置
及其對 NO_2、NH_3 的氣敏性能[60]

由於大多基於單純 MoS_2 的氣敏性能並不理想，研究人員一般採用化學修飾法來改善。Baek 等[63]利用簡單的滴塗過程結合蒸發作用製備出 Pd 修飾的

MoS_2氣體感測器。單純的 MoS_2 對 1% H_2 無響應，而 Pd 修飾後相應的響應值為 35.3%。Shumao lui 等[64]利用濕化學方法合成出 SnO_2 奈米晶修飾的 MoS_2 奈米片（圖 8-43），複合材料表現出 P 型半導體特性，並且 SnO_2 的引入提高了 MoS_2 的穩定性；此外，改性的 MoS_2 表現出高靈敏度、優異的可重複性以及選擇性，最低檢出限可以達到 0.5ppm。儘管二維石墨烯的比表面積大，但是容易被汙染且發生團聚現象，類似的 MoS_2 也會有這樣的問題。鑒於此，構建以 MoS_2 奈米片為分級結構的三維結構是一種改善氣敏性能的方法。Li 等[65]以 PS 球為模板利用一步水熱法製備出奈米片自組裝而成的 MoS_2 空心球。這種三維空心結構暴露了更多的 MoS_2 邊緣活性位點，大的比表面積也促進了氣體吸附與擴散，相比於實心結構，對 NO_2 的氣敏響應增強了 3.1 倍；此外響應時間/恢復時間縮短、工作溫度降低、選擇性提高（圖 8-44）。

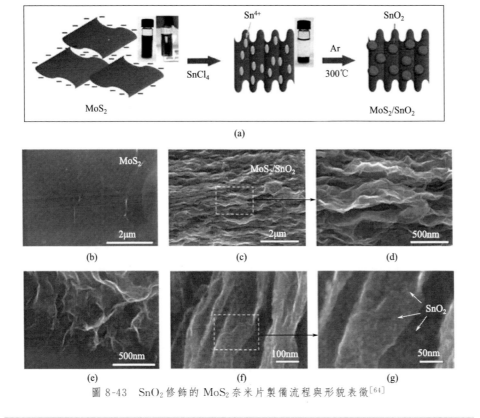

圖 8-43　SnO_2 修飾的 MoS_2 奈米片製備流程與形貌表徵[64]

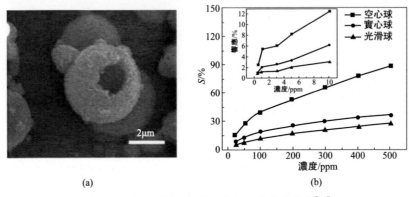

(a)　　　　　　　　　　　　　　　(b)

圖 8-44　空心 MoS₂ 奈米球對 NO₂ 的氣敏性能[65]

除 MoS₂ 外，WS₂ 也是氣敏研究較多的一種。Guo 等[66]首先將原子層沉積的 WO₃ 硫化得到 WS₂，然後通過 Ag 奈米線修飾得到表面功能化的 WS₂。單純的 WS₂ 對丙酮具有顯著的響應和良好的恢復行為，但是對 NO₂ 的恢復行為較差。採用 Ag 奈米線功能化之後，WS₂ 對 NO₂ 的響應時間顯著縮短，對其恢復行為也顯著改善，可以完全恢復到初始值。由此可見，這一類的功能化方法是改善二維過渡金屬硫化物氣敏性能的有效途徑，有助於對後續研究提供參考與借鑑。SnS₂ 也是二維金屬硫化物中的一員，並且近年來作為氣敏材料也常有研究。Chen 等[67]構築了單層懸浮 SnS₂ 超靈敏 NH₃ 感測器，在光激發條件下感測器表現出高靈敏度以及快速的響應與恢復，此外在室溫下對 NH₃ 的最低檢出限為 20ppm。Xiong 等[68]利用簡單的溶劑熱法製備出由奈米片自組裝而成的 SnS₂ 奈米花（圖 8-45），這種三維結構抑制了二維結構的團聚並提高了氣體吸附效率，促進了氣體的擴散，最終表現出優異的 NH₃ 感測性能。在 200℃ 溫度下檢測 100ppm NH₃ 時，感測器的靈敏度高達 7.4，響應時間與恢復時間分別為 40.6s 與 624s，而且感測器具有較低的檢出限（0.5ppm）以及出色的選擇性。另外，二維奈米金屬硒化物如採用機械剝離法製備的 GaSe[69]和採用化學氣相沉積法製備的 MoSe₂ 奈米薄膜[70]，近年來也有報導對 NH₃ 和 NO₂ 表現出較為靈敏的響應行為。

氮化碳（C₃N₄）也是一種二維層狀結構材料，但是與石墨烯相比具有更高的熱穩定性與化學穩定性。Wang 等[71]對尿素進行熱處理合成出多孔 C₃N₄，這種 P 型特性的半導體在室溫下可以高靈敏、高選擇性地檢測 NO₂ 氣體。多孔 C₃N₄ 中大量的吡啶氮被負電荷占據，這樣富電子的吡啶氮在吸附 NO₂ 時電子會流向 NO₂，最終實現 NO₂ 的高靈敏度與高選擇性。Tomer 等[72]引入了 Ag 奈米顆粒來修飾 C₃N₄，並研究了複合材料對乙醇的氣敏性能。Ag 奈米顆粒增強了表

面分子氧的解離吸附，也就是常見的化學敏化作用，從而顯著增強了氣敏性能。在 250℃檢測 50ppm 乙醇時，Ag/C_3N_4 響應靈敏度為 $R_a/R_g=49.2$，響應時間與恢復時間分別為 11.5s 與 7s；在較低溫度下（40℃），對乙醇也有明顯的響應，感測器也表現出良好的長期穩定性。另外，與石墨烯的作用類似，C_3N_4 作為修飾材料也常與其他敏感材料（尤其是金屬氧化物）進行複合，利用兩者的協同效應來實現氣敏性能的改善，這一類材料已有報導的有 C_3N_4/SnO_2[73,74]、C_3N_4/WO_3[75] 和 C_3N_4/Fe_2O_3[76] 等。

(a)　　　　　　　　　　　　　(b)

圖 8-45　三維 SnS_2 奈米花對 NH_3 的氣敏性能[68]

　　磷烯（Phosphorene）即為單層或者少層的黑磷，可以通過剝離黑磷而得到，具有與石墨烯類似的二維結構，近年來也被視為頗具潛力的氣敏材料。磷烯的氣敏響應機理也與石墨烯類似，都是基於氣體吸附時材料之間的電荷轉移引起的電阻變化。Kou 等[77]通過理論模擬表明，磷烯能夠有效吸附 CO、CO_2、NH_3、NO 以及 NO_2 分子，並且磷烯的吸附能力要好於石墨烯與 MoS_2。隨後，Cho 等[78]通過實驗測試了磷烯、石墨烯以及 MoS_2 的氣敏性能，並且發現磷烯對多種氣體的靈敏度很高，這也證實了 Kou 等的理論預測。事實上，Abbas 等[79]以及 Mayorga-Martinez 等[80]率先從實驗上研究了磷烯的氣敏性能。Zhou 等使用機械剝離法製備出多層磷烯的場效應晶體管感測器並將其用於 NO_2 的檢測，他們發現得到的磷烯能夠探測 5ppm 的 NO_2，這也證實了磷烯是最好的二維氣敏材料之一。

　　近年來，MXenes 系列二維材料在多個應用領域備受關注，尤其是在能源儲存方面，然而其在氣體感測領域的研究還處於起步階段。Xiao 等[81,82]通過理論模擬證實了單層 Ti_2CO_2 可以選擇性吸附 NH_3，而不是 H_2、CH_4、CO、CO_2、NO_2 等。E Lee 等[83]在實驗上驗證了 MXenes 材料的氣敏性能。他們發現，$Ti_3C_2T_x$ 奈米片呈現 P 型半導體特性，並且對乙醇、甲醇、丙酮以及 NH_3 存在廣泛的響應，其中對 NH_3 的響應最好，對丙酮的理論檢出限可達 9.27ppm。隨後，Kim 等[84]同樣證

實了 $Ti_3C_2T_x$ 優異的氣敏特性，他們製備的感測器在室溫下對 VOCs 氣體展現出高靈敏響應以及超高的信噪比。以上研究均表明了 MXenes 系列材料是一類優異的氣敏材料，並會在未來的研究中受到人們越來越多的關注。

8.2.6　奈米氣敏感測器的應用

以奈米材料為核心的高端奈米氣敏感測器具有靈敏度高、能耗低、穩定性優和可集成化的優點，在健康監測、食品、汽車、農業、工業安全、交通、航空航太等領域有廣泛的應用前景。

(1) 用於人體健康監測

近年來，研究發現可以通過呼出氣中的有機揮發物質（VOCs）生物標記來檢測人類特定疾病。相比於血液檢測、色譜和內窺鏡等傳統的檢測手段，氣敏感測器檢測呼出生物標記是一種具有無痛、便捷、迅速、經濟等優點的感測器。隨著物聯網的發展，醫生可以通過互聯網終端的氣敏感測器，達到在家隨時診斷的目的。圖 8-46 所示為呼吸系統產生生物標記示意圖。例如，呼出氣中的丙酮被公認為是糖尿病的標記，傳統方法如氣相色譜、血液檢測方法具有耗時多、成本高、病人痛苦指數高等缺點，採用氣敏感測器通過檢測丙酮生物標記來監測糖尿病，是國際物聯網發展的趨勢。

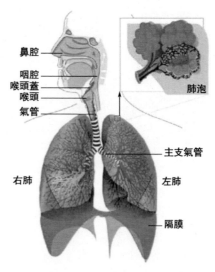

鼻腔
咽腔
喉頭蓋
喉頭
氣管

肺泡

主支氣管

右肺　　　　　　　　左肺

隔膜

圖 8-46　呼吸系統示意圖[85]

同樣道理，用於監測其他疾病的感測器還包括[86]氨（腎病）、一氧化碳（肺

部炎症）、二甲基硫醚（肝臟疾病）、乙烷（精神分裂症）、氰化氫（細菌感染）和一氧化氮（氣喘）等感測器。甚至，結合乳腺癌發病的病理學發展，採用監測生物標記壬烷（Nonane）、異丙醇（iso-Propyl Alcohol）、正庚醛（Heptanal）、肉荳蔻酸異丙酯（iso-Propyl Myristate）等揮發性產物作為基於電子鼻的乳腺癌呼吸診斷的主要揮發性標記，來監測正常人呼出的氣體與患者呼出的氣體是不一樣的。同樣，由於所患的病不同，不同患者呼出的氣體，成分及濃度也有差別。利用氣敏感測器檢測呼出氣體的成分及濃度，便可大致判斷患病情況（圖 8-47）。

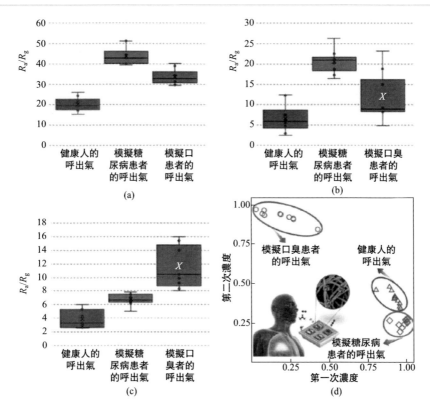

圖 8-47　真實和模擬（糖尿病患者和口臭患者）呼吸感應反應：(a) PtPd-WO$_3$ NFs 感測器；(b) PtRh-WO$_3$ NFs 感測器；(c) Pt/NiO-WO$_3$ NFs 感測器；(d) PCA 使用來自感測器陣列的數據集進行模式識別，評估真實和模擬（糖尿病患者和口臭患者）呼吸[87]

　　隨著數位科技和物聯網的發展，柔性氣敏感測器作為一種新型感測器，近年來在醫療保健、體育和安全等領域得到了廣泛的應用。柔性感測器具有高柔順性、長壽命、低重量、低成本等優點，與傳統的剛性電子感測器相比具有更廣闊

的應用前景。特別值得一提的是,可穿戴電子鼻引起了醫療保健行業的興趣,因為它可能有助於促進可穿戴設備如智慧手錶和智慧鞋等的應用。

科學家設計了一種緊湊型臂帶,適合於通過集成柔性列印化學感測裝置陣列來檢測腋臭。該感測器陣列可以響應各種複雜的氣味,並安裝在一個可穿戴電子鼻的原型上,以監測從人體釋放出的腋臭,通過對人體體味的監測實現對人們健康狀況的監測。可穿戴電子鼻根據不同活動的皮膚,對不同的腋臭和揮發物的釋放量進行分類,如圖 8-48 所示。不僅如此,在未來的裝置發展過程中,甚至可製作出與物聯網相連接的可穿戴裝置,如圖 8-49 所示。

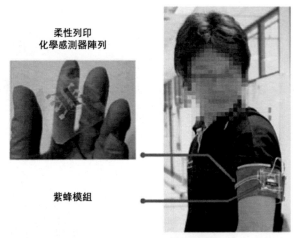

柔性列印
化學感測器陣列

紫蜂模組

圖 8-48　基於集成在 ZigBee 無線網路中的柔性噴墨列印
化學感測器陣列的可穿戴電子鼻原型[88]

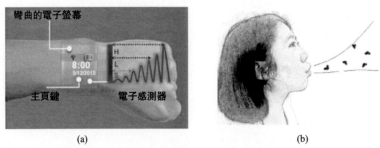

彎曲的電子螢幕

主頁鍵　　　　　　電子感測器

(a)　　　　　　　　　　　　(b)

圖 8-49　(a)集成到可穿戴設備中的靈活透明電子感測器;
(b)監測呼出氣體,指示空氣汙染水平或人體生理狀態
(S:安全;L:低毒;H:高毒)[89, 90]

（2）用於食品安全監測

食品安全問題已經成為全社會共同關注的焦點話題。人們對於綠色健康新鮮食品的期望越來越高。如何有效地儲存並保鮮食品是十分重要的。對於水果來說，一旦過了新鮮期，不但口感和營養成分變差，甚至引發胃腸道疾病。氣敏感測器由其結構簡單、價格便宜、靈敏度高的特點，被廣泛應用到食品檢測的領域。如有研究顯示，可以用純石墨粉末為原料，研製出一種基於氧化石墨烯的導電型顆粒感測器，該氣敏感測器在室溫下的密閉空間中對水果釋放的乙烯氣體能快速響應，感測器的電導率隨乙烯氣體釋放量的變化而變化，可以清楚地分辨出未成熟的水果和成熟的水果，如圖 8-50 所示為石榴和香蕉成熟狀態的辨別。

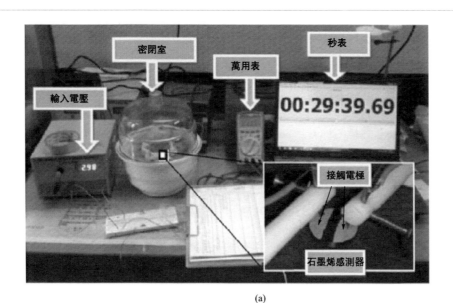

(a)

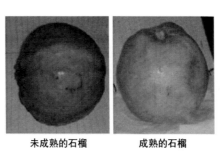

|未成熟的石榴|成熟的石榴|

(b)

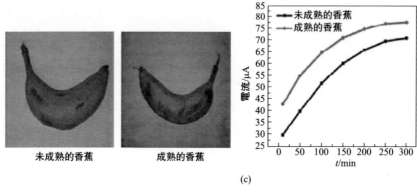

未成熟的香蕉　　　　　成熟的香蕉

(c)

圖 8-50　氧化石墨烯氣敏感測器裝置對石榴和香蕉的成熟狀態的識別

(3) 用於居住環境監測

　　對氣體的監測已經是保護和改善人們居住環境不可缺少的手段，氣敏感測器起著極其重要的作用。隨著現代化生活水平的提高和室外空氣汙染的加劇，人們對於室內空氣品質的要求越來越高。室內主要的有害氣相汙染源來自廚房不完全燃燒產生的一氧化碳（CO）、長期密閉空調環境聚集的二氧化碳（CO_2）以及裝潢材料散發出來的甲醛等。即時監測室內空氣中的有害氣體含量可以保護身體健康、改善生活質量、保障家居安全等，甚至與物聯網技術融合，實現使用者對居住環境進行即時監測和預警等功能（圖 8-51）[91,92]。

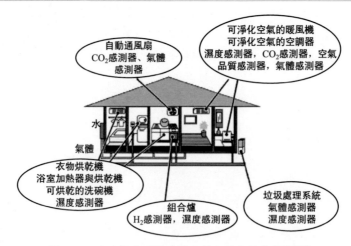

圖 8-51　在房屋的不同地點安裝各種氣敏感測器[91]

(4) 用於汽車尾氣監測

汽車尾氣是空氣汙染的主要來源之一，嚴重影響了人類健康。因此，利用氣敏感測器監測汽車尾氣是十分必要的。

將新的基於 TENG 技術的自動化學感測系統應用於電動汽車尾氣監測系統（圖 8-52）中，對汽車排放的有毒氣體進行監測取得了較好的效果，為汽車尾氣監測提供了一種新的思路和方法。在汽車工程上安裝垂直接觸分離式 TENG，串聯電阻式 NO$_2$ 感測器作為排氣監測器，商用 LED 並聯作為警報器，分別與 TENG 連接。車輛啟動時，TENG 為氣敏感測器供電，TENG 的輸出電壓隨氣

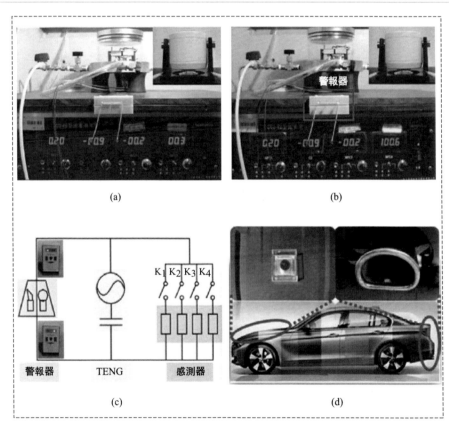

(a)   (b)

(c)   (d)

圖 8-52　摩擦電自動車輛排放測試系統結構圖：（a）摩擦電自動氣體測試系統結構圖，其中氣流通過測試室時，三個串聯 LED 失效；（b）當 100ppm NO$_2$ 注入測試室時，三個串聯 LED 被點亮；（c）實際應用的自供電車輛排放測試電路圖；（d）基於汽車發動機振動的整個摩擦電電動機自動車輛排放測試系統結構圖[93]

敏感測器工作狀態的變化而變化，直接反映 LED 的開關狀態。其工作機理可歸結為 TENG 和負載電阻之間的特定輸出特性的耦合。

本章小結

當前感測器在中國快速發展的自動化產業、智慧城市建設等方面得到了迅速的發展。特別是高端氣敏感測器的產業化進程，在物聯網推動下，其在人體健康、環境監測等領域將有極大的應用。中國感測器行業未來發展方向如下。

其一，向小型化、低功耗化、集成化方向發展。奈米材料的發展促使氣敏感測器向小型化、柔性化和產業化發展，成本更低廉。反過來，氣敏感測器的小型化也促進奈米氣敏材料的快速進步。尤其，MEMS 電極技術加速了氣敏感測器的小型化和低功耗化。大型電路的集成技術在提供可靠性的同時，也推動元件與感測器的集成化。

其二，研發極端條件下的高端感測器。無論與人體健康監測相關還是與工業化發展相關的高性能感測器，一方面要求奈米材料與技術、氣敏原理、感測器設計滿足更高端的要求；另一方面根據氣敏感測器的發展要求，不僅要求有高的靈敏度、選擇性，而且要求有高的穩定性，特別是在低溫等苛刻條件下。感測器的發展要求也推動了中國科學家和相關企業進行技術攻關，研發具有中國自主智慧財產權的原創性技術和產品。

其三，發展物聯網技術和培養高端氣敏人才。以集成化、智慧化和網路化技術為先導的物聯網技術，提升了製造工藝和新型感測器元件的研發。MEMS 技術的發展，使中國高端產品逐漸接近和達到國外同類產品的先進水平。中國大學和研究所等科學研究團隊逐漸培養了具有先進專業知識的高端氣敏人才。

———

參考文獻

———

[1]　孫立臣, 竇仁超, 劉興悅, 等. 氣體傳感器在國外航天器上的應用. 儀器儀表學報, 2016, 37: 1187-1200.

[2]　Tetsuro Seiyama, Akio Kato. Kiyoshi Fujiishi & Masanori Nagatani. A new detector for gaseous components using semiconductive thin films. Analytical Chemistry, 1962, 34: 1502-1503.

[3] P. J. Shaver. Activated Tungsten Oxide Gas Detectors. Applied Physics Letters, 1967, 11 (8) : 255-257.

[4] Hyo-Joong Kim, Jong-Heun Lee. Highly sensitive and selective gas sensors using p-type oxide semiconductors: overview. Sensors Actuators B: Chemical, 2014, 192: 607-627.

[5] L. Wang, Z. Lou, R. Zhang, et al. Hybrid Co₃O₄/SnO₂ Core-Shell Nanospheres as Real-Time Rapid-Response Sensors for Ammonia Gas. ACS applied materials &. interfaces, 2016, 8 (10) : 6539-6545.

[6] Bingqian Han, Xu Liu, Xinxin Xing, et al. A high response butanol gas sensor based on ZnO hollow spheres. Sensors and Actuators B: Chemical, 2016, 237: 423 -430.

[7] Dong Chen, Jianshu Liu, Peng Wang, et al. Fabrication of monodisperse zirconia-coated core-shell and hollow spheres in mixed solvents. Colloids and Surfaces A: Physicochemical and Engineering Aspects, 2007, 302: 461-466.

[8] S. Vetter, S. Haffer, T. Wagner, et al. Nanostructured Co₃O₄ as a CO gas sensor: Temperature-dependent behavior. Sensors and Actuators B: Chemical, 2015, 206: 133 -138.

[9] Lichao Jia, Weiping Cai. Micro/Nano-structured ordered porous films and their structurally induced control of the gas sensing performances. Advanced Functional Materials, 2010, 20: 3765-3773.

[10] Xinran Zhou, Xiaowei Cheng, Yongheng Zhu, et al. Ordered porous metal oxide semiconductors for gas sensing. Chinese Chemical Letters, 2018, 29: 405-416.

[11] Shuai Liang, Jianping Li, Fei Wang, et al. Highly sensitive acetone gas sensor based on ultrafine α-Fe₂O₃ nanoparticles. Sensors and Actuators B: Chemical, 2017, 238: 923-927.

[12] Ye-Qing Zhang, Zhe Li, Tao Ling, et al. Superior gas-sensing performance of a-morphous CdO nanoflake arrays prepared at room temperature. Journal of Materials Chemistry A, 2016, 4: 8700-8706.

[13] Xiumei Xu, Haijiao Zhang, Xiaolong Hu, et al. Hierarchical nanorod-flowers indium oxide microspheres and their gas sensing properties. Sensors and Actuators B: Chemical, 2016, 227: 547-553.

[14] Shouli Bai, Yaqiang Ma, Xin Shu, et al. Doping metal elements of WO₃ for enhancement of NO₂-Sensing performance at room temperature. Industrial &. Engineering Chemistry Research, 2017, 56, 2616-2623.

[15] Peng Sun, Chen Wang, Xin Zhou, et al. Cu-doped α-Fe₂O₃ hierarchical micro cubes: Synthesis and gas sensing properties. Sensors and Actuators B: Chemical, 2014, 193, 616-622.

[16] A. K. Nayak, R. Ghosh, S. Santra, et al. Hierarchical nanostructured WO₃-SnO₂ for selective sensing of volatile organic compounds. Nanoscale, 2015, 7: 12460-12473.

[17] C. Wang, X. Cheng, X. Zhou, et al. Hierarchical alpha-Fe₂O₃/NiO composites with a hollow structure for a gas sensor. ACS applied materials &. interfaces, 2014, 6: 12031-12037.

[18] Shouli Bai, Yanli Tian, Meng Cui, et al. Polyaniline@ SnO₂ heterojunction loading on flexible PET thin film for detection of NH₃ at room temperature. Sensors and Actuators B: Chemical, 2016, 226: 540 -547.

[19] Su Zhang, Peng Song, Jia Li, et al.

Facile approach to prepare hierarchical Au-loaded In_2O_3 porous nanocubes and their enhanced sensing performance towards formaldehyde. Sensors and Actuators B: Chemical, 2017, 241: 1130-1138.

[20] Jing Guo, Jun Zhang, Haibo Gong, et al. Au nanoparticle-functionalized 3D SnO_2 microstructures for high performance gas sensor. Sensors and Actuators B: Chemical, 2016, 226: 266-272.

[21] Zhihua Wang, Heng Zhou, Dongmei Han et al. Electron compensation in p-type 3DOM NiO by Sn doping for enhanced formaldehyde sensing perform-ance. Journal of Materials Chemistry C, 2017, 5: 3254-3263.

[22] Jianan Deng, Lili Wang, Zheng Lou, et al. Design of $CuO-TiO_2$ heterostructure nanofibers and their sensing performance. J. Mater. Chem. A, 2014, 2: 9030-9034.

[23] D. X. Ju, H. Y. Xu, Z. W. Qiu, et al. Near Room Temperature, Fast-response, and highly sensitive triethylamine sensor assembled with au-loaded ZnO/SnO_2 core-shell nanorods on flat alumina substrates. ACS Applied Materials & Interfaces, 2015, 7: 19163-19171.

[24] Yusuf Valentino Kaneti, Julien Moriceau, Minsu Liu, et al. Hydrothermal synthesis of ternary α-Fe_2O_3-ZnO-Au nanocomposites with high gas-sensing performance. Sensors and Actuators B: Chemical, 2015, 209: 889-897.

[25] Schedin F, Geim A K, Morozov S V, et al. Detection of individual gas molecules adsorbed on graphene. Nature Materials, 2006, 6: 652-655.

[26] H. Choi, J. S. Choi, J. S. Kim, et al. Flexible and transparent gas molecule sensor integrated with sensing and heating graphene layers. Small, 2015, 10: 3812-3812.

[27] Jin Wu, Shuanglong Feng, Xingzhan Wei, et al. Facile synthesis of 3D graphene flowers for ultrasensitive and highly reversible gas sensing. Advanced Functional Materials, 2016, 26: 7462-7469.

[28] Stefano Prezioso, Francesco Perrozzi, Luca Giancaterini, et al. Graphene oxide as a practical solution to high sensitivity gas sensing. Journal of Physical Chemistry C, 2013, 117: 10683-10690.

[29] Jianwei Wang, Budhi Singh, Jin Hyung Park, et al. Dielectrophoresis of graphene oxide nanostructures for hydrogen gas sensor at room temperature. Sensors & Actuators B Chemical, 2014, 194, 296-302.

[30] Lu Ganhua, Leonidas E Ocola, et al. Reduced graphene oxide for room-temperature gas sensors. Nanotechnology, 2009, 20: 445502.

[31] J. T. Robinson, F. K. Perkins, E. S. Snow, et al. Reduced graphene oxide molecular sensors. Nano Letters, 2008, 8: 3137-3140.

[32] Zhuo Chen, Jinrong Wang, Douxing Pan, et al. Mimicking a Dog's Nose: Scrolling Graphene Nanosheets. ACS Nano, 2018, 12: 2521-2530.

[33] Alizadeh Taher, Ahmadian Farzaneh. Thiourea-treated graphene aerogel as a highly selective gas sensor for sensing of trace level of ammonia. Analytica Chimica Acta, 2015, 897: 87-95.

[34] Jin Wu, Kai Tao, Yuanyuan Guo, et al. A 3D chemically modified graphene hydrogel for fast, highly sensitive, and selective gas sensor. Advanced Science, 2017, 4: 2521.

[35] Fang Niu, Li Ming Tao, Yu Chao Deng, et al. Phosphorus doped graphene nanosheets for room temperature NH_3 sensing. New Journal of Chemistry, 2014, 38: 2269-2272.

[36] Fang Niu, Jin-Mei Liu, Li-Ming Tao, et al. Nitrogen and silica co-doped graphene nanosheets for NO_2 gas sensing. Journal of Materials Chemistry A, 2013, 1: 6130 -6133.

[37] Laith Al-Mashat, Catherine Debiemme-Chouvy, Stephan Borensztajn, et al. Electropolymerized polypyrrole nanowires for hydrogen gas sensing. Journal of Physical Chemistry C, 2012, 116: 13388-13394.

[38] M. Xue, F. Li, D. Chen, et al. High-oriented polypyrrole nanotubes for next-generation gas sensor. Advanced Materials, 2016, 28: 8265-8270.

[39] Lee Jun Seop, Jun Jaemoon, Shin Dong Hoon, et al. Urchin-like polypyrrole nanoparticles for highly sensitive and selective chemiresistive sensor application. Nanoscale, 2014, 6: 4188 -4194.

[40] Tingting Jiang, Zhaojie Wang, Zhenyu Li, et al. Synergic effect within n-type inorganic-p-type organic nano-hybrids in gas sensors. Journal of Materials Chemistry C, 2013, 1: 3017-3025.

[41] A. T. Mane, S. T. Navale, Shashwati Sen, et al. Nitrogen dioxide (NO_2) sensing performance of p-polypyrrole/n-tungsten oxide hybrid nanocomposites at room temperature. Organic Electronics, 2015, 16: 195-204.

[42] S. T. Navale, G. D. Khuspe, M. A. Chougule, et al. Room temperature NO_2 gas sensor based on PPy/α-Fe_2O_3 hybrid nanocomposites. Ceramics International, 2014, 40: 8013-8020.

[43] Jianhua Sun, Shu Xin, Yanli Tian, et al. Facile preparation of polypyrrole-reduced graphene oxide hybrid for enhancing NH_3 sensing at room temperature. Sensors & Actuators B Chemical, 2017, 241: 658-664.

[44] Yuxi Zhang, Jae Jin Kim, Di Chen, et al. Electrospun polyaniline fibers as highly sensitive room temperature chemiresistive sensors for ammonia and nitrogen dioxide gases. Advanced Functional Materials, 2014, 24: 4005-4014.

[45] R. Arsat, X. F. Yu, Y. X. Li, et al. Hydrogen gas sensor based on highly ordered polyaniline nanofibers. Sensors & Actuators B Chemical, 2009, 137: 529 -532.

[46] A. Z. Sadek, W. Wlodarski, K. Shin, et al. A layered surface acoustic wave gas sensor based on a polyaniline/In_2O_3 nanofibre composite. Nanotechnology, 2006, 17, 4488.

[47] Jian Gong, Yinhua Li, Zeshan Hu, et al. Ultrasensitive NH_3 gas sensor from polyaniline nanograin enchased TiO_2 Fibers. The Journal of Physical Chemistry C, 2010, 114: 9970-9974.

[48] Im Yeonho, Lee Choonsup, Richard P Vasquez, et al. Investigation of a single Pd nanowire for use as a hydrogen sensor. Small, 2010, 2: 356-358.

[49] F. Yang, D. K. Taggart, R. M. Penner. Fast, sensitive hydrogen gas detection using single palladium nanowires that resist

fracture. Nano Letters, 2009, 9: 2177.

[50] W. T. Koo, S. Qiao, A. F. Ogata, et al. Accelerating palladium nanowire H₂ sensors using engineered nanofiltration. Acs Nano, 2017, 11: 199 -201.

[51] Dachi Yang, Luis Valen**í**n, Jennifer Carpena, et al. Temperature-activated reverse sensing behavior of Pd nanowire hydrogen sensors. Small, 2013, 9: 188-192.

[52] Lim Mi Ae, Kim Dong Hwan, Park Chong-Ook, et al. A new route toward ultrasensitive, flexible chemical sensors: metal nanotubes by wet-chemical synthesis along sacrificial nanowire templates. Acs Nano, 2012, 6: 598-608.

[53] Y Pak, N Lim, Y Kumaresan, et al. Palladium nanoribbon array for fast hydrogen gas sensing with ultrahigh sensitivity. Advanced Materials, 2016, 27: 6945 -6952.

[54] Li X, Thai M L, Dutta R K, et al. Sub-6 nm palladium nanoparticles for faster, more sensitive H₂ detection using carbon nanotube ropes. Acs Sensors, 2017, 2 (2), 282.

[55] Hoon Shin Dong, Jun Seop Lee, Jaemoon Jun, et al. Flower-like palladium nanoclusters decorated graphene electrodes for ultrasensitive and flexible hydrogen gas sensing. Scientific Reports, 2015, 5, 12294.

[56] J. S. Jang, S. Qiao, S. J. Choi, et al. Hollow Pd-Ag composite nanowires for fast responding and transparent hydrogen sensors. Acs Applied Materials & Interfaces, 2017, 9, 39464.

[57] Li Xiaowei, Liu Yu, John C Hemminger, et al. Catalytically activated palladium @ platinum nanowires for accelerated hydrogen gas detection. Acs Nano, 2015, 9, 3215-3225.

[58] D. Yang, L. F. Fonseca. Wet-chemical approaches to porous nanowires with linear, spiral, and meshy topologies. Nano Letters, 2013, 13, 5642-5646.

[59] Yoo Hae-Wook, Cho Soo-Yeon, Jeon Hwan-Jin, et al. Well-defined and high resolution Pt nanowire arrays for a high performance hydrogen sensor by a surface scattering phenomenon. Analytical Chemistry, 2015, 87, 1480-1484.

[60] Byungjin Cho, Myung Gwan Hahm, Minseok Choi, et al. Charge-transfer-based gas sensing using atomic-layer MoS₂. Scientific Reports., 2015, 5: 8052.

[61] Liu Bilu, Chen Liang, Liu Gang, et al. High-performance chemical sensing using Schottky-contacted chemical vapor deposition grown monolayer MoS₂ transistors. Acs Nano, 2014, 8. 5304.

[62] Li Hai, Yin Zongyou, He Qiyuan, et al. Fabrication of single- and multilayer MoS₂ film-based field-effect transistors for sensing NO at room temperature. Small, 2012, 8 (1): 63-67.

[63] Dae Hyun Baek, Jongbaeg Kim. MoS₂ gas sensor functionalized by Pd for the detection of hydrogen. Sensors & Actuators B Chemical, 2017, 250: 2316.

[64] Shumao Cui, Zhenhai Wen, Xingkang Huang, et al. Stabilizing MoS₂ nanosheets through SnO₂ nanocrystal decoration for high-performance gas sensing in air. Small, 2015, 11: 2305-2313.

[65] Yixue Li, Zhongxiao Song, Yanan Li, et al. Hierarchical hollow MoS₂ micro-

spheres as materials for conductometric NO₂ gas sensors. Sensors and Actuators B: Chemical, 2016, 282: 259-267.

[66] Donghui Guo, Riku Shibuya, Chisato Akiba, et al. Active sites of nitrogen-doped carbon materials for oxygen reduction reaction clarified using model catalysts. Science, 2016, 351: 361-365.

[67] Huawei Chen, Yantao Chen, Heng Zhang, et al. Suspended SnS₂ Layers by Light Assistance for Ultrasensitive Ammonia Detection at Room Temperature. Advanced Functional Materials, 2018, 28: 1801035.

[68] Ya Xiong, Wangwang Xu, Degong Ding, et al. Ultra-sensitive NH₃ sensor based on flower-shaped SnS₂ nanostructures with sub-ppm detection ability. Journal of Hazardous Materials, 2017, 341: 159.

[69] Yecun Wu, Duan Zhang, Kangho Lee, et al. Quantum confinement and gas sensing of mechanically exfoliated GaSe. Advanced Materials Technologies, 2016, 2, 1600197.

[70] Jongyeol Baek, Demin Yin, Na Liu, et al. A highly sensitive chemical gas detecting transistor based on highly crystalline CVD-grown MoSe₂ films. Nano Research, 2017, 10: 2904.

[71] Donghong Wang. Novel C-rich carbon nitride for room temperature NO₂ gas sensors. Rsc Advances, 2014, 4: 18003-18006.

[72] Tomer V K, Malik R, Kailasam K. Near-room-temperature ethanol detection using Ag-loaded Mesoporous Carbon Nitrides. ACS Omega, 2017, 2 (7) : 3658-3668.

[73] Jing Hu, Cheng Zou, Yanjie Su, et al. One-step synthesis of 2D C₃N₄-tin oxide gas sensors for enhanced acetone vapor detection. Sensors and Actuators B: Chemical, 2017, 253: 641-651.

[74] Y. Wang, J. Cao, C. Qin, et al. Synthesis and enhanced ethanol gas sensing properties of the g-C₃N₄ nanosheets-decorated tin oxide flower-Like nanorods composite. Nanomaterials, 2017, 7: 285.

[75] Ding Wang, Shimeng Huang, Huijun Li, et al. Ultrathin WO₃ nanosheets modified by g-C₃N₄ for highly efficient acetone vapor detection. Sensors and Actuators B: Chemical, 2019, 282: 961-971.

[76] Yujing Zhang, Dingke Zhang, Weimeng Guo, et al. The α-Fe₂O₃/g-C₃N₄ heterostructural nanocomposites with enhanced ethanol gas sensing performance. Journal of Alloys and Compounds, 2016, 685: 84-90.

[77] Liangzhi Kou, Thomas Frauenheim, Changfeng Chen. Phosphorene as a superior gas sensor: Selective adsorption and distinct I-V response. The Journal of Physical Chemistry Letters, 2014, 5: 2675-2681.

[78] S. Y. Cho, Y Lee, H. J. Koh, et al. Superior chemical sensing performance of black phosphorus: comparison with MoS₂ and graphene. Advanced Materials, 2016, 28: 7020-7028.

[79] Ahmad N. Abbas, Bilu Liu, Liang Chen, et al. Black Phosphorus gas sensors. ACS Nano, 2015, 9: 5618-5624.

[80] Mayorga-Martinez C C, Sofer Z, Pumera M. Layered black phosphorus as a selective vapor sensor. Angewandte Chemie International Edition, 2015, 54: 14317-14320.

[81] Bo Xiao, Yan-chun Li, Xue-fang Yu, et

al. MXenes: Reusable materials for NH$_3$ sensor or capturer by controlling the charge injection. Sensors and Actuators B: Chemical, 2016, 235: 103-109.

[82] Xue Fang Yu, Yanchun Li, Jian Bo Cheng, et al. Monolayer Ti$_2$CO$_2$: A promising candidate for NH$_3$ sensor or capturer with high sensitivity. Acs Applied Materials & Interfaces, 2015, 7: 1830.

[83] E Lee, A Vahidmohammadi, B. C. Prorok, et al. Room temperature gas-sensing of two-dimensional titanium carbide (MXene). Acs Applied Materials & Interfaces, 2017, 9: 298.

[84] S. J. Kim, H. J. Koh, C. E. Ren, et al. Metallic Ti$_3$C$_2$T$_x$ mXene gas sensors with ultrahigh signal-to-noise ratio. Acs Nano, 2018, 12: 315.

[85] Anna Staerz, Udo Weimar, Nicolae Barsan. Understanding the potential of WO3 based sensors for breath analysis. Sensors, 2016, 16: 1815.

[86] Marco Righettoni, Anton Amann, Sotiris E Pratsinis. Breath analysis by nanostructured metal oxides as chemo-resistive gas sensors. Mater. Today, 2015, 18: 163-171.

[87] Sang-Joon Kim, Seon-Jin Choi, Ji-Soo Jang, et al. Exceptional high-performance of Pt-based bimetallic catalysts for exclusive detection of exhaled biomarkers. Adv. Mater, 2017, 29: 1700737.

[88] Mintu Mallick, Syed Minhaz Hossain, Jayoti Das. Graphene oxide based fruit ripeness sensing e-Nose. Materials Today: Proceedings, 2018, 5: 9866-9870.

[89] Panida Lorwongtragool, Enrico Sowade, Natthapol Watthanawisuth, et al. A novel wearable electronic nose for healthcare based on flexible printed chemical sensor array. Sensors, 2014, 14: 19700.

[90] Ting Wang, Yunlong Guo, Pengbo Wan, et al. Flexible transparent electronic gas sensors. Small, 2016, 12: 3748-3756.

[91] Noboru Yamazoe. Toward innovations of gas sensor technology. Sensors Actuators B: Chem., 2005, 108: 2-14.

[92] Jinming Jian, Xishan Guo, Liwei Lin, et al. Gas-sensing characteristics of dielectrophoretically assembled composite film of oxygen plasma-treated SWCNTs and PEDOT/PSS polymer. Sensors Actuators B: Chem., 2017, 178, 279-288.

[93] Qingqing Shen, Xinkai Xie, Mingfa Peng, et al. Self-powered vehicle emission testing system based on coupling of triboelectric and chemoresistive effects. Adv. Funct. Mater, 2018, 28: 1703420.

奈米裝置與智慧生活

9.1　智慧生活

　　近年來，智慧生活逐漸成為人們對生活方式的新的定義，體現了人們對高品質生活體驗的追求。智慧生活正引領著全新的生活理念，而奈米技術在其中扮演著非常重要的角色。2017 年 10 月，蘇州誕生了中國首個奈米智慧生活體驗館，囊括了 80 多家百餘款奈米技術應用產品，融合了物聯網、感測器、智慧硬體、智慧家庭、服務與應用場景、半導體 IC 核心技術等智慧產業。隨著奈米技術的發展和日益成熟，奈米材料和裝置不僅為人們提供了更為豐富和優異的功能，也讓人們的生活變得更加「智慧」。

9.1.1　奈米裝置與物聯網系統

　　物聯網（Internet of Things，IoT）是在互聯網的基礎上發展起來並延伸和擴展的網路。物聯網是面向實體世界，以感知互動為目的，具備社會化屬性的綜合系統[1]。物聯網更加強調人類社會生活的各個方面、國民經濟的各個領域廣泛與深入的應用。物聯網在互聯網基礎上將使用者端延伸和擴展到物品與物品，實現了資訊的交換和通訊[2]。物聯網是一種智慧資訊服務系統[3]。物聯網系統主要包括感知識別層、網路傳輸層、應用支援層和應用介面層，各層之間的資訊（包括在特定應用系統範圍內能唯一標識物品的識別碼和物品的靜態與動態資訊）不僅能單向傳遞，而且能實現互動和控制等作用。物聯網的基礎是感知技術，感測器作為資訊源，不同類別的感測器能夠即時捕獲不同內容、不同格式的資訊（圖 9-1）[4,5]。物聯網的支援環境是計算機網路、行動通訊網路及其他可以用於物聯網數據傳輸的網路，能將從感測器感知到的資訊即時準確地傳遞出去。物聯網的核心價值體現在對自動感知的海量數據的智慧處理，能對從感測器獲得的海量數據進行分析、加工、並處理成有意義的數據，用來滿足不同使用者群體的需要並開發新的應用領域和應用模式。物聯網作為一種新的計算模式，使人類對客觀世界具有更透徹的感知能力、更全面的認知能力和更智慧的處理能力，可以提

高人類的生產力、效率和效益，並且進一步改善人類社會發展與地球生態之間可持續發展的和諧關係。

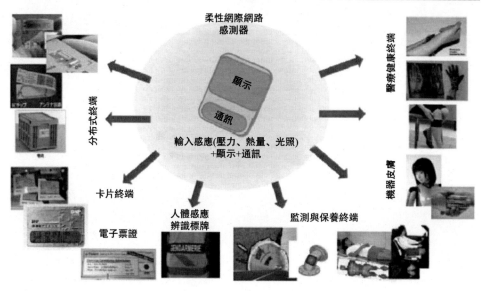

圖 9-1　物聯網感測器[5]

奈米技術研究結構尺寸在 0.1～100nm 範圍內的材料性質和應用，奈米技術融合了介觀物理、量子力學、分子生物學、微電子、混沌物理和計算機等學科，將引發奈米物理學、奈米化學、奈米電子學、奈米生物學和奈米加工等技術[5]。奈米材料憑藉其異於塊體材料的優異性能，已經廣泛地應用於微電子、電力、製造業、生物醫藥學、化學、環境監測、能源、交通、農業和日常生活等領域。基於奈米材料和奈米技術製備得到的奈米感測器，通過物理、化學、生物的感知點來傳達外部宏觀世界的資訊，可用來監測壓力、質量、位移、速度、溫度、氣味、光強、聲音。具體來說，奈米感測器可以像昆蟲一樣，感知環境中細微的震動；可以像小狗一樣，感受分子量級的氣味；可以精確定位體內細胞並測量細胞的溫度、濃度和體積；可以檢測脫氧核糖核酸（DNA）等[5]。奈米感測器具有感知能力強、體積小、節能的特點，可利用太陽能供電，解決無線感測器網路的能量來源，延長其生存時間。採用奈米技術可以製造體積很小，但儲存容量達萬億位數據的儲存器，如奈米碳管（CNT）可用來開發只有其自身 1/500 大小的微處理器，不僅處理速度高而且能耗極低。2017 年 1 月 6 日，長虹通訊在美國發佈了搭載小型化分子光譜感測器的全球首款分子識別手機「長虹 H2」，能夠對果蔬糖分和水分、藥品真偽、皮膚年齡和酒類品質等提供檢測功能。利用奈米感測器體積小的優點可以實現許多全新的功能，便於大批量和高精度生產，單件成本低，易構成大規模和多功能陣列[5]。

　　微機電系統（Micro Electro Mechanical Systems，MEMS）技術的發展，為感測器節點的智慧化、小型化和功率的不斷降低製造了成熟的條件，而集成度更高的奈米機電系統（Nano-Electromechanical System，NEMS）具有微型化、智慧化、多功能、高集成度和大批量生產等特點，使得製造和應用奈米感測器成為可能。奈米技術和物聯網結合的奈米物聯網（Internet of Nano Things，IoNT）不僅能將物聯網範圍擴展到微觀領域，而且能增強物聯網終端的感測功能和網路傳輸能力，並開發出新的應用。柔性感測器隨著物聯網的發展，將會應用在各種領域並出現巨大的市場需要[6]，如圖 9-1 所示。

　　在第三屆奈米能源與奈米系統國際學術會議上，王中林指出，快速發展的物聯網技術需要海量的由外電路驅動的大面積感測器網路，這將顯著增加微納裝置的體積和功耗，這就需要開發構建新一代高端智慧感測器並實現裝置的自驅動化，而奈米能源技術將是解決物聯網所面臨問題的源動力[7]。在物聯網體系中，數以億萬計的物品需要通過感測器進行測量，並對數據進行傳輸和控制，憑藉發電廠和能量儲存單元（如電池）難以滿足實際要求，我們至少需要億萬級數量的小型能量單元，通過自供能從生活環境中收集所需的能量以供給隨機分佈的物品單元。王中林課題組開發的摩擦奈米發電機能夠將機械能轉變為電能，摩擦奈米發電機能夠當作電壓源為物品輸出電壓，使這種自供能的感測器系統連續穩定工作。而且一旦將大量的摩擦奈米發電機組裝成網路，那麼就有可能從海洋和自然風中獲取大量的能量[8]。如吳志明課題組利用 MoS_2/PDMS 製備出摩擦奈米發電機並用之收集水能[9]。王中林團隊利用氧化鋅奈米線製備出三維壓電晶體管，並應用於智慧皮膚、微納機電體系和人體-電子介面等領域[10]［圖 9-2(a)］。日本東京大學的 Takao Someya 通過對有機太陽能光電板進行奈米光柵圖案化加工，獲得了自供能的柔性電子裝置，並用之測量生物特徵訊號[11]［圖 9-2(b)］。

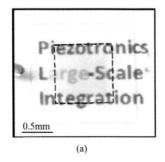

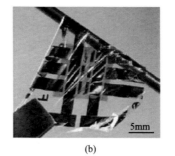

(a)　　　　　　　　　　　　(b)

圖 9-2　（a）氧化鋅奈米線三維壓電晶體管；（b）柔性有機太陽能設備

物聯網和人類社會生產生活緊密相關，已經應用的領域有智慧交通、智慧醫療、智慧環保、智慧安防、智慧農業、智慧家居、智慧物流以及物聯網軍事應用[3]。以智慧醫療和可穿戴設備為例，智慧醫療將物聯網應用於醫療領域，融合患者和醫院，融合大型醫院、專科醫院與社區醫院，目的是把有限的醫療資源提供給更多的人共享，把醫院的作用向社區、家庭和偏遠地區延伸和輻射，簡化就醫流程，監督藥品生產、流通、銷售，提高偏遠地區醫療水平，方便檢查患者服藥、治療、手術與康復過程。奈米技術不僅可以為以上過程提供更細緻的感測服務，還可以直接在生物學和醫藥學領域起作用。如具有親水性和表面多孔結構的細菌纖維素可用於合成和穩定銀奈米顆粒，儘管銀奈米顆粒可能在一些情況下會引起細胞毒性效應，但這種含銀奈米顆粒的細菌纖維素複合材料作為創傷敷料能阻擋和治療不止一種細菌感染[12]。另外，人們嘗試利用奈米技術使藥物進入人體後附著在病灶周圍，並可控地釋放用來修補損傷組織，實現治療。如澳洲麥覺理大學的 Ewa M. Goldys 和 Wei Deng 等將光敏劑和金奈米顆粒嵌入到脂質雙層中，能夠實現用 X 射線輻射觸發基因和藥物釋放[13]。美國喬治亞理工學院的夏幼南課題組利用生物兼容和生物可降解的月桂酸和硬脂酸的共晶混合物製備出有機相轉變材料的奈米顆粒，並作為抗癌藥物阿黴素和近紅外吸收染料 IR 780 的載體，在近紅外光的照射下能夠迅速釋放藥物用於癌症治療[14]。在新時期下，奈米技術、合成生物學和大數據等學科領域的發展和融合以及物聯網、大健康等概念的提出和實施，將進一步驅動生物感測技術的發展[15]。

可穿戴設備是奈米技術和物聯網感知層相結合的一個案例，可穿戴設備能夠將穿戴者及其周邊狀況作為物聯網的一部分來處理，提供貼近人們生活的物聯網服務，記錄穿戴者的健康狀況、運動量等，檢測穿戴者的狀態並以各種各樣的形式回饋給穿戴者，能對穿戴者的生活起幫助作用。具體來說，它能方便消費者個體獲取醫療數據、記錄生活、體驗遊戲，幫助企業進行接待、遠程操作、操作訓練、挑選貨物等[16]。得益於柔性材料和小尺寸的奈米材料，這種穿戴設備舒適且無違和感，能夠配備各種感測器並提供多種多樣的功能。可穿戴設備的研發在近年來成為各國研究的熱點之一。美國西北大學 John A. Rogers 和澳洲蒙納許大學 Wenlong Cheng 分別用 50nm 厚的蛇紋金膜和金奈米線/PDMS 製備得到的奈米柔性感測器，不僅可以分別用來記錄體表溫度和有效地檢測彎曲力、扭轉力、脈搏血壓、聲壓，兩者還都能進行大規模集成[17,18]〔圖 9-3(a)、(b)〕。韓國釜山國立大學的 J. Kim 課題組利用垂直排列的奈米碳管製備得到的感測器拉伸性能優越，能在較寬的應變範圍內對應力進行測量[19]〔圖 9-3(c)〕。王中林課題組利用金屬薄膜製備得到的柔性可拉伸矩陣網路具有多種功能，可以對溫度、面內應力、濕度、光、磁場、

壓力和接近感應等作出感測響應[20]〔圖 9-3（d）〕。各種基於奈米技術製備的感測器能夠推動物聯網向奈米物聯網的方向發展，並將成為物聯網革命的催化劑。與此同時，目前奈米物聯網在自供電、集成化、隱私和安全、奈米毒性等方面仍面臨挑戰[21,22]，並成為未來急待解決的問題和重要的研究方向。

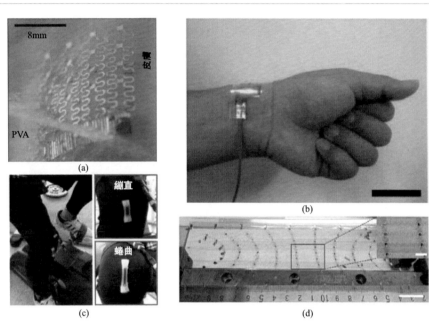

圖 9-3　可穿戴設備舉例：（a）能記錄體表溫度的蛇紋金膜；
（b）可檢測脈搏、血壓的金奈米線/PDMS；（c）奈米碳管柔性
感測器；（d）可拉伸矩陣網路柔性感測器

9.1.2　奈米裝置與機器人

「你能夠將機器做到多小？」這個問題由諾貝爾獎得主理查·費曼（Richard Feynman）於 1984 年「微小的機器」演講中提出。這位傑出的物理學家認為，人們有可能設計出奈米尺度的機械裝置，其活動部件是分子甚至單個原子[23]。在當時的技術條件下，這樣的設想是十分超前的，但費曼堅信這並非空中樓閣，因為這種實例在自然界中屢見不鮮。例如，細菌的鞭毛就是一套結構簡單、功能實用的奈米「機器」——鞭毛由大分子組成，其形狀是螺旋形，當其轉動時就可以驅動細菌前進。利用類似的思路，人們能否製造出奈米裝置與奈米機器人，從而在奈米尺度上操縱物質實現特殊的功能，奈米科技的發展已經給出了答案，費曼當初的設想已經變成了現實[24]（圖 9-4）。在此需

要說明，嚴格區分機器人（Robot）、機器（Machine）和裝置（Device）是沒有意義的，因為機器人本質上就是裝置的整合，而裝置也可以被認為是具有特定功能的機器人。因此，裝置的奈米化，從某種程度上也就意味著機器人的奈米化。

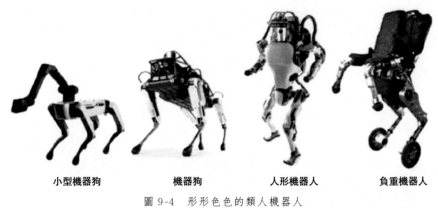

| 小型機器狗 | 機器狗 | 人形機器人 | 負重機器人 |

圖 9-4　形形色色的類人機器人

在回答了費曼的問題以後，人們自然而然會想到另一個問題：為什麼需要將裝置尺寸縮小到奈米量級？這個問題，可以從歷史中找到答案。

過去幾十年見證了計算機晶片的發展。世界上第一部電子計算機誕生於 1946 年，其占地面積達到 $170m^2$，質量達到 30t，功耗高達 150kW。這臺計算機包含了 18000 個晶體管，每秒可進行 5000 次運算。僅僅 70 餘年過去，蘋果公司最新的 A12X 仿生晶片只有指甲蓋大小，質量僅有幾克，功耗不足 10W，卻包含超過 100 億個晶體管，每秒可進行 5 萬億次運算（是第一臺計算機的 10 億倍）。這樣的進步速度，在人類歷史上的任何工業產品中是絕無僅有的。試想，如果將噴氣式客機的巡航速度提升 10 億倍，那簡直是天方夜譚。

過去，我們需要一整間屋子來擺放計算機；現在，我們可以將計算機握在手中，甚至植入皮下。由此可見，集成化和微納化對於計算機晶片而言，不僅是量的積累，更是質的飛躍。對於機器人而言，我們同樣有足夠的理由相信，隨著奈米科技的引入，將會有簡單的、輕量的、節能的機器人走入我們的生活。

奈米裝置的發展及其對於機器人系統的促進作用，是通過「自上而下」和「自下而上」兩個技術路線實現的。「自上而下」是指從機器人所要實現的功能出發，不斷優化系統控制、裝置設計和材料加工，達成微納化、集成化的目標，促進機器人產業的發展。「自下而上」則是指從最基本的分子和原子出發，通過控制和組裝這些粒子，形成奈米結構，獲得特定功能，最終發展成實用的裝置。這兩類技術路線有各自的獨特優點，也都存在著各自的不足。

自上而下的設計思路是從「機器系統」出發，到「材料」結束。它意味著不需要對現有體系進行根本性改變，只需要不斷提升裝置設計和加工水平。一個機器人系統其實與人體系統頗為類似，主要包括供能裝置、感測裝置、驅動裝置和控制電路，分別對應於人體的心臟、皮膚、肌肉和大腦。無論哪一類裝置，奈米科技都正在為其發展注入強大動力。

最為典型的實例就是微機電系統（MEMS）和納機電系統（NEMS）（圖 9-5）。MEMS 最早出現於 1970 年代，經歷幾十年發展，無論是裝置設計、加工工藝還是產業整合，都已經十分成熟。常見的產品包括 MEMS 加速度計、MEMS 麥克風、微馬達、微泵、微振子、MEMS 光學感測器、MEMS 壓力感測器、MEMS 陀螺儀、MEMS 濕度感測器、MEMS 氣體感測器等。20 世紀末，由於系統集成化的需要以及奈米加工的出現，人們不再滿足於微米尺度的機電系統，由此催生出 NEMS 的概念。NEMS 的特徵尺寸為 $1 \sim 100\text{nm}$，在這一尺度下，裝置的量子效應、介面效應和奈米尺度效應開始凸顯。低維奈米材料的出現促進了 NEMS 的進步。基於二維材料的諧振器最早於 2007 年被報導[25]，其結構非常簡單：首先將單層二維材料製成懸空結構，然後接通電極。在電場驅動下，這個結構會產生諧振效應。通過改變材料層數及材料種類，人們可以自由調節諧振器的共振頻率和品質因數。這類諧振器與傳統的 MEMS 裝置相比，功率大幅降低，而品質因數和品質敏感度則大幅提高，體現出奈米裝置的獨特優勢。這些新型的 NEMS 裝置將成為機器人的「五官」和「皮膚」，促進機器人與外界的互動。

(a) 傳統微機電系統　　　　　　　(b) 基於石墨烯的奈機電系統

圖 9-5　傳統微機電系統和基於石墨烯的納機電系統

如何將供能裝置縮小到奈米尺度，同樣是科學家關心的問題。ZnO 是一種被廣泛研究和應用的壓電材料，其實用場景遍及生產生活各個領域。奈米科技的發展為 ZnO 材料帶來嶄新的應用前景。喬治亞理工學院及中科院奈米所王中林團隊長期致力於開發 ZnO 壓電裝置。該團隊將 ZnO 加工成垂直排布的奈米線陣列，當陣列受到外力摩擦時，ZnO 奈米線由於形變產生壓電效應[26]。一方面，

人們可以將該裝置用於摩擦力的探測；另一方面，該裝置可以將機械能轉化為電能。若將這些裝置整合在可穿戴電子設備上，它們就可以收集人體活動所產生的機械能並將其轉化，為電子設備供能。在此基礎上，該團隊還研究出眾多微納尺度的能量轉化裝置，它們可以實現光能或機械能向電能的轉化。與傳統的電池相比，這些裝置的最大優勢在於可以收集極其零散的能量，無論是人體最微小的活動所產生的機械能還是外界微弱的光照所傳遞的光能，都可以被收集和利用。將這些裝置集成到機器人上，將有效提高機器人的能量利用率，節約其能源消耗。

利用奈米技術，人們還可以發展機器人的「肌肉」，也就是驅動裝置。所謂驅動裝置，是指將外界訊號（如光、電、熱、聲）轉化為力或運動的裝置。科學家發現，VO_2等物質在溫度改變、雷射照射等情況下會產生相變，這一相變會使晶格伸長，進而使材料產生宏觀的形變。基於這個原理，科學家利用磁控濺射和光刻等方法加工出厚度僅百奈米的VO_2仿生肌肉和機械手[27]。當外界溫度穿越相變點時，仿生肌肉會產生拉長或收縮，而仿生機械手則可以實現握緊-張開的轉化，這十分類似於人體肌肉鬆弛和收縮的轉變。與其他材料相比，VO_2具有能量密度高、相變反應快、相變溫度較低且易於調節等獨特優點。後續，研究人員將VO_2負載於柔性的超順排奈米碳管薄膜上，製造出細小的仿生蝴蝶。在雷射的驅動下，仿生蝴蝶的翅膀可以上下搧動，如同真正的蝴蝶一般（圖9-6）。

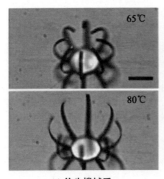

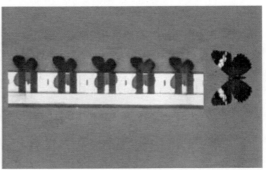

(a) 仿生機械手　　　　　　　　(b) 仿生蝴蝶

圖 9-6　基於 VO_2 相變驅動的機械手和仿生蝴蝶

自上而下的技術路線具有許多優勢。例如，研究的目的性強，材料體系成熟，相關技術積累豐富，有利於大規模生產，產品可以與現有體系無縫銜接，能夠很快地投入使用，等等。但是，它不可避免地存在弊端，例如由於技術手段限制，這一方法所開發出的奈米裝置和奈米機器的整體尺度很難進入奈米範疇，其生物兼容性也值得考察。為了從根本上解決這些弊端，科學家開發出自下而上的

裝置和機器人設計思路，即從基本粒子出發，通過分子設計來實現相應的功能。

自下而上發展路線的典型實例是超分子與分子機器人。2016 年，Jean-Pierre Sauvage、J. Fraser Stoddart 和 Bernard L. Feringa 三位科學家因為在「分子機器的設計與合成」方面的突出貢獻而榮獲當年的諾貝爾化學獎，從此基於超分子的機器人系統開始走入公眾視野。事實上，關於超分子的研究可以追溯到 20 世紀中期。

超分子通常是指由兩種或兩種以上分子依靠分子間相互作用結合在一起，組成複雜的、有組織的聚集體，並保持一定的完整性，使其具有明確的微觀結構和宏觀特性。最簡單的具有拓撲結構的超分子是索烴（Catenanes）。索烴含有多個微小而互扣的原子環，這些原子環如同鎖鏈一樣彼此連接。Jean-Pierre Sauvage 等通過金屬離子促進「鎖鏈」的形成，使得索烴可以如同樂高積木一樣自下而上被組裝起來，這為後續研究奠定了重要基礎。此後，研究人員開始在越來越多的複合物結構中將分子互鎖，所獲得的產物從簡單長鏈發展到複雜的扭結，例如三葉草結、博羅米恩環等。

在擁有了超分子這個「積木」以後，科學家開始關注如何利用超分子實現特定的動作和完成特定的功能。為此，科學研究人員從以下幾個方面進行研究。

第一，控制分子的構象。當替換 σ 單鍵兩側取代基時，就有希望調控基團圍繞 σ 單鍵的轉動和伸縮。

第二，控制分子的構型。雙鍵的不可轉動特性導致了順反異構現象，而研究發現光照會使一些物質順反異構相互轉化。基於光致異構，人們可以設計出分子開關等奈米裝置。

第三，改變配位情況。金屬離子可以與配體形成配位鍵，而當改變外界環境（例如 pH 值或電場）時，配位的結合位點也隨之改變。利用這一現象，可以實現一個分子在另一個分子上的定向運動，這就是諸如分子電梯、分子肌肉等分子裝置的原理。

基於超分子的奈米裝置及分子機器已經取得了許多進展。例如，2010 年 5 月，美國哥倫比亞大學的科學家成功研製出一種由 DNA 分子構成的奈米機器人。這種蜘蛛形狀的機器人能夠跟隨 DNA 分子的運行軌道運動。奈米蜘蛛機器人的潛在應用場景包括識別並殺死癌細胞、幫助醫生完成外科手術、清理動脈血管垃圾等。科學家還在不斷地對奈米蜘蛛機器人進行改進，以使其結構更加完善，功能更加豐富。諾貝爾獎得主 Bernard L. Feringa 的研究團隊製備出分子小車（圖 9-7）[28]，通過電子誘發分子馬達「車輪」中的雙鍵的異構化，整個分子就可以向指定方向移動。目前，這個技術仍然處於概念性的階段，並不具備任何實用性，但距離它真正起作用也只是時間的問題。

除了基於超分子裝置以外，科學家還開發出基於液態金屬的機器人[29]。與

電影《終結者》裡面科幻的液態機器人不同，這些機器人看上去與普通的液滴沒有區別，人們很難把它和精密的機器人聯想到一起。但是，液體機器人確實可以實現機器人的功能，例如在電場或磁場的調控下做定向運動。在運動過程中，因為其流體的特性，它們可以隨槽管道的寬窄自行作出變形調整，這是普通機器人所不能完成的。該研究將彌補傳統機器人驅動方式（電動、液壓及氣動等）結構複雜、體積大以及驅動能效低等問題，促進未來微小機器人及特種機器人系統的發展。

圖 9-7　分子小車示意圖

　　自下而上的裝置製造方法可以突破加工極限，在分子和原子尺度上操縱物質是一種全新的思路。但是，這種方法尚存在一些不足，例如無法實現宏觀尺度上的效應。諸如分子肌肉等研究，還無法使各個分子間產生連繫，因此很難將其應用領域拓展到宏觀。此外，人類目前研發的分子機器大多只有單一運動，其功能十分有限，距離實用化尚有很大差距。如何研發出有複雜功能的分子機器也是一大挑戰。

　　綜上所說，奈米科技對於電子裝置和機器人系統而言，具有舉足輕重的意義。計算機晶片的奇蹟，或許即將在機器人這一領域重現。

9.2　清潔生活

9.2.1　奈米自清潔材料簡介

　　奈米自清潔材料是指在自然條件下能保持自身清潔的奈米材料，材料本身具有防汙、除臭、抗菌、抗霉等多重功能。奈米自清潔材料通常以 TiO_2 為主，這是一種具有光催化活性的奈米材料，包含光觸媒 TiO_2 和空氣觸媒磷酸鈦。奈米

自清潔材料主要應用方式為薄膜塗層。通過光催化作用，利用包括太陽光在內的各種紫外光，在室溫下對各種汙染物分解、氧化，進而清除。該技術能耗低，易操作，除淨度高，沒有二次汙染，因而具有廣泛的應用前景。

　　自清潔塗層工作過程如圖 9-8 所示。

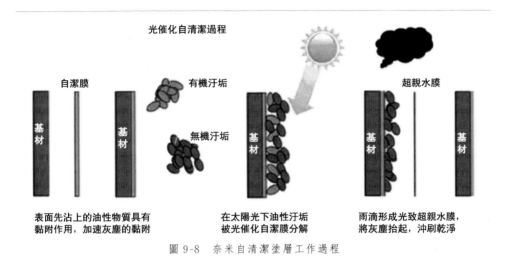

光催化自清潔過程

自潔膜　　　　　　　有機汙垢　　　　　　　　超親水膜

基材　　基材　　　無機汙垢　　基材　　　　基材　　　　基材

表面先沾上的油性物質具有　　在太陽光下油性汙垢　　雨滴形成光致超親水膜，
黏附作用，加速灰塵的黏附　　被光催化自潔膜分解　　將灰塵抬起，沖刷乾淨

圖 9-8　奈米自清潔塗層工作過程

9.2.2　自清潔原理

　　以 TiO_2 為主的奈米自清潔材料包含一定量的磷酸鈦，其基本功能如下。

　　① 光催化功能　在紫外線的照射下，光觸媒（TiO_2）對有機物會有分解作用。通過吸收紫外光，TiO_2 表面會產生自由電子和空穴。其中，空穴使 H_2O 氧化，電子使空氣中的 O_2 還原，使有機物氧化為 CO_2、H_2O 等簡單的無機物，從而使薄膜表面吸附的汙染物發生氧化還原分解而除去，並殺死薄膜表面微菌，達到自潔的目的。

　　② 超親水功能　在紫外光照射下，TiO_2 的價電子被激發到了導帶，電子和空穴向 TiO_2 表面遷移，在表面形成電子-空穴對，電子與 Ti^{4+} 反應，空穴則和薄膜表面的氧離子反應，分別生成 Ti^{3+} 和氧空位，空氣中的水分子與氧空位結合形成表面羥基，從而形成物理吸附水層，表面有極強的親水性，與水的接觸角減小到 5° 以下，甚至基本完全浸潤其薄膜表面，稱這種性質為超親水性。利用這個功能，可以將水完全均勻地在玻璃表面鋪展開來，同時浸潤玻璃和汙染物，最終通過水的重力將附著在玻璃上的汙染物帶走，而且也可以起一定的防霧作用。

　　③ 無光催化功能　在空氣觸媒磷酸鈦的作用下，即使在沒有光的條件下，

只利用水和空氣也能起自潔的效果。

通過以上功能，以奈米 TiO_2 為主的奈米自清潔材料，吸附空氣中的有機物和無機物之後，通過光催化降解有機物，並利用吸附或降解產生的水清洗乾淨，從而避免了汙垢的沉積。

奈米自清潔材料（TiO_2）工作原理如圖 9-9 所示。

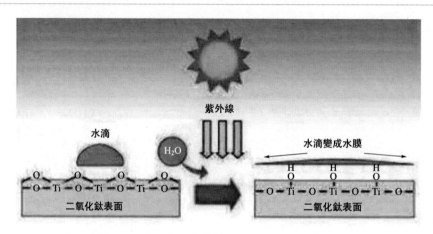

圖 9-9　奈米自清潔材料（TiO_2）　工作原理

9.2.3　提高自清潔活性

TiO_2 奈米自清潔材料的自清潔活性可以通過多條途徑進一步提高。僅使用 TiO_2 光催化劑只能利用波長小於 400nm 的紫外光，這部分光僅占日光光能的 3％～5％，從而制約了奈米自清潔材料的進一步應用。因此，奈米自清潔材料性能進一步提高的研究主要集中於拓寬其光譜利用範圍，從而降低其運行成本和提高清潔效率。

通過將兩種半導體材料複合，利用兩種材料的能級差，有效分離電荷，拓展光頻譜響應範圍，擴大光激發能量範圍，能夠有效強化電荷分離的效果，提高自清潔活性。目前，半導體複合正由體相複合向表面複合、二元複合、多元-負載複合方向發展。例如，在奈米 TiO_2 基礎之上沉積一層 SiO_2 可以進一步提高其光催化活性。CdS 複合也可以大幅提高其光催化活性。

此外，貴金屬單質因與 TiO_2 具有不同的費米能級，能成為光生電子的受體，同時形成的 Schottky 勢壘也有助於抑制電子和空穴的複合。此外，貴金屬沉積還可降低質子的還原反應、溶解氧還原反應的超電壓，這更有利於加快反應速率。例如，通過在塗層自清潔材料中摻入 Pb，自清潔塗層的耐久性和光催化

活性都得到進一步提高。

在奈米 TiO_2 中摻雜少量過渡金屬離子，使其表面吸附少量雜質電荷，能扭曲其表面附近的能帶，相當於移動了費米能級，延長了電子與空穴的複合時間，從而提高了奈米 TiO_2 的光催化性能。因為多種過渡金屬離子的光吸收範圍比奈米 TiO_2 更寬，此法可更有效地利用太陽能。例如，Ce^{3+} 摻雜能有效限制 TiO_2 晶粒的生長，改變奈米 TiO_2 的能級差，促使雜化能級出現，從而提高奈米 TiO_2 的催化活性。Ag^+ 和 Cu^{2+} 協同摻雜的奈米 TiO_2 的抗菌率甚至可以高達 98％。

除過渡金屬離子外，非金屬離子摻雜能部分取代奈米 TiO_2 中的 O，形成 Ti-X 鍵，O2p 和 X2p 態的混合而使得禁帶寬度變窄。同時，TiO_2 晶體中還會同時形成大量的氧空位缺陷，形成的氧空位位於 TiO_2 禁帶中，使光子可以分兩步躍遷到 TiO_2 導帶中，從而吸收更多可見光。C/S 摻雜的自清潔材料，產生了額外氧空位，提高了光生載流子的分離，阻止了電子和空穴的複合，從而提高了光催化性能。

9.2.4　奈米自清潔材料的應用

奈米自清潔材料主要應用於各種材料（如金屬、玻璃、陶瓷製品、聚合物）表面的保護，增強聚合體表面的抗擦傷能力，用於防油防塵防汙等。塗層與很多不同的基質黏結性能都很好，而且它的厚度比傳統的塗層和光澤面薄得多。因此，奈米自清潔材料可應用於各個領域，包括自清潔玻璃（如建築玻璃、防霧玻璃系列）、太陽能太陽能系列、建材系列（如陶瓷、瓷磚、不鏽鋼、鋁合金、金屬漆）、自清潔紡織品等。其中，日本作為最早發現 TiO_2 光催化性能的國家，其光催化產品的研發與應用走在世界前列。

自清潔玻璃是通過在玻璃表面鍍光催化奈米 TiO_2 塗層來實現的。2002 年，英國 Pilkington 公司製造出第一塊應用型自清潔玻璃，並推廣應用。自清潔玻璃在太陽光的作用下，可有效地將有機磷農藥完全降解為無機物，其光解效率與 TiO_2 塗層的厚度有關。玻璃塗膜（奈米自清潔材料）前後與水的接觸角的變化如圖 9-10 所示。

日本 ToTo 公司最先開發出具有抗菌效果的建築用自清潔陶瓷。研究顯示，自清潔陶瓷的滅菌效果和油酸光解速度取決於負載光催化膜的晶相組成、晶粒尺寸以及比表面積。從 20 世紀 90 年代起，日本 ToTo、Takenaka 公司在自清潔塗料方面開展了大量研究，其技術較為成熟。目前，中國自清潔塗料已能抑制細菌生長，提高遠紅外輻射率並使室內的負離子數增加 200～400 個/cm^3。用 TiO_2 溶膠與矽丙乳液複合也可以製成親水性自清潔塗層，親水角可低至 4°。香港理工大學的研究人員首次將銳鈦礦型奈米 TiO_2 用於織物處理，實現了在日光照射

下織物的除塵、除菌、除味、除漬等功能。據全球自清潔玻璃市場報告顯示，全球自清潔玻璃市場規模已從 2014 年的 8360 萬美元成長到 2017 年的 9490 萬美元。預計到 2025 年全球自清潔玻璃市值將達 1.347 億美元，市場年成長率將超過 4.60％，可見自清潔玻璃存在著巨大的市場潛力。

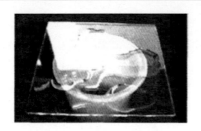

(a) 塗膜前　　　　　　　　　　　(b) 塗膜後

圖 9-10　玻璃塗膜（奈米自清潔材料）　前後與水的接觸角的變化

9.2.5　奈米自清潔材料的製備方法

　　常用奈米自清潔材料為 TiO_2 奈米材料，有多重製備方法，包括水熱沉積法、化學沉積法、離子束增強沉積法、真空蒸發法、氣相沉積法、電化學法、噴霧熱分解法、磁控濺射法和溶膠-凝膠法等。其中，溶膠-凝膠法純度較高，過程容易控制，但處理時間長，產品易開裂，難以實現工業化連續生產。噴霧熱解法雖生產成本低，但工藝難控制，汙染較嚴重。磁控濺射法雖工藝可重複性和可控性均較好，但對真空度的要求高且生產成本高。而化學沉積法雖沉積溫度較高，但沉積速率高，沉積均勻性好。

9.3 健康生活

好萊塢著名影星安潔莉娜・裘莉由於自身有基因缺陷，患乳腺癌的風險為 87％，因此接受醫生的建議切除雙側乳腺。她的這一舉動使精準醫療的概念被大眾了解。精準醫療提出至今已快十年，隨著奈米技術的發展以及研究人員對奈米裝置的不斷探索更新、大數據分析技術的突飛猛進，精準醫療的全民化即將成為現實。在實現精準醫療的道路上，個人醫療健康數據（如個人基因組資訊、體溫、心跳等生命體徵資訊）的採集是基礎。若沒有大量數據，依託於大數據分析的精準醫療無從談起。而奈米裝置如奈米孔定序晶片、SMRT 定序晶片以及電子皮膚在採集個人醫療數據、降低數據採集成本和提高數據採集通量上具有重要作用。

9.3.1 奈米裝置與精準醫療

隨著人類基因組計劃的完成，個人基因組、腫瘤基因組、環境基因組學和基因定序技術的發展，生物科學向著數據密集型逐步轉化。2011 年，美國國家科學研究委員會在《走向精準醫療》報告中首次提出「精準醫療」這一概念[30]。精準醫療以個體化醫療為基礎，是生物資訊與大數據科學交叉應用而發展起來的新型醫學概念和醫療模式。其本質是通過基因組、蛋白質組等組學技術、醫學尖端技術和大數據算法〔圖 9-11(a)〕，將待測者的生物資訊樣本與特定疾病類型進行生物標記物的分析與鑑定，為每個人提供量體裁衣般的疾病預防、篩查、診斷、治療和康復計劃[31]。精準醫療將推動醫療模式從粗放型向精準型轉變，為臨床醫生提供對患者精準分類的工具，為個體患者提供最精確有效的治療手段，大幅提高醫療服務的效率[32]。

精準醫療被認為是國家醫療健康體系建設的重大領域之一，美國前總統歐巴馬於 2015 年 1 月 20 日發表了題為「精準醫療計劃」的倡議，提議在一年內投入 2.15 億美元到精準醫療領域，用來建設生物資訊數據，研發腫瘤精準療法，提高對技術的監管能力並建立數據隱私保護條款[33]。中國於 2015 年成立「中國精準醫療策略專家組」。同年 3 月，中國科技部規劃在 2030 年前，在精準醫學領域投入 600 億元。2016 年《「十三五」規劃綱要》提出提升精準醫療等策略新興產業的支援作用，《「十三五」國家科技創新規劃》也提出加強精準醫療等技術研發[34]。其他國家也紛紛佈局精準醫療研究和產業。2014 年，英國政府推出「十萬基因組計劃」的醫學科學研究項目，把定序得到的大量數據

整合進英國公共醫療體系。日本於 2014 年發佈科技創新計劃，將「定製醫學/基因組醫學」列為重點關注領域。2016 年，法國政府宣布投資 6.7 億歐元開啟「法國基因組醫療 2025」項目，計劃將法國打造成世界基因組醫療領先國家[35]。

　　基因組定序技術是實現精準醫療的基礎，經過 40 多年的發展，科學家已基本上實現高精度、低成本的定序儀器開發。當前定序成本由每個基因組 1 億美金降低至 1000 美元以下 ［圖 9-11(b)］。第三代單分子定序技術有望憑藉多場景定序的優勢，占領未來精準醫療定序市場[36]。與 1975 年 Sanger 開發的雙脫氧鏈終止法為代表的第一代基因定序技術和以 Roche 公司 454 技術、Illumina 公司的 Solexa 等技術為代表的第二代基因定序技術不同，第三代單分子定序技術如 PacBio 公司開發的單分子即時定序技術和 ONT 研發的奈米孔定序技術，依託奈米材料與裝置，在單分子層面探測基因序列，提高了定序的讀長，大幅降低了定序成本；另外，奈米孔定序技術在定序過程中無需轉錄步驟，還可以在 DNA 檢測、蛋白質檢測等各種重大疾病的生物標記檢測方面得到應用；此外，第三代定序設備精巧，ONT 的定序儀 MinION 的外形像一個小型手提電話，僅靠 USB

(a)

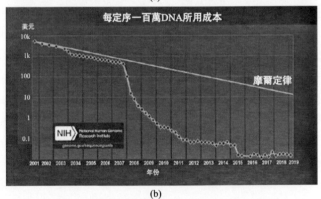

(b)

圖 9-11　（a）使精準醫療得以發展的三大要素；（b）美國衛生研究所 NIH
發佈的更新至 2019 年的基因組定序成本趨勢

線連接計算機便可實現定序。因此，基因定序技術有望走進千家萬戶，這將為精準醫療全民推廣提供基礎。

奈米孔定序的主要原理與定序產品如圖 9-12(a)、(b) 所示。在充滿電解液的腔體內，帶有奈米級小孔的絕緣防滲膜將腔體分成兩個小室。當電壓作用於電解液時，離子或其他小分子物質可穿過小孔，形成穩定的可檢測的離子電流。待測雙鏈 DNA 分子游離在一側電解質中，它在電壓驅動下靠近奈米孔和 DNA 解旋酶組成的單分子結構。隨後，DNA 分子的末端被 DNA 解旋酶捕捉，逐步解旋成 DNA 單鏈，其中一條單鏈穿過連結在解旋酶下方的天然蛋白通道。當大小不同的四個鹼基腺嘌呤（A）、鳥嘌呤（G）、胞嘧啶（C）和胸腺嘧啶（T）存在時，會對通過奈米孔的離子電流進行調變，導致離子電流的大小發生改變，從而獲得核苷酸的序列。由於奈米孔定序技術在原理上可以持續不斷地按順序讀取進入奈米孔的 DNA 分子上的所有鹼基，因此具有其他技術無法實現的超長讀長（達到 2.3Mbp）的定序能力[37]。

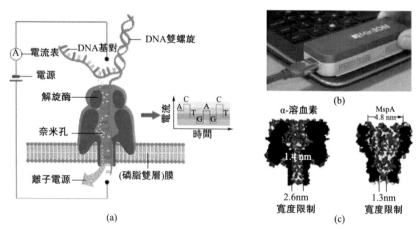

圖 9-12　（a）ONT 公司定序晶片中的定序單元—— 奈米孔及其原理示意圖；
（b）ONT 公司開發的便攜式定序產品 MinION；（c）α-溶血素
七聚體奈米孔與 MspA 奈米孔的結構對比圖

奈米孔定序技術的核心元件是具有嵌入絕緣膜的單鹼基分辨能力的天然蛋白通道，其收縮區的孔道直徑與厚度決定了奈米孔定序設備對單鹼基的解析度。目前常用的蛋白通道主要有 α-溶血素和恥垢分枝桿菌孔蛋白 A(MspA)，其結構如圖 9-12(c) 所示。α-溶血素是目前最廣泛使用的生物奈米孔的分析物質，由 293 個胺基酸多肽構成，可插入到純淨的雙分子層脂膜中形成蘑菇狀七聚體，組裝成跨膜通道。α-溶血素七聚體奈米孔主要由帽型區、邊緣區和主幹區三部分構成。

α-溶血素奈米孔永久開通不關閉，耐強酸和強鹼，在高溫、高電壓下較穩定[38~41]。1996 年由奈米孔定序技術之父 David Deamer 和 Daniel Branton 用 α-溶血素實現對 DNA 分子的探測與寡聚鹼基鏈的分辨。但 α-溶血素有其內在的問題，其收縮區的厚度為 2.2nm，產生的電流調控訊號包含大約 10 個鹼基的資訊，給後期數據分析帶來極大難度。2010 年華盛頓大學的 Gundlach 團隊發現天然 MspA 更適合 DNA 定序。MspA 呈圓錐狀，是一個八聚體孔蛋白，有一個寬約 1.3nm、長約 0.6nm 的短窄的收縮區。Gundlach 團隊首次報導利用核酸末端連接核酸分子，利用 MspA 奈米孔識別四個單鹼基的技術，可減緩 DNA 的穿越速度，提高 DNA 單鹼基的檢測靈敏度。目前，相對於其他定序技術，奈米孔的單鹼基識別的錯誤率較高，主要為隨機錯誤，可以通過提高定序深度而提高鹼基準確率。

PacBio 公司開發的 SMRT 技術是目前認可度較高的第三代定序技術，雖然讀長不如 ONT 公司的 Nanopore，但其具有通量大和精度高的特點。SMRT 技術的核心是由奈米技術製備的晶片載體，每一個晶片載體由數十萬個定序單元組成，這些定序單元被稱為 ZMW。ZMW 是一個外徑為 100 多奈米的圓柱形凹槽，凹槽底部固定有一個 DNA 聚合酶。在定序時，晶片處於溶液環境中，過量的 4 色螢光標記的 dNTPs（即 dATP、dCTP、dGTP、dTTP）懸浮其中。當 ZMW 底部的 DNA 聚合酶捕捉到待測 DNA 單鏈開始合成互補鏈時，dNTPs 的螢光標記被捕捉記錄，待測 DNA 單鏈的序列可以通過互補原則推測獲得[42,43]，如圖 9-13所示。SMRT 技術的關鍵在於如何將反應訊號與周圍由 dNTPs 導致的強大螢光背景區分，科學家巧妙地利用 ZMW（即零模波導的原理）來實現。晶片上數十萬個密密麻麻的定序單元，由於其直徑為 100 多奈米，從底部打上去的雷射不能穿透小孔進入上方溶液區域，其能量只能覆蓋需要檢測的部分，使孔外游離的核苷酸單體留在黑暗之中，從而降低了背景噪聲[44]。

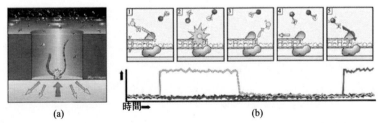

圖 9-13　PacBio 公司開發的 SMRT 技術的定序原理：（a）ZMW 定序單元示意圖（定序單元底部固定有一個 DNA 聚合酶分子）；（b）定序過程與螢光訊號示意圖

除了大量在基因組定序方面的應用，依賴奈米技術製備的多種能記錄人體體溫、心跳、呼吸、血糖濃度等基本生理特徵的生物感測器在精準醫療的發展與推廣中也將起重要作用。在 5G 時代，萬物互聯，功能多樣、造型小巧、簡單方便、成本低廉的生物感測器極有可能走進千家萬戶，成為人們的醫療消費品。個人的基本生理特徵數據按特定頻率可以即時同步到雲端伺服器，記錄在個人電子病歷中。大數據分析技術即時追蹤分析生理特徵數據變化趨勢，結合個人電子病歷中的基因組和蛋白質組的資訊，給出疾病預防與治療建議。隨著奈米技術的發展，精準醫療將不再是夢。

9.3.2　奈米裝置與電子皮膚

皮膚包覆在人體表面，直接同外界環境接觸，可以使人感受外界溫度和濕度，以及感知物體形狀等，是人體最大的器官。皮膚內含有大量的感覺神經末梢，神經末梢廣泛分佈在皮膚的真皮層，將感知到的溫度變化、壓力變化轉化成

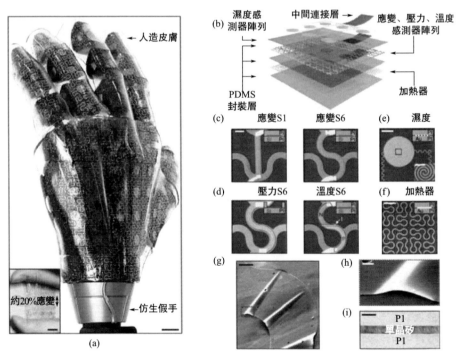

圖 9-14　（a）覆蓋在義肢上的電子皮膚；（b）電子皮膚結構示意圖（內部集成了壓力、溫度、拉伸以及濕度感測器）；（c）～（f）各層感測器的微結構設計圖；（g）～（i）各層微結構的掃描電鏡圖

電訊號通過連接在一起的神經元傳遞給大腦做分析[45]。若能製備出仿生皮膚，就可以使機器人通過接觸來感知外部環境並作出相應回饋；也可以使身障人士的義肢具有感知環境危險的能力（圖 9-14）；甚至可以做成人工皮膚，移植到皮膚破損的患者身上。因此，電子皮膚的概念應運而生。

電子皮膚（圖 9-15）是一張可以貼在皮膚上的柔軟的有機物薄膜，薄膜中嵌入具有感測功能和資訊傳輸功能的柔性電子材料。柔性電子材料主要有三部分：電子元件、基底材料和金屬薄膜。電子元件包括薄膜晶體管和感測器。電子元件採用不同的傳導方法將外部的刺激轉化為電訊號，其常見的有電阻式感測技術、電容式感測技術和壓電式感測技術[46]。由於電子元件通常由無機材料製備，材質較脆，應用於電子皮膚不易於伸展，通常放置在許多散佈在柔性基底上的剛性微胞元島上，使其具有較高的延展能力。基底材料為電子皮膚提供高彈性、輕薄性和透明性。常用的基底材料是聚二甲基矽氧烷（PDMS），其價格相對較低、使用簡單，與矽片之間具有良好的黏附性。其他基底材料還有聚氨酯、靜電彈性纖維等。金屬薄膜的主要作用是將微胞元島相互連接，充當柔性電子皮膚中的電線功能[47,48]。

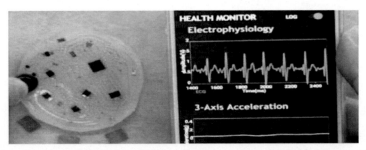

圖 9-15　電子皮膚示意圖（集成在柔性基底材料裡的感測器與金屬導線將人體特徵生理訊號傳輸到個人移動設備，實現對健康狀況的即時監控）

早在 2003 年，日本東京大學的研究團隊利用低分子有機物——並五苯分子製成薄膜，通過其表面密布的壓力感測器實現電子皮膚感知壓力[49]。隨後該團隊又在薄膜材料中嵌入分別感知壓力和溫度的兩組晶體管，在晶體管電線交叉的位置使用微感測器記錄電流起伏，由此可判斷出日常溫度和每平方公分 300g 以上的壓力[50]。此外，這種電子皮膚成本相當低廉，每平方公尺只需 100 日元。但其主要困難在於這種電子皮膚沒有彈性，無法像人體皮膚一樣進行拉伸。研究人員正在嘗試將隨意拉伸和變形的電路移植到透明的彈性矽膠上，力圖賦予電子皮膚更多近似人體皮膚的物理特性[51]。按照設計，這種電子皮膚可包裹四肢與手臂，有望應用於皮膚移植。然而，電子皮膚真正移植於機體前，還要考慮皮膚

內部的生理功能與結構問題。電子皮膚與周圍正常皮膚的神經、肌肉、淋巴及腺體等和諧共生，將感知的觸覺回饋給神經細胞，並接受神經精確無誤的指令傳輸，這都是科學家下一步努力的方向。

　　在醫療領域，讓電子皮膚進行生命體徵檢測可謂是「天作之合」。電子皮膚輕薄、靈活的特性在可穿戴設備領域更可以大展拳腳，日本東京大學 Someya 團隊在柔性電子皮膚上創建出穩定的聚合物發光二極管（PLED）等裝置，可發出紅、綠和藍三種顏色的光。它與電子皮膚的集成有望把人的手背變成「數位螢幕」[圖 9-16(a)]。未來，電子皮膚黏附在身體上，便可用來檢測情緒、睡眠狀況等身體特徵。2018 年，清華大學任天令團隊研發出多層石墨烯表皮電子皮膚，該裝置具有極高的靈敏度，可直接貼附於皮膚上以探測呼吸、心率等人體訊號，在運動監測、睡眠監測等方面具有重大應用場景[圖 9-16(b)]。2018 年，王中林團隊研發了一個可高度伸縮和使用舒適的矩形網路，成功拓展了電子皮膚的感應功能，包括但不限於溫度、面內應變、濕度、光、磁場、壓力和接近度[圖 9-16(c)]。來自美國伊利諾大學厄巴納－香檳分校的材料科學家 John A. Rogers 報告了用於大腦植入的多功能類皮膚感測器，所有組成材料通過水解和代謝作用自然吸收其中，無需提取。該系統能夠持續監測顱內壓和溫度，對治療創傷性腦損傷具有重要潛在應用。

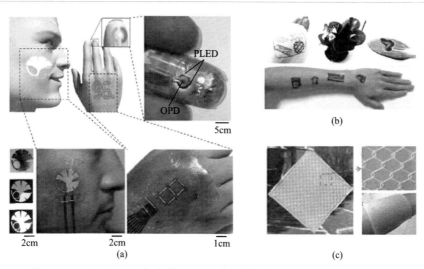

圖 9-16　（a）日本東京大學 Someya 團隊開發的可發光的電子皮膚（可以用來顯示人體體徵值，必要時顯示警報資訊）；（b）清華大學任天令教授研發的類似於紋身的石墨烯電子皮膚；（c）王中林團隊研發的可自發電的具有多功能感測功能的電子皮膚[52～56]

　　2018 年 8 月，被譽為「人造皮膚之母」的美國史丹佛大學鮑哲南報導了將用於下一代可穿戴設備和物聯網，並且能夠監視生理訊號，通過使用者和電子設備之間的閉環通訊顯示回饋資訊的電子皮膚設備。這種裝置需要超薄的構造以實現與人體的無縫和保形接觸，從而適應來自重複運動的應變，並且使佩戴者感覺舒適。同年，鮑哲南研究團隊還開發了對不同本征可拉伸材料實現高成品率和裝置性能的電子皮膚製備工藝，實現了晶體管密度為 347 個/cm^2 的內在可拉伸聚合晶體管陣列，這是迄今為止在所有已報導的柔性可拉伸晶體管陣列中的最高密度。該陣列的平均載流子遷移率可與非晶矽相當，在經過 1000 次 100％應變循環測試後也只有輕微改變，同時還沒有電流-電壓遲滯[57]。這些進展使電子皮膚在人體表面與體內即時檢測成為可能。在可以預見的未來，柔性電子感測器可以即時檢測慢性病患者的生命體徵、降低醫療成本並且減輕患者疾病嚴重時的生理痛苦，帶動整個國家的醫療行業進步。

　　將具有感覺能力的電子皮膚與義肢技術結合是奈米技術在健康檢測方面的另一個發展重點。目前主要障礙在於讓數百個獨立感測器一起運作需要複雜的布線。Benjamin Tee 團隊開發了一款新型人工神經系統——異步編碼電子皮膚（Asynchronous Coded Electronic Skin，ACES）。這項技術僅用一條電纜就將所有感測器連接在一起，比之前的電子皮膚反應速度快，更耐損壞，且能與任何類型的基底材料配對。ACES 是一種合成神經系統，可整合到其他設備中，包括義肢、衣服和輔助設備。ACES 檢測到觸摸的速度比人類感覺神經系統快 1000 倍。例如，它能在 60ns 內區分不同感測器的實體接觸。此外，使用 ACES 系統的電子皮膚能在 10ms 內準確辨識物體的質地、形狀和柔軟度，比人類眨眼快 10 倍。ACES 平臺還可實現對物理損壞的高穩健性，這對於常與環境中的物體實際接觸的電子皮膚來說很重要。ACES 中的所有感測器可連接到共同導電體上，但每個感測器維持獨立運作。只要感測器和導電體之間有連接，就能讓 ACES 電子皮膚繼續運作，從而減少損壞。就算感測器數量不斷增加，ACES 也具有簡單的布線系統和卓越的響應能力。這些關鍵特性將有助於智慧電子皮膚進一步用於機器人、假肢和其他人機介面。該團隊最近將 ACES 與透明、能自我修復、配備防水感測器的基底材料配對，創造出可自我修復的電子皮膚。這種電子皮膚可用來開發更逼真的假肢，幫助殘障人士恢復觸覺[58]。

　　鮑哲南在 2018 年接受網易科技採訪時指出，人造電子皮膚是將來的電子工業發展的一個新趨勢。20 多年前她在貝爾實驗室開始研究時就設想柔性電子的未來。如今，柔性電子螢幕和手機已經成為現實。而電子皮膚是更進一步的技術，這些電子裝置不僅具柔性、可拉伸性、自修復性，還具有生物降解性。現在人造電子皮膚處於起始發展階段，還有許多問題急待解決，如電子感測器的自供能問題。但隨著奈米技術的發展，電子皮膚終將成為現實，應用在醫療、智慧設備、工業等眾多領域。

本章小結

奈米技術自誕生以來，迄今為止已經持續了 30 多年的研究熱潮。科學家在奈米尺度上對物質結構和內在規律逐步獲得深刻認識，並運用新的認識和規律去創造和開拓嶄新的研究領域，從而促進資訊時代的技術發展。同時，資訊時代發展的成果又對奈米技術的發展帶來極大的促進，使得近年來奈米表徵技術、奈米加工技術與奈米裝置製備技術實現了跨越式發展。在奈米技術研究早期探索出的基本框架下，近年來，奈米資訊材料與裝置、奈米能源材料與裝置、奈米生物材料與應用、奈米光電裝置和感測裝置等新興的領域成為奈米技術研究方向上新的成長點和熱點。正如 IBM 公司的首席科學家 Armstrong 在 1991 年所預言的那樣，「奈米技術將在資訊時代的下一階段占據中心地位，並起革命性作用」。在奈米技術發展的 30 多年中，科學家從未停止過運用科學技術改變和改善人類生活的探索。奈米電子裝置和光電裝置已經在物聯網系統、機器人領域與人類活動產生緊密的連繫。奈米能源材料和應用的探索，將推進人類從更廣泛和更深的層次去充分開發和利用有限的能源。奈米生物材料的應用、生物感測裝置的開發，將會直接推動人類疾病監測、醫學診療技術的革新。因此，奈米技術領域將會在現階段科學成果的基礎上，進一步持續和深入發展。對於科學研究探索和技術開發而言，這一領域仍然充滿機遇與挑戰。

儘管奈米技術已經取得了很多重要的階段性成果，但是仍然存在發展瓶頸。首先，任何一種材料的廣泛應用，都是基於這種材料在工業化生產上的大規模和高品質製備。目前大部分奈米材料和裝置的製備，都是在實驗室中進行的，難以實現大規模生產，並且實際的製備成本相對較高。這就阻礙了奈米材料和裝置真正地推向市場。其次，奈米材料很多優異的性能都是在小尺寸下產生的。而材料的實際應用必然要求奈米材料實現宏觀化，這樣才便於操控。因此，如何在宏觀結構下依然保持奈米尺度結構單元的優異性能，就是一個技術關鍵。另外，奈米材料和裝置的安全性、毒理性和致病性研究，還是一個新領域，很多機理還未充分研究。特別是在一些與人類疾病監測、醫學診療技術相關的研究中，更需要與生物領域的研究結合，充分探討奈米材料的安全性，對奈米技術的安全性評估提出一套完備的方案。

作為人類運用科學認識世界和改造世界的一個成功範例，奈米技術還有待更多的專家學者投入這一領域，共同推動奈米技術在資訊時代的革命性作用，改善人類基本生活，創造出更美好、更便捷的世界。

參考文獻

[1]　劉海濤．物聯網：重構我們的世界．北京：人民出版社，2016.

[2]　崔艷榮，周賢善，陳勇，等．物聯網概論（第2版）．北京：清華大學出版社，2018.

[3]　吳功宜，吳英．解讀物聯網．北京：機械工業出版社，2016.

[4]　嚴思靜，常紅春．物聯網的研究現狀與應用前景．信息與電腦，2017, 10.

[5]　李同濱，張士輝，曾鳴，等．物聯網之源：信息物理與信息感知基礎．北京：機械工業出版社，2018.

[6]　崔錚．印刷電子發展回顧與展望．科技導報，2017, 35: 17.

[7]　scitech. people. com. cn/n1/2017/1022/c1 007-29601830. html.

[8]　Z. L. Wang. Nanogenerators, self-powered systems, blue energy, piezotronics and piezophototronics-A recall on the original thoughts for coining these fields. Nano Energy, 2018, 54: 477.

[9]　J. Lin, Y. Tsao, M. Wu, et al. Single-and few-layers MoS$_2$ nanocomposite as piezocatalyst in dark and self-powered active sensor. Nano Energy, 2017, 31: 575.

[10]　W. Wu, X. Wen, Z. L. Wang. Taxel-addressable matrix of vertical-nanowire piezotronic transistors for active and adaptive tactile imaging. Science, 2013, 340: 952.

[11]　S. Park, S. W. Heo, W. Lee, et al. Self-powered ultra-flexible electronics via nano-grating-patterned organic photovoltaics. Nature, 2018, 561: 516.

[12]　G. F. Picheth, C. L. Pirich, M. R. Sierakowski, et al. Bacterial cellulose in biomedical applications: A review. Int. J. Biol. Macromol. 2017, 104: 97.

[13]　W. Deng, W. Chen, S. Clement, et al. Controlled gene and drug release from a liposomal delivery platform triggered by X-ray radiation. Nat. Commun, 2018, 9: 2713.

[14]　C. Zhu, D. Huo, Q. Chen, et al. A eutectic mixture of natural fatty acids can serve as the gating material for near-infrared-triggered drug release. Adv. Mater, 2017, 29: 1703702.

[15]　張先恩．生物傳感發展50年級展望[J]．中國科學院院刊，2017.

[16]　河村雅人，大塚紘史，小林佑輔，等．圖解物聯網．北京：人民郵電出版社，2017.

[17]　R. C. Webb, A. P. Bonifas, A. Behnaz, et al. Ultrathin conformal devices for precise and continuous thermal charac-terization of human skin. Nat. Mater, 2013, 12: 938.

[18]　S. Gong, W. Schwalb, Y. Wang, et al. A wearable and highly sensitive pressure sensor with ultrathin gold nanowires. Nat. Commun, 2014, 5: 3132.

[19]　U. Shin, D. Jeong, S. Park, et al. Highly stretchable conductors and piezocapacitive strain gauges based on simple contact-transfer patterning of carbon nanotuve forests. Carbon, 2014, 80: 396.

[20]　Q. Hua, J. Sun, H. Liu, et al. Skin-inspired highly stretchable and conformable matrix networks for multifunctional sensing. Nat. Commun, 2018,

9: 244.

[21] 黃宇紅，楊光 . NB-IoT 物聯網技術解析
與案例詳解 . 北京：機械工業出版
社，2018.

[22] 弗朗西斯·達科斯塔 . 重構互聯網的未
來：探索智聯萬物新模式 . 北京：中國人
民大學出版社，2016.

[23] 梁順可 . 納米機器人發展綜述 [J] . 科技
展望，2015，7: 1672-8289.

[24] 夏蔡娟 . 納米技術與分子裝置 [M] . 西
安：西北工業大學出版社，2012.

[25] J. S. Bunch, A. M. van der Zande, S.
S. Verbridge, et al. Electromechanical Re-
sonators from Graphene Sheets. Science,
2007, 315: 490-493.

[26] Z. L. Wang, J. H. Song. Piezoelectric
Nanogenerators Based on Zinc Oxide
Nanowire Arrays. Science, 2006, 312:
242-246.

[27] K. Liu, S. Lee, S. Yang, et al. Recent
progresses on physics and applications
of vanadium dioxide. Materials Today,
2018, 21: 875.

[28] N. Koumura, R. J. W. Zijlstra, R. A.
van Delden, et al. Light-driven monodi-
rectional molecular rotor. Nature, 1999,
401: 152-155.

[29] J. Zhang, Y. Y. Yao, L. Sheng, et al.
Self-fueled biomimetic liquid metal mol-
lusk. Advanced Materials, 2015, 27:
2648-2655.

[30] National Research Council. Toward pre-
cision medicine: building a knowledge
network for biomedical research and a new
taxonomy of disease. Washington, DC:
National Academies Press, 2011.

[31] 楊森 . 精準醫療的"前世今生"[OL]，2015.

[32] 徐鵬輝 . 美國啓動精準醫療計劃 [J] . 世
界複合醫學，2015，1: 44-46.

[33] Remarks by the President in State of the
Union Address ［EB/OL］. 2015-01-20
[2015-3-2].

[34] 科技日報 . 推進精準醫學發展 助力健康
中國建設——訪中國工程院院士、中國醫
學科學院院長曹雪濤委員 [N].

[35] 謝俊祥，張琳 . 精準醫療發展現狀及趨
勢 . 中國醫療器械信息，2016，22 (11)：
5-10.

[36] 馬麗娜，楊進波，丁逸菲，等 . 三代測序
技術及其應用研究進展 . 中國畜牧獸醫，
2019 (8)：2246-2256.

[37] Branton D, Deamer D W, Marziali A, et
al. The potential and challenges of nan-
opore sequencing. Nature Biotechnolo-
gy, 2008, 26 (10)：1146-1153.

[38] Song L, Hobaugh M R, Shustak C, et
al. Structure of staphylococcal alpha-hemo
lysin, a heptameric transmembrane
pore. Science, 1996, 274 (5294)：
1859-1866.

[39] Kasianowicz J J, Brandin E, Branton D,
et al. Characterization of individual poly-
nucleotide molecules using a membrane
channel. Proceedings of the National Acad-
emy of Sciences of the United States of A-
merica, 1996, 93 (24)：13770-13773.

[40] Butler T Z, Pavlenok M, Derrington I M,
et al. Single-molecule DNA detection with an
engineered MspA protein
nanopore. Proceedings of the National
Academy of Sciences of the United States of
America, 2008, 105 (52)：20647-20652.

[41] Manrao E A, Derrington I M, Laszlo A
H, et al. Reading DNA at single-
nucleotide resolution with a mutant MspA
nanopore and phi29 DNA polymer-
ase. Nature Biotechnology, 2012, 30
(4)：349-353.

[42] Rhoads A, Au K W. PacBio Sequencing and Its Applications. Genomics, Proteomics & Bioinformatics, 2015, 13 (5): 278-289.

[43] Eid J, Fehr A, Gray J, et al. Real-Time DNA Sequencing from Single Polymerase Molecules. Science, 2009, 323 (5910): 133-138.

[44] Levene M, Korlach J, Turner S, et al. Zero-Mode Waveguides for Single-Molecule Analysis at High Concentrations. Science, 2003, 299 (5607): 682-686.

[45] 孫會蘋, 李朝輝, 徐浩森, 等. 基於柔性電子皮膚的人體健康監測系統的研究與應用. 數字通信世界, 2019 (7): 147-151.

[46] 劉廣玉, 徐開凱, 于奇, 等. 電子皮膚的研究進展. 中國科學: 信息科學, 2018, 48 (6): 626-634.

[47] 鮑哲南. 人造電子皮膚中的材料化學[C]. 中國化學會第 30 屆學術年會摘要集-大會特邀報告集, 2016.

[48] Kim J, Lee M, Shim H J, et al. Stretchable silicon nanoribbon electron-ics for skin prosthesis. Nature Communications, 2013, 5: 5747.

[49] Someya T, Sekitani T, Iba S, et al. A large-area, flexible pressure sensor matrix with organic field-effect transistors for artificial skin applications. Proceedings of the National Academy of Sciences of the United States of America, 2004, 101 (27): 9966-9970.

[50] Someya T, Kato Y, Sekitani T, et al. Conformable, flexible, large-area networks of pressure and thermal sensors with organic transistor active matrixes. Proceedings of the National Academy of Sciences of the United States of America, 2005, 102 (35): 12321-12325.

[51] Choi S, Lee H, Ghaffari R, et al. Recent Advances in Flexible and Stretchable Bio-Electronic Devices Integrated with Nano-materials. Advanced Materials, 2016, 28 (22): 4203-4218.

[52] Yokota T, Zalar P, Kaltenbrunner M, et al. Ultraflexible organic photonic skin. Science Advances, 2016, 2 (4): 1501856.

[53] Qiao Y, Wang Y, Tian H, et al. Multi-layer Graphene Epidermal Electronic Skin. ACS Nano, 2018, 12 (9): 8839-8846.

[54] Dong K, Wu Z, Deng J, et al. A Stretchable Yarn Embedded Triboelectric Nanogenerator as Electronic Skin for Bio-mechanical Energy Harvesting and Multi-functional Pressure Sensing. Advanced Materials, 2018, 30 (43).

[55] Koo J, Macewan M R, Kang S, et al. Wireless bioresorbable electronic system enables sustained nonpharmacological neuroregenerative therapy. Nature Medicine, 2018, 24 (12): 1830-1836.

[56] Son D, Kang J, Vardoulis O, et al. An integrated self-healable electronic skin system fabricated via dynamic reconstruction of a nanostructured conducting network. Nature Nanotechnology, 2018, 13 (11): 1057-1065.

[57] Wang S, Xu J, Wang W, et al. Skin electronics from scalable fabrication of an intrinsically stretchable transistor array. Nature, 2018, 555 (7694): 83-88.

[58] Wang W. L., Tan Y. J., Yao H., et al. A neuro-inspired artificial peripheral nervous system for scalable electronic skins. Sci Robot, 2019, 4 (32): 2198.

新型奈米材料與裝置

編　　著：王榮明，潘曹峰，耿東生等

發 行 人：黃振庭

出 版 者：崧燁文化事業有限公司

發 行 者：崧燁文化事業有限公司

E-mail：sonbookservice@gmail.com

粉 絲 頁：https://www.facebook.com/sonbookss/

網　　址：https://sonbook.net/

地　　址：台北市中正區重慶南路一段六十一號八樓 815
　　　　　室

Rm. 815, 8F., No.61, Sec. 1, Chongqing S. Rd., Zhongzheng
Dist., Taipei City 100, Taiwan

電　　話：(02)2370-3310

傳　　真：(02)2388-1990

印　　刷：京峯數位服務有限公司

律師顧問：廣華律師事務所 張珮琦律師

定　　價：680 元

發行日期：2024 年 03 月第一版

◎本書以 POD 印製

國家圖書館出版品預行編目資料

新型奈米材料與裝置 / 王榮明，潘
曹峰，耿東生等 編著 . -- 第一版 .
-- 臺北市：崧燁文化事業有限公司，
2024.03
面；　公分
POD 版
ISBN 978-626-394-095-6(平裝)
1.CST: 奈米技術
440.7　　113002663

電子書購買

臉書

爽讀 APP